高等学校材料科学与工程专业规划教材

磁性材料与磁测量

彭晓领　　葛洪良　　王新庆　编著

化学工业出版社

·北京·

《磁性材料与磁测量》主要包括磁性材料和磁测量两部分内容。第一部分从磁场源出发介绍磁场的产生与屏蔽，并根据物质对磁场的响应分析五种不同物质的磁性，重点探讨软磁材料和永磁材料两类应用最为广泛的磁性材料。第二部分从磁场及材料磁性测量的最基本的方法和原理出发，分别介绍了直流磁特性测量、交流磁特性测量与本征磁学量的测量。书中内容既包括应用广泛的磁性材料，也包含科学研究和工业生产中非常重要的磁测量技术。

　　本书可作为高等院校材料、物理等相关专业本科生及研究生的教学用书，也可作为从事磁性材料研发、生产和测量的相关工程技术人员的参考书。

图书在版编目（CIP）数据

　　磁性材料与磁测量/彭晓领，葛洪良，王新庆编著 . —北京：
化学工业出版社，2019.8（2024.11重印）
　　高等学校材料科学与工程专业规划教材
　　ISBN 978-7-122-34618-6

　　Ⅰ.①磁… 　Ⅱ.①彭…②葛…③王… 　Ⅲ.①磁性材料-高等
学校-教材②磁测量-高等学校-教材 　Ⅳ.①TM27②TM936

　　中国版本图书馆 CIP 数据核字（2019）第 111314 号

责任编辑：陶艳玲　　　　　　　　　　装帧设计：张　辉
责任校对：宋　夏

出版发行：化学工业出版社（北京市东城区青年湖南街 13 号　邮政编码 100011）
印　　装：北京科印技术咨询服务有限公司数码印刷分部
787mm×1092mm　1/16　印张 17¼　字数 427 千字　2024 年 11 月北京第 1 版第 6 次印刷

购书咨询：010-64518888　　　　　　售后服务：010-64518899
网　　址：http://www.cip.com.cn
凡购买本书，如有缺损质量问题，本社销售中心负责调换。

定　　价：69.00 元　　　　　　　　　　　　　　版权所有　违者必究

前言

　　磁性材料是人类文明和国民经济重要的基础材料。我国磁性材料在很多领域的研究工作已处于国际先进水平，磁性材料产业也已发展为全球中心。磁性材料研发和生产过程都需要频繁地对材料和产品进行磁性能测量。合适的磁测量方法与技术对测量结果的有效性和准确性尤为关键。

　　本书主要包括磁性材料和磁测量两部分内容。第一部分从磁场源出发介绍磁场的产生与屏蔽，并根据物质对磁场的响应分析五种不同物质的磁性，重点探讨软磁材料和永磁材料两类应用最为广泛的磁性材料。第二部分从磁场及材料磁性测量的最基本的方法和原理出发，分别介绍了直流磁特性测量、交流磁特性测量与本征磁学量的测量。书中内容既包括应用广泛的磁性材料，也包含科学研究和工业生产中非常重要的磁测量技术。全书着重于基本概念的描述，尽量避免复杂的数学推导和过深的理论阐述，希望相关领域的研究人员和工程技术人员都能够比较容易地理解和接受。全书采用国际通用 SI 单位制，由于传统的 CGS 电磁单位诸如高斯、奥斯特等至今仍有很多应用，本书提供了两种单位制磁学量单位换算表和常用物理常数表，方便读者查对。

　　在本书的编著过程中，李静博士、陶姗博士和杨艳婷博士参与了书稿编写过程中的部分编辑和校订工作，国家磁性材料及其制品质量监督检验中心（浙江）的吴琼、王子生、徐靖才、泮敏翔、邹杰和雷国莉老师提供了部分测试数据，在此对他们的付出表示衷心感谢。本书参考了大量教材、论文、标准等文献，在此向这些资料的作者表示感谢。

　　由于作者水平有限，本书难免会有疏漏之处，敬请广大读者批评指正。

编著者

2019 年 2 月于杭州

目录

第5章　永磁材料

参考文献

第1章 导论

1.1 基本磁学量

1.1.1 磁矩和磁偶极矩

在静电学中，物质带电的表现是电荷之间的相互作用。材料中的正电荷和负电荷彼此相对位移，生成一个电偶极矩 P，电荷 $+q$ 和 $-q$，距离 d，产生的电偶极矩 $p_e = qd$，材料宏观的电偶极矩由单位体积内的电偶极矩 $P = np_e$ 给出，n 为单位体积内的偶极矩数。P 通过电极化率 χ_e 与电场 E 联系起来：

$$P = \varepsilon_0 E$$

电位移 D 则通过介电常数 $\varepsilon = \varepsilon_r \varepsilon_0$ 与 E 和 P 相联系：

$$D = \varepsilon_0 E + P = \varepsilon_0 E + \chi_e E = \varepsilon_0 (1 + \chi_e) E = \varepsilon_0 \varepsilon_r E$$

式中，ε_r，ε_0 分别为相对介电常数和真空介电常数。

在静电学中，两个电荷之间的作用力 F 可以用库仑定律来描述：

$$F = \frac{kQ_1 Q_2}{r^2}$$

式中，k 为库伦常数；Q_1、Q_2 分别为电荷量；r 为两个电荷之间的距离。

与静电学相似，物质的磁性最直观的表现是两个磁体之间的吸引力或排斥力。磁体中受引力或排斥力最大的区域称为磁体的极，简称磁极，磁极可以类比于静电学中的正负电荷。这样，上述现象就可以用磁极之间的相互作用来描述，这种相互作用与静电荷之间的作用相类似。迄今为止，所发现的磁体上都有两个自由磁极的存在。考虑强度为 m_1（Wb）和 m_2（Wb）、距离为 r（m）的两个磁极，相互之间的作用力 F（N）为：

$$F = \frac{m_1 m_2}{4\pi \mu_0 r^2} \tag{1.1}$$

式中，μ_0 称为真空磁导率，其值为 $4\pi \times 10^{-7} H \cdot m^{-1}$。

磁极之间能发生相互作用，是由于在磁极的周围存在着磁场。磁体周围磁场的分布可由磁力线表示，通常用磁体吸引铁屑的情况来表征磁力线的疏密，如图 1.1（a）所示。从图 1.1（a）中看到，磁极吸引的铁屑最多，说明磁极在空间散发的磁力线最密，磁场最强。

磁力线具有以下特点。

磁力线总是从 N 极出发，进入与其最邻近的 S 极，并形成闭合回路；

磁力线总是走磁导率最大的路径，因此磁力线通常呈直线或曲线，不存在呈直角拐弯的磁力线；

任意两条同向磁力线之间相互排斥，因此不存在相交的磁力线。

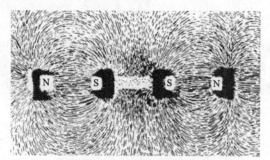 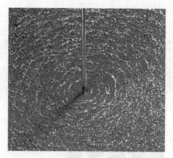

(a) 由铁屑反映出的条形磁体的外部磁力线　　　　　(b) 通电直导线周围的磁力线

图 1.1　磁体和通电导线周围的磁力线

通电直导线的周围也会产生磁场，如图 1.1(b) 所示。实际上，对于微小磁体所产生的磁场，可以由平面电流回路来产生。这种可以用无限小电流回路所表示的小磁体，定义为磁偶极子。设磁偶极子的磁极强度为 m，磁极间距离为 l，则用 $j_m = ml$ 来表示磁偶极子所具有的磁偶极矩。j_m 的方向为由 S 极指向 N 极，如图 1.2（a）所示，单位是 Wb·m。

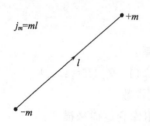 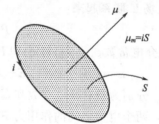

(a) 磁偶极矩　　　　　　　　　(b) 由闭合电流产生的磁矩

图 1.2　磁偶极矩和磁矩

虽然磁偶极子磁性的强弱可以由磁偶极矩来表示，但在实际上往往很难精确地确定磁极的位置，从而确定磁偶极矩的大小。

磁偶极子磁性的大小和方向可以用磁矩来表示。磁矩 μ_m 定义为磁偶极子等效的平面回路的电流 i 和回路面积 S 的乘积，即

$$\mu_m = iS \tag{1.2}$$

式中，μ_m 的方向由右手螺旋定则确定，如图 1.2(b) 所示，μ_m 的单位是 A·m²。

j_m 和 μ_m 虽然有自己的单位和数值，却都是表征磁偶极子磁性强弱和方向的物理量，两者之间存在关系：

$$j_m = \mu_0 \mu_m \tag{1.3}$$

式(1.3) 表明，磁偶极矩等于真空磁导率与磁矩的乘积。

在原子中，电子绕原子核作轨道运动。电子在原子壳层中的轨道运动是稳定的，因而，

这种运动与通常的电流闭合回路比较，在磁性上是等效的。因此，原子中电子的轨道运动，同无限小尺寸的电流闭合回路一样，可以视为磁偶极子，其磁矩的大小由式(1.2)确定。

1.1.2 磁极化强度 J 和磁化强度 M

磁化强度是描述宏观磁体磁性强弱程度的物理量。在磁体内取一个体积元 ΔV，则在这个体积元内部包含了大量的磁偶极子。这些磁偶极子具有磁偶极矩 $j_{m_1}, j_{m_2}, \cdots, j_{m_i}, \cdots, j_{m_n}$ 或磁矩 $\mu_{m_1}, \mu_{m_2}, \cdots, \mu_{m_i}, \cdots, \mu_{m_n}$。

定义单位体积磁体内磁偶极矩矢量和为磁极化强度，用 J 表示：

$$J = \frac{\sum\limits_{i=1}^{n} j_{m_i}}{\Delta V} \ (\text{Wb} \cdot \text{m}^{-2}) \tag{1.4}$$

定义单位体积内磁偶极子具有的磁矩矢量和称为磁化强度，用 M 表示：

$$M = \frac{\sum\limits_{i=1}^{n} \mu_{m_i}}{\Delta V} \quad (\text{A} \cdot \text{m}^{-1}) \tag{1.5}$$

J_m 和 M 虽然有各自的单位和数值，却都是用来描述磁体磁化的方向和强度。同样，它们存在关系：

$$J = \mu_0 M \tag{1.6}$$

如果这些磁偶极子磁矩的大小相等且相互平行排列，如图 1.3(a) 所示。则磁化强度简化为：

$$M = N\mu_m$$

式中，N 是单位体积内磁矩 μ_m 的总数。

磁偶极子又可以用微小电流回路来表示，这样磁体内部就由很多基本的闭合电流环充满，如图 1.3(b) 所示。磁体内部相邻电流因方向相反而互相抵消，只有在表面一层上的电流未被抵消。

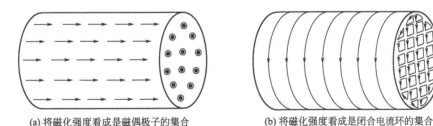

(a) 将磁化强度看成是磁偶极子的集合　　　　(b) 将磁化强度看成是闭合电流环的集合

图 1.3　从两个角度理解磁化强度

1.1.3 磁场强度 H 和磁通密度 B

人们一般将磁极受到作用力的空间称为磁场，导体中的电流或永磁体都会产生磁场。空间中的磁场可以用 H 或 B 两个参量来描述。H 称为磁场强度，B 称为磁通密度，也称磁感应强度。

磁场对置于其中的磁极产生力的作用，该力与磁极强度和磁场强度的乘积成正比。设磁极强度为 m，场强为 H，磁极受到力的大小为 F，有

$$F = mH \tag{1.7}$$

比较式(1.1)和式(1.7)，相距为 r 的两个磁极 m_1、m_2，其中每一个磁极均置于另外一个磁极所产生的磁场中，磁极 m_1、m_2 处磁场大小分别为：

$$H_{m_1} = \frac{m_2}{4\pi\mu_0 r^2}, \qquad H_{m_2} = \frac{m_1}{4\pi\mu_0 r^2}$$

由式(1.7)给出磁场强度 H 的定义：单位强度的磁场对应于 1Wb 强度的磁极受到 1 牛顿的力。磁场强度的单位是 $A \cdot m^{-1}$。

磁场 H 在一定区域中产生了磁通量 Φ。通过某一平面的磁通量 Φ 的大小，可以用通过这个平面的磁感线的条数的多少来形象地说明。通过图 1.1 中的铁屑可以很容易观察到磁通量的存在与方向。磁通量的单位是 Wb（韦伯）。

磁通密度 B 也是用来描述磁场强度和方向的物理量，特别是在非真空系统中。磁通密度和磁通量存在如下关系：

$$B = \frac{\Phi}{S}$$

式中，B 的单位是 [T] 或 [$Wb \cdot m^{-2}$]。

在 SI 单位制中，磁通密度的定义公式是：

$$B = \mu_0(H + M) \tag{1.8}$$

在真空中，$M = 0$，则 $B = \mu_0 H$，B 和 H 始终是平行的，数值上也呈比例，两者的关系只由真空磁导率 μ_0 来联系。但在磁体内部，两者的关系就复杂得多，必须由式(1.8)来表示，方向也不一定平行。

在磁学量中，除了国际单位制（SI）以外，还有在物理学中广泛采用的高斯单位制（CGS）。在不同的书籍和文献中往往碰到这两种不同的单位制，为避免混淆，掌握这两种单位制之间的换算方法很有必要。两种单位制中相应磁学量之间的转换关系可参照本章后续章节或查阅相关文献。

1.1.4 磁化率和磁导率

对于置于外磁场中的磁体，其磁化强度 M 和外磁场强度 H 存在以下关系：

$$M = \chi H \quad \text{或} \quad \chi = M/H \tag{1.9}$$

式中，χ 称为磁体的磁化率，它是表征磁体磁性强弱的一个参量。

将式(1.9)代入式(1.8)，可得：

$$B = \mu_0(H + \chi H) = \mu_0(1 + \chi)H \tag{1.10}$$

定义

$$\mu = 1 + \chi \tag{1.11}$$

为相对磁导率，即

$$\mu = \frac{B}{\mu_0 H} \tag{1.12}$$

从式(1.12)中看出，磁导率是表征磁体的磁性、导磁性及磁化难易程度的一个磁学量。在 SI 单位制中，将 B 与 H 的比值定义为绝对磁导率：$\mu_{绝对} = B/H$。材料科学中一般不用 $\mu_{绝对}$ 值，而是采用 $\mu = \mu_{绝对}/\mu_0$。一般所说的磁导率均指相对磁导率。

在不同的磁化条件下，磁导率有不同的表达形式。

（1）起始磁导率 μ_i

$$\mu_i = \frac{1}{\mu_0} \lim_{H \to 0} \frac{B}{H} \tag{1.13}$$

起始磁导率是磁中性状态下磁导率的极限值。弱磁场下使用的磁体，如后面介绍到的软磁体，起始磁导率 μ_i 是一个重要参数。

（2）最大磁导率 μ_{max}

$$\mu_{max} = \frac{1}{\mu_0} \left(\frac{B}{H} \right)_{max} \tag{1.14}$$

在起始磁化曲线上，磁导率随磁场强度的不同而不同，其最大值称为最大磁导率 μ_{max}。

（3）复数磁导率 $\tilde{\mu}$

$$\tilde{\mu} = \mu' - i\mu'' \tag{1.15}$$

磁体在变化磁场中磁化时，其磁通密度和磁场强度之间存在相位差，只能用复数表示。它们在复数表示法中的商也同样是一个复数。$\tilde{\mu}$ 的形式通常如式(1.15)所示。

式中，μ' 和 μ'' 分别是复数形式的实部和虚部。

（4）增量磁导率 μ_Δ

$$\mu_\Delta - \frac{1}{\mu_0} \frac{\Delta B}{\Delta H} \tag{1.16}$$

磁体在稳恒磁场 H_0 作用下，叠一个较小的交变磁场，表现出来的磁导率为增量磁导率。式(1.16)中，ΔB、ΔH 分别为交变磁通密度和交变磁场强度的峰值。

（5）可逆磁导率 μ_{rev}

$$\mu_{rev} = \lim_{\Delta H \to 0} \mu_\Delta \tag{1.17}$$

当交变磁场强度趋于零时，增量磁导率的极限值定义为可逆磁导率。

（6）微分磁导率 μ_{diff}

$$\mu_{diff} = \frac{1}{\mu_0} \frac{dB}{dH} \tag{1.18}$$

起始磁化曲线上任一点的斜率被称为微分磁化率。

（7）不可逆磁导率 μ_{irr}

$$\mu_{irr} = \mu_{diff} - \mu_{rev} \tag{1.19}$$

不可逆磁导率是由不可逆磁化而引起的。

另外，连接原点 O 与起始磁化曲线上任一点的直线的斜率被称为总磁导率 μ_{tot}。不管哪种磁导率，其值都不是常数，而是磁场强度的函数，如图1.4所示。

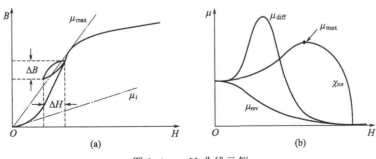

图 1.4　μ-H 曲线示例

1.1.5 磁能和退磁场能

置于磁场中的磁体在磁场的作用下将处于磁化状态。处于磁化状态的磁体具有静磁能。

首先考虑磁体在外磁场中的静磁能。如图 1.5 所示，处于磁场中的磁体由于其本身的磁偶极矩和磁场之间的相互作用，所受的力矩为：

$$L = Fl\sin\theta = mlH\sin\theta \tag{1.20}$$

式中，θ 为磁偶极矩与磁场强度之间的夹角。从式(1.20) 中可以看出，当 $\theta \neq 0°$时，磁体在力矩的作用下转动到和磁场一致的方向，如图 1.5(a) 所示；当 $\theta = 0°$时，磁体所受的力矩最小，处于稳定状态，如图 1.5(b) 所示。设磁体在 L 的作用下的转角为 $\mathrm{d}\theta$，所做的功为：

$$W = \int L\,\mathrm{d}\theta \tag{1.21}$$

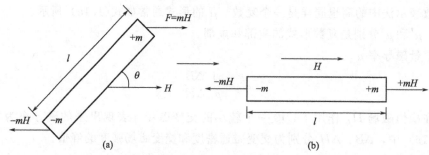

图 1.5 磁体在均匀磁场中受到力的作用

由能量守恒原理，磁体在磁场中的位能为：

$$U = -\int L\,\mathrm{d}\theta + U_0 = -mlH\cos\theta + C = -\sum j_m \cdot H + C \tag{1.22}$$

选取适当的 C 值，可以将式(1.22) 化成最简单的形式。

引进磁化强度 M 时，式(1.22) 转变成：

$$E_H = -\mu_0 M \cdot H = -\mu_0 MH\cos\theta \tag{1.23}$$

E_H 为磁体受外场作用所具有的磁场能量密度。

以上 θ 的变动范围是 $0° \sim 180°$。当 $\theta = 0°$时，磁矩和外磁场方向一致，磁场能量密度为 $-\mu_0 MH$，处于能量最低的稳定状态。当 θ 逐渐增大时，外力克服磁场做功，磁体在磁场中的能量增加。当 θ 增大到 $180°$时，磁体的能量密度达到最大值 $+\mu_0 MH$。

当一个有限大小的样品被外磁场磁化时，在它两端出现的自由磁极将产生一个与磁化强度方向相反的磁场。如图 1.6 所示，该磁场被称为退磁场。退磁场 H_d 的强度与磁体的形状及磁极的强度有关，存在关系：

$$H_d = -NM \tag{1.24}$$

式中，N 称为退磁因子，它仅仅和材料的形状有关。例如，对一个沿长轴磁化的细长样品，N 接近于 0，而对于一个粗而短的样品，N 就很大。

对于一般形状的磁体，很难求出 N 的大小。能严格计算其退磁因子的样品的形状只有椭球体，如图 1.7 所示。可以证明椭球体的三个主轴方向退磁因子间存在如下简单关系：

$$N_x + N_y + N_z = 1 \tag{1.25}$$

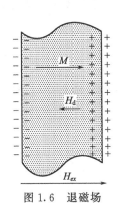

图 1.6　退磁场

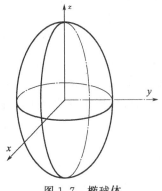

图 1.7　椭球体

利用这个关系，我们能够很容易地得到具有高对称性的简单椭球体的退磁因子。

对于球形体，$N_x = N_y = N_z$，由式（1.25）可得：

$$N = \frac{1}{3} \tag{1.26}$$

对于沿长轴方向磁化的细长圆柱体，$N_z = 0$，且 $N_x = N_y$，可得：

$$N_x = N_y = \frac{1}{2} \tag{1.27}$$

对于沿垂直表面方向磁化的无限大平板，$N_x = N_y = 0$，因此得：

$$N_z = 1 \tag{1.28}$$

对于普通形状的椭球体，沿长轴方向磁化的退磁因子如表 1.1 所示。

表 1.1　沿长轴磁化的椭球体的退磁因子

纵横比	圆柱体	长椭球体	扁椭球体
0	1.0000	1.0000	1.0000
1	0.2700	0.3333	0.3333
2	0.1400	0.1735	0.2364
5	0.0400	0.0558	0.1248
10	0.0172	0.0203	0.0696
20	0.00617	0.00675	0.0369
50	0.00129	0.00144	0.01472
100	0.00036	0.000430	0.00776
200	0.00009	0.000125	0.00390
500	0.000014	0.0000236	0.001567
1000	0.0000036	0.0000066	0.000784
2000	0.0000009	0.0000019	0.000392

　　一般来说，我们不能忽略退磁场效应。为了磁化一个具有很大退磁因子的样品，需要更高的外加磁场，即使样品的磁导率很大。假定磁化一个 $H_C = 2 \text{A} \cdot \text{m}^{-1}$ 的坡莫合金球体到磁饱和状态，因为坡莫合金的饱和磁化强度为 $9.24 \times 10^5 \text{A} \cdot \text{m}^{-1}$，退磁场将达到：

$$H_d = NM_S = \frac{1}{3} \times 9.24 \times 10^5 = 3.08 \times 10^5 \text{A} \cdot \text{m}^{-1} \tag{1.29}$$

因此，为了使这个球达到饱和磁化，必须施加一个比上述磁场更大的外磁场，这个外磁场是矫顽力 H_C 的 10^5 倍。

磁体在磁场中具有能量，同样磁体在其自身产生的退磁场中也具有一定的位能，即为退磁场能。退磁场能量的计算可以采用式(1.23)，但稍有不同的是，退磁场强度 $H_d = -NM$ 是 M 的函数，随 M 的大小而变化。当磁体的磁化强度由零变到 M 时，对于内部均匀磁化的磁体，其退磁场能可以用积分的方法来计算，即：

$$F_d = -\int_0^M \mu_0 H_d dM = \frac{1}{2} \mu_0 N M^2 \tag{1.30}$$

说明，均匀磁化的磁体的退磁场能量只与退磁因子有关，即与磁体的几何形状有关。形状不同的磁体，沿其不同方向磁化时，相应的退磁场能量是不同的，因此退磁场能是一种形状各向异性能。

1.2 基础磁学理论

1.2.1 毕奥-萨伐尔定律

通过载流导线使附近指南针偏转的实验，可以知道电流能够在周围感应出磁场。法国物理学家毕奥和萨伐尔在实验的基础上得到了空间任意一点的磁场 H 同产生它的电流 I 之间的关系表达式，这就是毕奥-萨伐尔定律。任何载流导体都可以分成为多个无限小的电流元 Idl，每个电流元在它周围的每一场点上对磁场强度都将做出贡献。因此，我们可以先求出一个电流元在空间某场点产生的磁场强度 dH，再根据场叠加原理，求得整个载流导体在该点产生的磁场强度。毕奥-萨伐尔定律指出，当恒定电流 I 流经微分长度为 dl 的导线时，其产生的微分磁场 dH 为：

$$dH = \frac{I}{4\pi} \frac{dl \times e_r}{r^2} \tag{1.31}$$

式中，r 是电流元 Idl（看作是一点）与场点 P 的距离；e_r 是从 Idl 指向 P 的单位矢量。可以看出，在任一点 P，由微分电流产生的磁场强度的大小与电流强度、微分长度以及电流方向同电流元与点 P 连线之间夹角的正弦成正比，与微分电流元到点 P 之间的距离的平方成反比。磁场 H 的方向由电流元矢量 Idl 和距离单位 e_r 确定，根据矢量乘法运算规则，磁场 H 应垂直于电流元 Idl 与单位矢量 e_r 二者所构成的平面，而且与 Idl 存在右手螺旋关系：右手拇指代表 Idl 的方向，弯曲的四指代表磁场 dH 的方向。

为了确定具有一定尺寸的导体所产生的总磁场 H，有必要将构成导体的所有电流元的贡献累加起来。这样，毕奥-萨伐尔定律就可以表示成：

$$H = \frac{I}{4\pi} \int_l \frac{dl \times e_r}{r^2} \tag{1.32}$$

式中，l 是沿着电流 I 的路径。该式为毕奥-萨伐尔定律的积分表达式，并且该式能够被实验所验证。

通过毕奥-萨伐尔定理，可以计算给定形状载流导线所产生的磁场。

(1) 先计算有限长载流直导线的磁场 H。由毕奥-萨伐尔定律可知直导线上任意一电流元在任意一点 P 感生的磁场元 dH 都有相同方向，磁力线是躺在垂直于导线的平面内的、中心在导线上的一系列同心圆。于是 P 点处磁场 H 的大小可通过对磁场元的标量积分求得：

$$H=\int_0^L \frac{I}{4\pi}\frac{\mathrm{d}l\sin\theta}{r^2}$$

式中，θ 是电流元 $I\mathrm{d}l$ 与距离单位矢量 e_r 的夹角；L 为导线总长。如以 θ_1 和 θ_2 分别代表导线两端点所对应的 θ 值，则上式可变为：

$$H=\frac{I}{4\pi a}(\cos\theta_1-\cos\theta_2)$$

式中，a 为点 P 到导线的距离。

无限长直导线是上述情况的一个特例，此时 $\theta_1=0$，$\theta_2=\pi$，因此

$$H=\frac{I}{2\pi a} \tag{1.33}$$

说明无限长直导线的磁场取决于场点与导线的距离 a，而且与 a 成反比，越靠近导线处所产生的磁场强度越高，如图 1.8(a) 所示。

（2）同样，根据毕奥-萨伐尔定理，可以计算载流环形线圈圆心上的磁场强度，其表示为

$$H=\frac{I}{2a} \tag{1.34}$$

式中，I 为通过环形线圈的电流；a 为环形线圈的半径。H 的方向按右手螺旋法则确定，如图 1.8（b）所示。

（3）无限长载流螺线管的磁场强度为

$$H=nI \tag{1.35}$$

式中，I 为流经环形线圈的电流；n 为螺线管上单位长度的线圈匝数。H 的方向为螺线管的轴线方向，如图 1.8(c) 所示。

如上所示，随导体形状、尺寸不同，磁场的性质、形态、场强分布都会发生变化。正是基于此，实际应用中多采用各种各样导体形式的电磁铁，根据用途不同还可以设计各种各样的磁场分布。

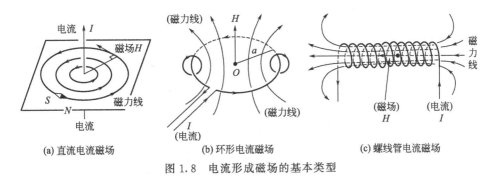

(a) 直流电流磁场　　　　　(b) 环形电流磁场　　　　　(c) 螺线管电流磁场

图 1.8　电流形成磁场的基本类型

1.2.2　高斯定理

磁通密度 B 对任意闭合曲面的通量都为零，具体表述为：

$$\oiint_S B\cdot\mathrm{d}S=0 \qquad （S 为任意闭合曲面） \tag{1.36}$$

这称为磁场的高斯定理。

根据高斯定理，还可得出一个重要的推论：以任一闭合曲线 L 为边线的所有曲面都有相同的磁通。该推论的证明比较简单，具体如下：设 S_1 和 S_2 是以闭合曲线 L 为边线的两个曲面，则两者合起来构成一个闭合曲面 S。根据高斯定理可得：

$$\oiint_S B \cdot \mathrm{d}S = \iint_{S_1} B \cdot \mathrm{d}S + \iint_{S_2} B \cdot \mathrm{d}S = 0$$

因此，

$$\iint_{S_1} B \cdot \mathrm{d}S = -\iint_{S_2} B \cdot \mathrm{d}S$$

上式中的负号是因为规定闭合面要选外法向得出的，如果重新选定 S_1 和 S_2 的法向，则有

$$\iint_{S_1} B \cdot \mathrm{d}S = \iint_{S_2} B \cdot \mathrm{d}S$$

因此得证：任意两个以同一闭合曲线 L 为边线的曲面具有相同的磁通。

此外，根据散度定理可知：

$$\oiint_S B \cdot \mathrm{d}S = \iiint_V \nabla \cdot B \mathrm{d}V = 0 \tag{1.37}$$

从而得到微分形式的方程：

$$\nabla \cdot B = 0 \tag{1.38}$$

该式表明磁场是一种无散度的矢量场。

式(1.36) 和式(1.38) 也称为磁通连续性方程。这说明磁力线总是一些既无始端也无终端的闭合曲线。表明自然界没有孤立存在的"磁荷"存在，因此也就没有供磁力线发出或终止的源点。

1.2.3　安培环路定理

在真空中，若磁场是由一根无限长载流 I 的直导线引起的，则根据式 (1.33) 可知，与导线距离 a 处的磁场强度为 $H=I/2\pi a$。在垂直于导线的任一平面内取一闭合回路 l 作为积分路径，如图 1.9 所示。闭合回路 l 上取元长度 $\mathrm{d}l$，距导线的距离为 a，与磁场方向的夹角为 β，且对导线所张的角是 $\mathrm{d}\theta$，则 $a\mathrm{d}\theta = \mathrm{d}l\cos\beta$，则

$$\oint_l H \cdot \mathrm{d}l = \oint_l \frac{I}{2\pi a} \mathrm{d}l \cos\beta = \oint_l \frac{I}{2\pi a} a \mathrm{d}\theta = \frac{I}{2\pi} \int_0^{2\pi} \mathrm{d}\theta = I \tag{1.39}$$

如果闭合回路内没有电流穿过，则上式变为

$$\oint_l H \cdot \mathrm{d}l = \frac{I}{2\pi} \int_0^0 \mathrm{d}\theta = 0 \tag{1.40}$$

如果闭合回路内有 n 个电流穿过，则应有

$$\oint_l H \cdot \mathrm{d}l = I_1 + I_2 + \cdots + I_n \tag{1.41}$$

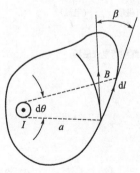

图 1.9　电流 I 与闭合回路 l 位置关系

上述 3 个表达式是在特殊情况下导出的，其特殊性在于：①感生磁场的是一根无限长载流直导线；②闭合曲线位于垂直于载流直导线的平面内。然后，可以证明，式(1.39)～式(1.41)对任意闭合曲线都是成立的。该结论称为安培环路定理，其准确的表述为：磁场 H 沿着闭合路径的线积分等于该闭合路径包围的面积中通过的总电流。图 1.10 给出 3 种情况。图 1.10(a) 和

图 1.10(b) 这两个路径差别很大，磁场 H 的强度沿着图 1.10(b) 中的路径根本就不均匀，但两个磁场 H 沿着闭合曲线的线积分却相等，都等于电流 I；而图 1.10(c) 中，由于其闭合回路没有包围电流 I，虽然沿回路各处磁场 H 都不等于零，但磁场沿回路的线积分却等于零。

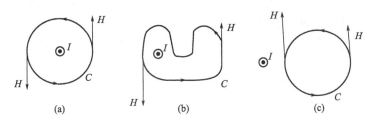

图 1.10 安培环路定理图解

(a)，(b) 电流在闭合轮廓内，磁场线积分为 I；(c) 电流在闭合轮廓外，磁场线积分为零

对于具有对称性的磁场分布，应用安培环路定理可以使磁场 H 的计算变得简单。此时，只要恰当地选择积分路径，就可以得到由电流所感生磁场的大小。例如，通过安培环路定理，可以很简单地得到式(1.33)~式(1.35) 所表述的载流直导线、电流圆环和螺线管中的电流表达式。

1.2.4 法拉第电磁感应定律

电和磁之间的紧密联系是由奥斯特首先发现的，他证明了载流导线对指南针存在作用力。作用在指南针上的力，是由导线中的电流所产生的磁场引起的。既然电流能够激发产生磁场，人们自然想到磁场是否也会产生电流。为此，许多学者曾经做过许多实验，但都没有得到预期的结果。直到 1831 年，法拉第以其出色的实验给出正确的答案：磁场确实能够在闭合回路中产生电流，但条件是该回路的面积中通过的磁通量必须随时间变化。这种现象称为电磁感应。由变化的磁场产生的电流称为感应电流。电流的产生说明在电流表两端产生了电压，该电压称为感应电动势。感应电流产生的关键是闭合回路的磁通量发生变化。为了说明电磁感应的机理，考虑以下装置：将一个接有电流计的闭合回路放置在导电线圈附近。通过闭合回路的磁通量 $\Phi = \iint_S B \cdot \mathrm{d}S$。

式中，B 为导电线圈在闭合回路处产生的磁通密度；S 为闭合回路的面积。

在静态条件下，线圈中的电流不变，因此在闭合回路上的磁通量也是恒定的，此时电流计未检测到电流。然而，在断开导电线圈电源时，线圈电流被中断，磁场降低到零，引起闭合回路中的磁通变化，此时电流计的指针发生瞬时偏转。当线圈电源重新接上时，电流计又发生瞬时偏转，不过前后两次电流偏转的方向是相反的。因此，当磁通变化时，回路中将产生感生电流，而电流的方向则取决于磁通是在增加还是在减少。并且磁通变化越快，感生电流越大。越来越精确的实验都证明，闭合回路的感应电动势 U 与穿过该线圈的磁通的时间变化率 $\mathrm{d}\Phi/\mathrm{d}t$ 呈正比，即

$$U(t) = -\frac{\mathrm{d}\Phi}{\mathrm{d}t} \tag{1.42}$$

该式称为法拉第电磁感应定律。该定律清楚地表明，决定感应电动势大小的不是磁通本身，而是磁通随时间的变化率 $\mathrm{d}\Phi/\mathrm{d}t$。

法拉第电磁感应定律使我们能够根据磁通的变化率直接确定感应电动势。如果电路不闭合，则仅有感应电动势而无感应电流。因此，在理解电磁感应现象时，感应电动势是比感应电流更为本质的参量。

法拉第电磁感应定律表达式中的负号说明，感应电流所产生的磁通总是力图阻碍引起感应电流的磁通变化，即磁通随时间增大时感生负的磁通，反之则感生正的磁通。因而可以很容易地定出感应电动势的方向。这一规律是俄国物理学家楞次在法拉第工作的基础上总结出来的，因此也被称为楞次定律。按照楞次定律，感应电流必定采取这样一个方向，使得它所激发的磁通对引起感应的那个磁通变化起阻碍作用：当引起感应的磁通增加时，感应电流产生的磁通与原磁通方向相反（阻碍其增加）；当引起感应的磁通减小时，感应电流产生的磁通与原磁通方向相同（阻碍其减小）。

法拉第电磁感应定律可以解释金属材料中的涡流反磁场及抗磁性的起源，在磁性测量中经常用到。电磁感应法和磁力法并列为磁测量的两大类基本方法。虽然具体方法有所不同，但只要是感应法，就会用到测量线圈，通过其中磁通量发生变化时所感生的电动势来测量磁性。

1.2.5　磁路定理

如图 1.8(c) 所示，在通电螺线管内侧中部，磁力线平行于螺线管的轴线，在靠近螺线管两端时，磁力线变成散开的曲线，曲线在螺线管外部空间相连接。如果在螺线管中插入一根长铁芯，则磁力线在螺线管两端不再立即发散，而是沿着铁芯继续向前。如果把铁芯组成一个闭合的回路，则绝大部分磁力线集中在铁芯中，泄露到空间中的磁力线很少。磁力线所经过的路径称之为磁路。

图 1.11 是利用永磁体作为磁场源。当磁体单独存在时，磁力线分布如图 1.11(a) 所示。如果将永磁体与软磁体构成一个回路，如图 1.11(b) 所示，则磁力线大部分通过由软磁体和永磁体所共同构成的回路，该回路也是一个磁路。

从广义上说，磁通量所通过的磁介质的路径称为磁路。各种磁路传递着磁能。我们对电路分析是比较熟悉的，但磁路分析远比电路分析复杂得多。电路的界限十分清楚。而磁路就难于分成一个简单的支路。漏电不是经常发生，而漏磁却是无处不在的。

电路中导电材料的导电系数一般比电路周围绝缘材料的导电系数大几千亿倍。而磁路中导磁材料的磁导率 μ 一般比非导磁材料（如空气）的磁导率大几千倍。所以磁路中的漏磁现象比电路中的漏电现象要明显得多。按照设计途径分布的磁通是主磁通，其余的称为漏磁通。漏磁通散布于整个空间，精确计算几乎不可能，就连近似计算也相当烦琐。一般情况下，我们只计算主磁通，而忽略漏磁通，或者在主磁通上加一个修正系数。

考虑如图 1.12 所示的一个截面积为 S，平均周长为 l，磁导率为 μ 的软磁圆环，圆环上绕以匝数为 N 的线圈，若磁化电流为 I，则由安培环路定理可知，圆环内磁场 H 为：

$$H = \frac{NI}{l} \tag{1.43}$$

磁场 H 的方向与环的轴线平行。在理想无漏磁的情况下，穿过环的截面磁通 Φ 为

$$\Phi = BS = \mu HS \tag{1.44}$$

将式(1.43) 代入式(1.44)，可得

$$\Phi = \frac{\mu NI}{l}S = \frac{NI}{\dfrac{l}{\mu S}} \tag{1.45}$$

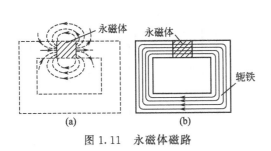
图 1.11 永磁体磁路

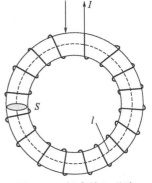
图 1.12 闭合铁心磁路

令 $\varepsilon_m = NI$，$R_m = \dfrac{l}{\mu S}$，

则式（1.45）可写成：

$$\Phi = \frac{\varepsilon_m}{R_m} \tag{1.46}$$

将该式与电路的欧姆定律

$$I = \frac{U}{R}$$

相比较，可以看出，它们在形式上是相似的。式（1.46）中的磁通量 Φ 对应于电路中的电流 I。$\varepsilon_m = NI$ 对应于电动势 U，因此称 ε_m 为磁动势。R_m 对应于电阻 R，因此称 $R_m = \dfrac{l}{\mu S}$ 为磁阻。式（1.46）被称为磁路的欧姆定律。根据定律，磁通的大小与磁动势 ε_m 成正比，与磁阻 R_m 成反比。磁动势 ε_m 与磁化电流 I 和线圈匝数 N 成正比，磁阻与磁路的长度成正比，与磁导率及磁路的横截面积成反比。

磁路与电路的形式相似，从欧姆定律推导出来的电动势叠加原理及电阻的串、并联的计算方法，同样适用于磁路中的磁动势和磁阻的串、并联。

下面以存在气隙的铁芯为例讨论磁路的串联问题，如图 1.13 所示。设铁芯的截面积为 S_1，气隙中磁通密度 B 所占面积为 S_2，则根据安培环路定理：

$$NI = H_1 l_1 + H_2 l_2 = \Phi_1 \frac{l_1}{S_1 \mu} + \Phi_2 \frac{l_2}{S_2 \mu_0} \tag{1.47}$$

又 $\varepsilon_m = NI$，$\Phi = \Phi_1 = \Phi_2$，则

$$\varepsilon_m = \Phi(R_{m_1} + R_{m_2}) = \Phi R_m \tag{1.48}$$

该式为串联电路的欧姆定律，总磁阻等于参与串联的磁阻之和。

同样，该结论可以推广到一般的磁阻串联情况。根据磁通连续性原理，磁路各处的磁通量相等，即

$$\Phi_1 = \Phi_1 = \cdots\cdots = \Phi_i = \cdots\cdots = \Phi_n = \Phi$$

一般串联磁路欧姆定律可以表示为：

$$\varepsilon_m = \sum_{i=1}^{n} H_i l_i = \Phi \sum_{i=1}^{n} R_{m_i} \tag{1.49}$$

13

对于图 1.14 所示并联磁路，则有

$$\Phi = \Phi_1 + \Phi_2 \tag{1.50}$$

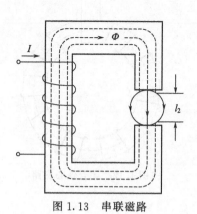

图 1.13　串联磁路

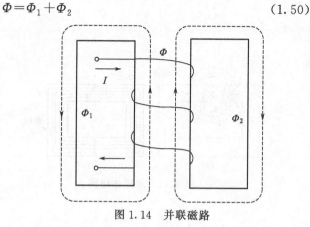

图 1.14　并联磁路

对每个分支路用安培环路定理

$$\varepsilon_m = NI = \Phi R_{m\Phi} + \Phi_1 R_{m_1} \tag{1.51}$$

$$\varepsilon_m = NI = \Phi R_{m\Phi} + \Phi_2 R_{m_2} \tag{1.52}$$

经简单计算，可得

$$\Phi = \frac{\varepsilon_m}{R_{m\Phi} + R_m} \tag{1.53}$$

$$\frac{1}{R_m} = \frac{1}{R_{m_1}} + \frac{1}{R_{m_2}} \tag{1.54}$$

该式为并联电路的欧姆定律，即并联磁路的磁阻的倒数为各分支路磁阻倒数之和。

在忽略漏磁的条件下，可以总结出磁路的基尔霍夫第一、第二定律。

磁路的基尔霍夫第一定律，也即磁通连续性原理可以表达为：

$$\sum \Phi = 0 \tag{1.55}$$

该式表示在磁路中的任一结点处，进入该处的磁通与离开的磁通的代数和等于零。即流入该处的磁通之和等于离开该处的磁通之和。磁力线是封闭曲线，它既无头，也无尾，因此，磁路的基尔霍夫第一定律也称为磁通连续定律。

磁路的基尔霍夫第二定律可写成：

$$\sum H_i l_i = \sum N_i I_i = \sum \varepsilon_i \tag{1.56}$$

即任一闭合磁路中各段磁压降代数和等于各磁动势代数和。

1.3　磁性材料分类

所有的物质都具有磁性，但并不是所有的物质都能作为磁性材料来应用。有些物质具有很强的磁性，而大部分物质磁性很弱，因此实际上只有很少一部分物质能够作为磁性材料来应用。并且磁性材料发展到今天，已出现一大批磁体和磁性器件，其品种繁多，功能各异。因此有必要把物质磁性和各种磁性材料进行分类。

1.3.1　物质的磁性分类

按照磁体磁化时磁化率的大小和符号，可以将物质的磁性分为五个种类：抗磁性、顺磁性、反铁磁性、铁磁性和亚铁磁性。

(1) 抗磁性 是在外磁场的作用下，原子系统获得与外磁场方向反向的磁矩的现象。它是一种微弱磁性，相应的物质被称为抗磁性物质。其磁化率 χ_d 为负值且很小，一般在 10^{-5} 数量级。抗磁性材料 χ_d 的大小与温度、磁场均无关，其磁化曲线为一直线。抗磁性物质包括惰性气体、部分有机化合物、部分金属和非金属等。

(2) 顺磁性 一些物质在受到外磁场作用后，感生出与外磁场同向的磁化强度，其磁化率 $\chi_P > 0$，但数值很小，仅为 $10^{-6} \sim 10^{-3}$ 个数量级，这种磁性称为顺磁性。顺磁性物质的 χ_P 与温度 T 有密切关系，服从居里－外斯定律，即

$$\chi_P = \frac{C}{T - T_P} \tag{1.57}$$

式中，C 为居里常数；T 为绝对温度；T_P 为顺磁居里温度。顺磁性物质包括稀土金属和铁族元素的盐类等。

(3) 反铁磁性 这类物质的磁化率在某一温度存在极大值，该温度称为奈尔温度 T_N。当温度 $T > T_N$ 时，其磁化率与温度的关系与正常顺磁性物质的相似，服从居里－外斯定律；当温度 $T < T_N$ 时，磁化率不是继续增大，而是降低，并逐渐趋于定值。这种磁性称为反铁磁性。反铁磁性物质包括过渡族元素的盐类及化合物等。

(4) 铁磁性 铁磁性物质只要在很小的磁场作用下就能被磁化到饱和，不但磁化率 $\chi_f > 0$，而且数值在 $10^1 \sim 10^6$ 个数量级。当铁磁性物质的温度比临界温度 T_C 高时，铁磁性将转变为顺磁性，并服从居里－外斯定律，即：

$$\chi_f = \frac{C}{T - T_P} \tag{1.58}$$

式中，C 是居里常数；T_P 是铁磁性物质的顺磁居里温度，并且 $T_P = T_C$。具有铁磁性的元素不多，但具有铁磁性的合金和化合物却各种各样。到目前为止，发现 11 个纯元素晶体具有铁磁性，它们是 3 个 3d 金属铁、钴、镍以及 4f 金属轧、铽、镝、钬、铒、铥和面心立方的镨、钕。

(5) 亚铁磁性 亚铁磁性的宏观磁性与铁磁性相同，仅仅是磁化率低一些，大约为 $10^0 \sim 10^3$ 个数量级。典型的亚铁磁性物质为铁氧体。它们与铁磁性物质的最显著区别在于内部磁结构的不同。

以上五种磁性及一些相应物质的磁化率数据见表 1.2。

表 1.2 一些物质的磁化率

磁性类型	元素或化合物	磁化率 χ
抗磁性	铜 Cu	-1.0×10^{-5}
	锌 Zn	-1.4×10^{-5}
	金 Au	-3.6×10^{-5}
	汞 Hg	-3.2×10^{-5}
	水 H_2O	-0.9×10^{-5}
	氢 H	-0.2×10^{-5}
	氖 Ne	-0.32×10^{-6}
	铋 Bi	-1.66×10^{-4}
	热解石墨	-4.09×10^{-4}

磁性类型	元素或化合物	磁化率 χ
顺磁性	锂 Li	4.4×10^{-5}
	钠 Na	0.62×10^{-5}
	铝 Al	2.2×10^{-5}
	钒 V	38×10^{-5}
	钯 Pd	79×10^{-5}
	钕 Nd	34×10^{-5}
	空气	36×10^{-5}(氮是抗磁性)
	氯化铁 $FeCl_3$	77.9×10^{-5}
	氯化锰 $MnCl_3$	86×10^{-5}
反铁磁性	MnO	0.69
	FeO	0.78
	CoO	
	NiO	0.67
	CrO	
	Cr_2O_3	0.76
铁磁性	铁晶体	约 10^6(相对磁导率)
	钴晶体	约 10^3
	镍晶体	约 10^6
	3.5%Si-Fe	约 $10^4 \sim 10^5$
	AlNiCo(铝镍钴)	约 10
亚铁磁性	Fe_3O_4	约 10^2(相对磁导率)
	各种铁氧体	约 10^3

上述五种磁性物质的磁化率和温度有着不同的关系，其 χ-T 和 $1/\chi$-T 曲线分别如图 1.15 和图 1.16 所示。

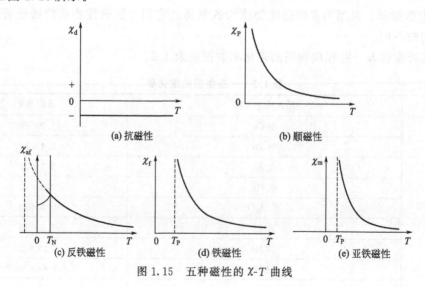

(a) 抗磁性   (b) 顺磁性

(c) 反铁磁性   (d) 铁磁性   (e) 亚铁磁性

图 1.15 五种磁性的 χ-T 曲线

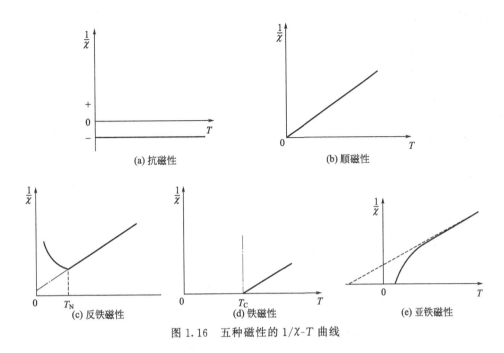

图 1.16　五种磁性的 $1/\chi$-T 曲线

物质的磁性并不是恒定不变的。同一种物质，在不同的环境条件下，可以具有不同的磁性。例如，铁磁性物质在居里点温度以下是铁磁性的，到达居里点温度则转变成为顺磁性；重稀土金属在低温下是强磁性的，在室温或高温下却变成了顺磁性。

五种磁性对应于不同的磁结构，如图 1.17 所示。由图中可以看出，抗磁性物质由于是电子的抵抗磁矩，所以值很小。顺磁性物质和反铁磁性物质由于磁矩混乱取向和相互抵消，磁化率也很小。因此这三种磁性是弱磁性。铁磁性物质中磁矩平行取向，磁化率很高。亚铁磁性物质磁矩虽为反平行排列，但是磁矩不能完全抵消，因而显示较高的磁化率。因此铁磁性和亚铁磁性为强磁性。

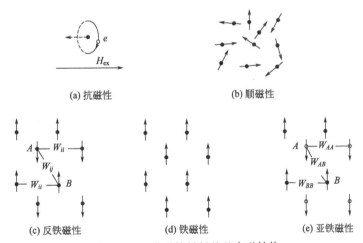

图 1.17　五种磁性材料的基本磁结构

由于抗磁性、顺磁性和反铁磁性都是弱磁性，因此在技术上很少应用。铁磁性和亚铁磁性是强磁性，在技术上有着广泛的应用，通常所说的磁性材料就是指具有铁磁性或亚铁磁性

17

的强磁性材料。

1.3.2　磁性材料分类

从实用的观点出发，磁性材料可以分为以下两类。

（1）软磁材料　矫顽力很低，因而既容易受外加磁场磁化，又容易退磁的材料称为软磁材料。

软磁材料的主要特征如下。

① 高的初始磁导率 μ_i 和最大磁导率 μ_{max}。这表示软磁材料对外磁场的灵敏度高，其目的在于提高功能效率。

② 低的矫顽力 H_C。这表明软磁材料既容易被外部磁场磁化，又容易受外部磁场或其他因素退磁，而且磁滞回线窄，降低了磁化功率和磁滞损耗。

③ 高的饱和磁化强度 M_S 和低的剩余磁通密度 B_r。这样可以节省资源，便于产品向轻薄短小方向发展，可迅速响应外磁场极性（N-S极）的反转。

④ 此外，出于节省能源、降低噪声等方面考虑，软磁材料还应具备低的磁损耗、高的电阻率、低的磁致伸缩系数等特征。

软磁材料主要用于制造发电机和电动机的定子和转子；变压器、电感器、电抗器、继电器和镇流器的铁芯；计算机磁芯；磁记录的磁头与磁介质；磁屏蔽；电磁铁的铁芯、极头与极靴；磁路的导磁体等。它们是电机工程、无线电、通信、计算机、家用电器和高新技术领域的重要功能材料。软磁材料制造的设备与器件大多数是在交变磁场条件下工作，要求其体积小、重量轻、功率大、灵敏度高、发热量小、稳定性好、寿命长。

（2）永磁材料　永磁材料又称硬磁材料，这类材料经过外加磁场磁化再去掉外磁场以后能长时期保留较高剩余磁性，并能经受不太强的外加磁场和其他环境因素的干扰。因这类材料能长期保留其剩磁，故称永磁材料；又因具有较高的矫顽力，能经受外加不太强的磁场的干扰，又称硬磁材料。

一般来说，对永磁材料有以下基本要求。

① 高的剩余磁通密度 B_r 和高的剩余磁化强度 M_r。B_r 和 M_r 是永磁材料闭合磁路在经过外加磁场磁化后磁场为零时的磁通密度和磁化强度，它们是开磁路的气隙中能得到的磁场和磁通密度的度量。

② 高的矫顽力 $_BH_C$ 和高的内禀矫顽力 $_MH_C$。$_BH_C$ 和 $_MH_C$ 是永磁材料保持其永磁特性能力的度量。

③ 高的最大磁能积 $(BH)_{max}$。它是永磁材料单位体积存储和可利用的最大磁能密度的度量。

④ 另外，从实用角度考虑，一般还要求其具有高的稳定性，即对外加干扰磁场、温度和震动等环境因素变化的稳定性。

永磁材料的应用主要利用永磁体在气隙产生足够强的磁场，利用磁极与磁极的相互作用，磁场对带电物体或离子或载电流导体的相互作用来做功，而实现能量、信息的转换。永磁材料已经在通信、自动化、音像、计算机、电机、仪器仪表、石油化工、磁分离、磁生物、磁医疗与健身器械、玩具等技术领域得到广泛的应用。

软磁材料和永磁材料是最主要的两类磁性材料。实际上，磁性材料还包括磁记录材料、磁致伸缩材料、磁性液体、磁热效应材料和自旋电子学材料等功能磁性材料。因篇幅结构限制，本书重点介绍软磁材料和永磁材料。想要了解功能磁性材料的相关知识的读者可以查阅相关文献。

1.4 磁化曲线和磁滞回线

磁性材料的应用基础是基于材料的磁化强度对外磁场明显的响应特性。这种特性可以由磁化曲线和磁滞回线来表征。通过研究材料的磁化曲线和磁滞回线，可以分析磁性材料的内禀性能。

1.4.1 磁化曲线

磁化曲线用来表示磁通密度 B 或者磁化强度 M 与磁场强度 H 之间的非线性关系。磁化理论常用 M-H 关系讨论问题，工程技术中多采用 B-H 关系研究问题。

B-H 磁化曲线可以通过实验测量的方法画出。如图 1.18 所示，在磁中性的环形材料样品上缠绕上初级线圈 N_1 和次级线圈 N_2，N_1 的两端接上直流电源，N_2 的两端接上电子磁通计。当初级线圈通上电源后，产生沿磁环轴向的磁场，磁性材料样品就会被磁化。假设磁化强度为 M，那么样品产生的磁通密度 $B = \mu_0(M + H)$。随着初级线圈上电流的不断增大，电子磁通计便会检出相应的磁通大小，从而得到样品的 B-H 关系曲线。

根据 $B = \mu_0(H + M)$，可以画出 M-H 曲线。图 1.19 给出典型铁磁性材料的 B-H 和 M-H 关系曲线。在 M-H 曲线中，H 从小变大时，M 随着急剧增大，当 H 增大到一定值时，M 逐渐趋近于一个确定的 M_S 值，M_S 称为饱和磁化强度；在 B-H 曲线中，H 从小变大时，刚开始 B 随 H 而急剧变化，当 H 增大到一定值后，B 却并不趋近于某一定值，而是以一定的斜率上升。可见，磁通密度 B 是随 H 而不断地增大的，所谓饱和磁通密度并不"饱和"。

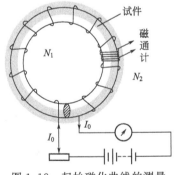

图 1.18 起始磁化曲线的测量

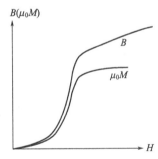

图 1.19 两种磁化曲线

1.4.2 磁滞回线

材料磁化到饱和以后，逐渐减小外磁场，材料中对应的 M 或 B 值也随之减小，但是由于材料内部存在各种阻碍 M 转向的机制，M 并不沿着初始磁化曲线返回。并且当外部磁场减小到零时，材料仍保留一定大小的磁化强度或磁通密度，称为剩余磁化强度或剩余磁通密度，用 M_r 或 B_r 表示，简称剩磁。在反方向增加磁场，M 或 B 继续减小。当反方向磁场达到一定数值时，满足 $M = 0$ 或 $B = 0$，那么该磁场强度就称为矫顽力，分别记作 ${}_MH_C$

或$_BH_C$。它们具有不同的物理意义，$_MH_C$ 表示 $M=0$ 时的矫顽力，又称为内禀矫顽力；而$_BH_C$ 表示 $B=0$ 时的矫顽力，又称为磁感矫顽力。这两种矫顽力大小不等，一般有 $|_MH_C|>|_BH_C|$。容易发现，矫顽力的物理意义是表征磁性材料在磁化以后保持磁化状态的能力。它是磁性材料的一个重要参数。矫顽力不仅是考察永磁材料的重要标准之一，也是划分软磁材料、永磁材料的重要依据。

M 或 B 变为零后，进一步增大反向磁场，材料中的磁化强度或磁通密度方向将发生反转，随着反向磁场的增大，M 或 B 在反方向逐渐达到饱和。在材料反向饱和磁化后，再重复上述步骤，M 或 B 的变化与上述的过程相对称。在外加磁场 H 从正的最大到负的最大，再回到正的最大这个过程中，M-H 或 B-H 形成了一条闭合曲线，称为磁滞回线，如图 1.20 所示。磁滞回线是磁性材料的又一重要特征。

磁滞回线在第二象限的部分称为退磁曲线。由于退磁场的作用，在无外场作用下，永磁材料将工作在第二象限上，因此退磁曲线是考察永磁材料性能的重要依据。定义退磁曲线上每一点的 B 和 H 的乘积（BH）为磁能积，磁能积是表征永磁材料中能量大小的物理量。磁能积（BH）的最大值称为最大磁能积，用（BH）$_{max}$ 表示。它同 $B_r(M_r)$、H_C 都是表征永磁材料的重要特性参数。

综上所述，磁化曲线和磁滞回线是磁性材料的重要特征，它们之间的对应关系如图 1.21 所示。磁化曲线和磁滞回线反映了磁性材料的许多磁学特性，包括磁导率 μ、饱和磁化强度 M_S、剩磁 $M_r(B_r)$、矫顽力 H_C、最大磁能积（BH）$_{max}$ 等。

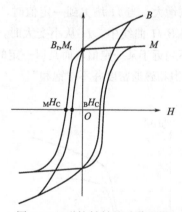

图 1.20 磁性材料的磁滞回线

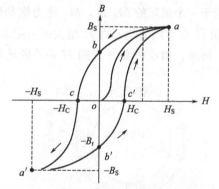

图 1.21 磁性材料的磁化曲线和磁滞回线

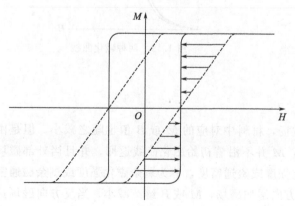

图 1.22 磁化曲线的退磁场校正

实际工作中，由于材料的尺寸受到限制，不可避免地受到退磁场的影响。因而，测定的磁化特性曲线并不是材料固有的磁化特性曲线，必须对其进行校正。

如图 1.22 所示，虚线为测得的表观磁化特性曲线。由于作用在材料中的有效磁场 H_{eff} 比外加磁场 H_{ex} 要小，即

$$H_{eff}=H_{ex}-NM \qquad (1.59)$$

因此，可按如图 1.22 校正出真实的

磁化特性曲线。将表观磁化特性曲线转变为真实磁化特性曲线的校正工作，称作退磁校正。除非另外申明，发表的磁化曲线都是经过退磁校正的。

1.5 磁测量概述

磁测量是对磁场以及物质的各种磁性参数进行测量，对各种磁性现象和效应进行实验研究的一门实验科学。磁测量实质包括两个内容：一是对磁场和磁性材料的测量，主要指在一定条件下磁性材料的有关磁学量的测量，还包括对空间磁场的大小、方向、梯度及其随时间变化的测量；二是研究物质的磁结构和物质在磁场中的效应，例如：观测磁畴结构的各种方法，研究热磁、磁光、磁阻、磁滞伸缩、磁共振等各种磁效应的方法。

磁性材料是生产、生活、国防科学技术中广泛使用的材料。我国各种磁性材料的产量基本上世界第一，也已经成为磁性材料生产大国和磁性材料产业中心。使用、设计和研制磁性材料和器件都要以材料的各种磁性参数为依据，因此磁测量是不可或缺的一环。此外，磁学理论的研究离不开科学实验，因此磁性测量也是磁学研究中必不可少的研究手段。

1.5.1 磁测量历史

人类在远古时代就开始接触磁现象。早在公元前3世纪，我们的祖先就已发现天然磁石可以吸铁，随后又成功地利用磁体的指向性制成罗盘，用于长途旅行和航海，因此，罗盘可算是世界上第一台测磁的仪器。1600年英国医生吉尔伯特在他的著作中首先应用科学的方法对磁现象极性进行了系统的探索，同时发现地球是一个大磁体。1780年库仑提出了用磁针在磁场中的自由震荡周期来确定地磁场，并于1785年发现电荷间和磁极间作用力的库仑定律和磁库仑定律，揭开了磁测量的序幕。1819～1820年奥斯特发现电流的磁效应安培发现安培定律，1831年法拉第发现关于变化磁通感生电动势的电磁感应定律，使人类对宏观磁现象有了全面而本质的认识，并促进1832年高斯单位制的开始形成，真正的磁测量才得以实现。1873年麦克斯韦在其著作《论电与磁》中创立了经典的电磁场理论，从而为磁场测量奠定了理论基础。

磁测量技术的高低依赖于仪器、仪表和电子技术发展的水平。最初使用的测量仪器相当简陋，随着基本磁规律的发现，各种磁测量仪器相继出现。最早的磁测量仪器是螺线管和电磁铁，1846年法拉第用他发明的磁秤感知弱磁物质的极弱磁性，1872年斯托列托夫开始用冲击检流计测量并研究了铁的技术磁化行为。随后一百余年，磁测量仪器、磁测量方法及其技术，随着磁学、磁性材料、磁性器件以及其他与磁相关的科学技术的发展而不断进步，相互促进。20世纪50年代以前，几乎所有的磁参数都是采用逐点法测量的，十分烦琐。到了60～70年代，由于电子技术和其他技术的飞跃发展，电工学和电子学中的电源技术、电桥技术、反馈技术、相敏技术、采样技术、电流比较技术和峰值整流技术等相继被移植到磁测量技术领域。磁性材料性能参数的测量基本上实现了自动化，测试的灵敏度有了明显的提高，测试速度快速地增加，测试的准确度也有了较大的改善。进入20世纪80年代，数字技术、计算机应用到测试领域，智能化的仪器、仪表成为发展的主要方向，计算机控制的各类磁测量仪器也应运而生。进入21世纪，将传统仪器硬件与最新计算机软件技术充分结合起来，大大扩展传统仪器功能，更加带动了仪器仪表的发展。

1.5.2　磁测量的物理基础

磁学理论是磁测量的物理基础。磁学理论是指空间、物质、材料和物体中各种磁学量之间或者磁学量与其它物理量之间的关系。其中有些关系是定性的，有些关系则是定量的。同时，它又随着人们对磁现象认识的深入而不断丰富。

磁学理论是磁测量得以正确、有效进行的物理基础。首先，基本磁学量如：磁场强度、磁矩、磁化强度和磁通密度等都只有在发现了宏观的磁现象和规律、同时给出它们的定义和单位之后才能进行测量。对于各种具体的磁测量领域，也只有掌握了相应的具体的磁学理论、定义出反映其特点的磁学量以后，才能对其进行测量。也就是说，磁测量的对象及被测磁学量的定义都来自相应的磁学理论，后者是磁测量的基础。其次，为了正确的测量被测磁学量，所采用测量方法的原理要正确，而这些原理就是基础的磁学理论。例如，两大类磁测量方法即的理论基础，分别是磁库仑定律、安培作用力定律和法拉第电磁感应定律，它们都是基础的磁学理论。

一些基础的磁学理论早已确立，但磁测量的水平至今仍在不断提高之中，这是科学技术水平不断发展的综合结果，其中也包括基本磁学应用能力的提高。在具体的磁测量中，基本磁规律所起的作用往往是逐渐被人们认识的，而一些比较具体的磁学理论又需要经过实践才能发现，这种认识和发展对磁测量技术的发展将起到重要的作用。

对于一般的磁测量工作者，在进行磁测量的时候，被测量早已定义好，所用的仪器也能够测出规定的磁学量，操作规程的标准也事先定好。在这种情况下，即使对于磁学知之甚少，也只需经过短期的培训就可以承担某种磁测量的任务。但是，要想真正掌握一种磁测量技术，并提高工作水平，就必须对磁学有较为全面深刻的认识。当执行某项具体磁测量任务时，实现这种测量的方案可能有多种，磁测量工作者需要根据任务的时间要求和允许投入的财力、物力，选择一种最为合适的方案。而这些只有对磁学理论、被测磁学量以及测量原理有深入的了解之后，才能做出合理的选择。此外，对于测量的准确性问题，单凭一般的误差理论和降低测量中所用的电测量、力测量的误差并不能奏效，只有在深入理解各种磁学理论后，方能正确的分析出误差的来源并设法克服。不少磁测量方法有待进一步改进，如果不顾及磁规律去搞革新，可能会走不少弯路。若是在理解并灵活运用磁学理论的基础上去实践，才有可能提高其测量精度。对于磁测量工作者，为进一步提高工作水平，不断地学习、掌握，特别是在实践中灵活运用磁规律具有非常重要的意义。

1.5.3　磁测量的对象

磁测量的对象可以分为以下几类。

1.5.3.1　磁场测量

磁场测量是研究与磁现象有关的物理过程的一种重要手段。目前比较成熟的磁场测量方法可以概括为：磁力法、电磁感应法、磁饱和法、电磁效应法、磁共振法、超导效应法和磁光效应法等。

1.5.3.2　物质的各种磁性参数的测量

（1）本征参量　包括铁磁物质及亚铁磁物质的自发磁化强度、顺磁和抗磁物质的磁化率 χ、物质的各种磁性相变温度，如：居里温度、磁晶各向异性常数 K 及磁致伸缩系数 λ 等。这些参数仅与材料的成分及晶体结构有关，而与晶粒大小、晶粒取向、晶体的完整性、密度、形状、应力等结构因素无关。

（2）非本征参量

① 静态磁参量。即材料在静态磁场下的磁特性，包括静态磁化曲线及磁滞回线，以及与之相关的各种参量，如饱和磁通密度、剩余磁通密度，矫顽力，软磁材料的起始磁导率、最大磁导率和微分磁导率，永磁材料的退磁曲线、回复曲线、最大磁能积以及上述各种参数的温度依赖关系。②动态磁参量。即软磁材料在动态磁场（包括交流、交直流迭加和脉冲磁化条件）下的磁特性，包括：甚低频范围的交流磁化曲线、磁滞回线及磁损耗，从甚低频到甚高频范围的复数磁导率，磁损耗，微波范围的张量磁导率、介电常数、铁磁共振线宽、有效线宽，脉冲磁场下的开关时间、开关系数、信号信噪比以及干扰，以及上述参数对温度、频率、磁场的依赖关系。

上述这些非本征参量不仅与物质的本征参量有关，也与材料的晶粒取向、晶粒大小等结构因素有密切的关系。

1.5.3.3 物质磁结构及各种磁性现象和效应的观测和分析

包括观测铁磁材料及亚铁磁材料的磁畴结构；确定晶格点阵上原子磁矩的取向和分布；观察磁致伸缩、磁热、磁电、磁光及磁共振等各种磁效应。

综上所述，磁测量的对象是非常丰富的，不仅涉及整个磁学领域，也涉及固体物理中的许多方面。同时，磁测量又是一门实验科学，探讨磁测量方法的基本原理、仪器装置以及测量误差等问题。

1.5.4 磁测量的方法

对于待测物理量的测量方法可分为两类：直接测量和间接测量。

直接测量可以用测量仪器和待测量进行比较，直接得到结果。例如用刻度尺、游标卡尺、停表、天平、直流电流表等进行的测量就是直接测量。

间接测量则是不能直接用测量仪器把待测量的大小测出来，而要依据待测量与某几个直接测量的函数关系求出待测量。例如重力加速度，可通过测量单摆的摆长和周期，再由单摆周期公式算出，这种类型的测量就是间接测量。

1.5.5 测量误差

测量结果与实际值之间的偏差叫测量误差。每一个物理量都是客观存在的，在一定的条件下具有不以人的意志为转移的客观值，人们将它称为该物理量的真值。进行测量是想要获得待测量的真值。然而测量要依据一定的理论或方法，使用一定的仪器，在一定的环境中，由具体的人进行。由于实验理论上存在着近似性、方法上难以很完善、实验仪器灵敏度和分辨能力有局限性、周围环境不稳定等因素的影响，待测量的真值是不可能测得的。测得值与真实值之间总是或多或少存在一定的差异，这就是测量误差。

对于一种测量，可以用精确度和准确度来表征它的好坏程度。

精确度是指使用同种样品进行重复测定所得到的结果之间的重现性。精确度高则数据重现性好，测量数据比较集中。

准确度是在一定实验条件下多次测定的平均值与真值相符合的程度。准确度反映了系统误差和偶然误差大小的程度。在实际工作中，通常用标准物质或标准方法进行对照试验。准确度只是一个定性概念而无定量表达。准确度只有诸如：高、低；大、小；合格与不合格等类表述。测量误差的绝对值大，其准确度低。

精确度高说明实验的重现性好，但它的结果也可能是不准确的。同样的，准确度高说明测试结果更接近真实值，但其重现性却未必好。

研究测量误差的目的，是为了尽可能减少测量误差，提高测量的精确度和准确度。

1.6 单位制

测量包含四个要素：测量对象、计量单位、测量方法和测量的准确度。其中测量对象、测量方法和测量的准确度在上节中已有介绍，本节将重点阐述计量单位。计量单位在测量中具有举足轻重的作用。有计量单位的测量数据才有生命力，才能较完整地表示某物体的多少和属性。完整而有效的测量数据应是精确数字与合理计量单位完美的有机结合体。计量数据只有数字而无相匹配的计量单位，则该数字就仅仅是一串阿拉伯数字的组合。

由选定的一组基本单位和由定义方程式与比例因数确定的导出单位组成的一系列完整的单位体制。基本单位是可以任意选定的，由于基本单位选取的不同，组成的单位制也就不同，如市制、英制、米制、国际单位制等。

单位制的形成和发展与科技的进步、生产的发展密切相关。下面以单位制的演变历史为背景，介绍两种主要的磁学单位制。

1.6.1 CGS 单位制

CGS 单位制即厘米克秒制，是近代计量学中第一个计量单位制。

从 18 世纪开始，力学、热学、光学、静电学已逐渐发展为物理学的基础学科。测量的范围涉及到所有的力学量、热工量、电磁学和光学量，各种物理量都需要选择合适的单位，建立起数学关系加以定义。因此，有必要将几个基本单位按系统建立起来，形成相互关联的单位制。在力学中选择三个基本量：长度、时间和质量，它们的基本单位被选为：厘米、克和秒，形成了 CGS 单位制。在 CGS 单位制中，除基本单位外，还包括导出量的单位。例如：力的单位达因（dyn），$1\mathrm{dyn}=1(\mathrm{g} \cdot \mathrm{cm/s})/\mathrm{s}=1\mathrm{g} \cdot \mathrm{cm/s^2}$；功的单位尔格（erg），则 $1\mathrm{erg}=1\mathrm{cm^2} \cdot \mathrm{g/s^2}$；速度的单位是厘米每秒（cm/s）。但很多光学的、电学的、热学的物理量是不能从这三个基本量导出的。

为了适应电、磁计量的需要，物理学家首先将 CGS 单位制推行到电磁学单位。以电学库仑定律为基础，建立了 CGSE 单位制。例如：令库仑定律 $F=k\dfrac{q_1 q_2}{r^2}$ 中的因子 $k=1$，就可从 CGS 单位之中力 F 的单位达因和距离 r 的单位导出电荷量 q 的单位。同样，以磁学库仑定律为基础，建立了磁学 CGSM 单位制。

在 CGSE、CGSM 单位制中，都采用了非合理化公式。如：在库仑定建中令比例系数 $k=1$，实际上已选取了第四个基本量。这两种单位制都在电磁学中使用，会出现同一个物理量数值差异很大、量纲不一致的情况，非常容易混淆。

高斯综合了 CGSE 制和 CGSM 制，创建了电磁 CGS 单位制，又称高斯单位制。电磁 CGS 单位制在选用厘米、克、秒作为基本单位的基础上，引入了电学量 ε_0 和磁学量 μ_0，有效消除了混乱，因此曾被广泛使用。但是电磁 CGS 单位制仍采用了非合理化公式。

1897 年英国科学促进协会建议的磁通单位名称是韦伯（Wb），1900 年决定 CGSM 制磁场强度 H 的单位名称是高斯（Gs），磁通单位名称是麦克斯韦（Mx）。

1.6.2　国际单位制

1902 年意大利物理学家 G. 乔吉（1871～1950 年）创立了合理化实用制，以米（m）、千克（kg）、秒（s）和一个实用电学单位为基本单位并采用合理化电磁公式。正式提出应有四个基本单位对应于四个基本量的量制。建议用磁场强度 H 作为第四个基本量。

1930 年的国际电工委员会（IEC）决定 ε_0 和 μ_0 是导出量。磁通密度 B、电位移 D、电场强度 E 都是不同性质的物理量，分别赋予了 CGSM 制中磁通单位名称为麦克斯韦（Mx）、磁通密度单位名称为高斯（Gs，G）、磁场强度单位名称为奥斯特（Oe）、磁动势单位名称吉伯（Gb），并注意到以米（m）、千克（kg）、秒（s）为基本单位的合理性，这些决定得到 1931 年国际物理学会的同意。

1935 年国际电工委员会决定了以米（m）、千克（kg）、秒（s）单位制为国际电磁单位制。1954 年第十届国际计量大会（CGPM）通过决议确定，在米、千克、秒三个基本单位之外，增加安培、开尔文和坎德拉作为基本单位，1960 年第十一届 CGPM 确立了这 6 个基本单位构成的国际单位制（SI）。

1971 年的 CGPM 上，增加了第七个基本单位摩尔（mol），用于代替在当时广泛使用的克分子、克原子、克当量等及其所导出的一些量和单位，这就进一步完善了 SI。

由于国际单位制先进、实用、简单、科学，并适用于文化教育、科学技术和经济建设各个领域，故已被世界各国及国际组织广泛采用。1977 年中国明确规定要逐步采用国际单位制，1984 年中国颁布的《中华人民共和国法定计量单位》就是以国际单位制为基础制定的。表 1.3 给出了 SI 单位制中的基本单位、辅助单位和部分导出单位。表 1.4 给出了磁测量中目前存在的两种单位制中的磁学量及其换算。

根据磁学工作者在日常学习工作中的使用频率，下面列出了几种常用磁学量之间的换算关系。

磁通密度和磁场：

1T 相当于 $7.96 \times 10^5 \mathrm{A \cdot m^{-1}}$ 或 $10^4 \mathrm{Oe}$ 或 $10^4 \mathrm{Gs}$

磁能积：

$$1\mathrm{kJ \cdot m^{-3}} = 4\pi \times 10^{-2} \mathrm{MGOe} = 1.26 \times 10^{-1} \mathrm{MGOe}$$

磁化强度：

根据定义，单位质量的磁矩称为磁化强度。在一般测量中，尤其是样品具有不规则形状的时候，容易测量样品的质量，因此通常使用 $\mathrm{emu \cdot g^{-1}}$ 的单位，此时

$$1\mathrm{emu \cdot g^{-1}} = 1\mathrm{A \cdot m^2 \cdot kg^{-1}}$$

根据相应物质的密度就可以将 $\mathrm{emu \cdot g^{-1}}$ 的单位转换为标准的 $\mathrm{A \cdot m^{-1}}$ 单位。

有时，我们需要使用单位体积的磁矩值来表征样品的磁化强度，如对于薄膜样品，测量样品的质量比测量样品的体积更困难一些，此时通常采用 $\mathrm{emu \cdot cc^{-1}}$ 的单位，此时

$$1\mathrm{emu \cdot cc^{-1}} = 1 \times 10^3 \mathrm{A \cdot m^{-1}}$$

表 1.3　SI 单位制中的基本单位、辅助单位和部分导出单位

表 1.3　SI 单位制中的基本单位、辅助单位和部分导出单位

	物理量名称	单位名称	单位符号	物理量名称	单位名称	单位符号
基本单位	长度	米	m	动量	千克米每秒	kg·m/s
	质量	千克	kg	压强	帕【斯卡】	Pa
	时间	秒	s	功	焦【耳】	J
	电流	安【培】	A	能【量】	焦【耳】	J
	热力学温度	开【尔文】	K	功率	瓦【特】	W
	发光强度	坎【德拉】	cd	电荷【量】	库【仑】	C
	物质的量	摩【尔】	mol	电场强度	伏【特】每米	V/m
辅助单位	平面角	弧度	rad	电位、电压、电势差	伏【特】	V
	立体角	球面度	sr	电容	法【拉】	F
导出单位	面积	平方米	m^2	电阻	欧【姆】	Ω
	体积	立方米	m^3	电阻率	欧【姆】米	Ω·m
	速度	米每秒	m/s	磁通密度	特【斯拉】	T
	加速度	米每二次方秒	m/s^2	磁通【量】	韦【伯】	Wb
	角速度	弧度每秒	rad/s	电感	亨【利】	H
	频率	赫【兹】	Hz	电导	西【门子】	S
	密度	千克每立方米	kg/m^3	光通量	流【明】	lm
	力	牛【顿】	N	光照度	勒【克斯】	lx
	力矩	牛【顿】米	N·m	放射性活度	贝可【勒尔】	Bq

表 1.4　磁学量单位及其换算

磁学量	符号	SI 单位		CGS 单位		由 SI 单位换算成 CGS 单位的因子数	由 CGS 单位换算成 SI 单位的因子数
		名称	符号	名称	符号		
磁极强度	m	韦伯	Wb	电磁单位		$10^8/4\pi$	$4\pi\times10^{-8}$
磁通量	Φ	韦伯	Wb	麦克斯韦	MX	10^8	10^{-8}
磁偶极矩	j_m	韦伯·米	Wb·m	电磁单位		$10^{10}/4\pi$	$4\pi\times10^{-10}$
磁矩	μ_m	安培平方米	A·m^2	电磁单位		10^3	10^{-3}
磁场强度	H	安培每米	A·m^{-1}	奥斯特	Oe	$4\pi\times10^{-3}$	$10^3/4\pi$
磁通密度	B	特斯拉	T	高斯	Gs	10^4	10^{-4}
磁势	φ,ψ	安培	A	吉伯	Gb	$4\pi/10$	$10/4\pi$
磁极化强度	J_m	特斯拉	T	高斯	Gs	$10^4/4\pi$	$4\pi\times10^{-4}$
磁化强度	M	安培每米	A·m^{-1}	高斯	Gs	10^{-3}	10^3
磁化率（相对）	χ					$1/4\pi$	4π
磁导率（相对）	μ					1	1
真空磁导率	μ_0	亨利每米	H·m^{-1}			$10^7/4\pi$	$4\pi\times10^{-7}$
退磁因子	N					4π	$1/4\pi$
磁阻	R_m	安培每韦伯	A·Wb^{-1}	电磁单位		$4\pi\times10^{-9}$	$10^9/4\pi$

磁学量	符号	SI 单位		CGS 单位		由 SI 单位换算成 CGS 单位的因子数	由 CGS 单位换算成 SI 单位的因子数
		名称	符号	名称	符号		
磁能量密度	F	焦耳每立方米	$J \cdot m^{-3}$	尔格每立方厘米	$erg \cdot cm^{-3}$	10	1/10
磁晶各向异性常数	K	焦耳每立方米	$J \cdot m^{-3}$	尔格每立方厘米	$erg \cdot cm^{-3}$	10	1/10
旋磁比	γ	米每安培秒	$m \cdot A^{-1} \cdot s^{-1}$	每奥秒	$1/Oe \cdot s$	$10^3/4\pi$	$4\pi \times 10^{-3}$
磁能积	$(BH)_{max}$	特斯拉安每米	$T \cdot A \cdot m^{-1}$	高斯奥斯特	$Gs \cdot Oe$	$4\pi \times 10$	$(1/4\pi) \times 10^{-1}$
自感	L	亨利	H	厘米	cm	10^7	10^{-7}

习　题

1. 磁场强度 H、磁化强度 M 和磁通密度 B 三个基本磁学量有何区别与联系?

2. 一长 50cm,半径 5cm 的螺线管由 500 匝线圈绕制而成,其中通以 $I=2A$ 的电流,试利用所学知识计算出螺线管中部和端部的 H 和 B 大小。

3. 试画出磁性材料的磁化曲线和磁滞回线,并进一步说明曲线及特征参数的含义。

4. 如图所示:已知 $N=500$,$I=2A$,$S_1=9 \times 10^{-3} m^2$,$S_2=4 \times 10^{-3} m^2$,$l_1=1m$,$l_2=0.02m$,$\mu=1000$。忽略漏磁通,请估算气隙内的磁场强度。

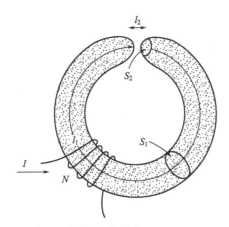

5. 将下述物理量进行 CGS 和 SI 单位制的转换。

(1) 2000eum/cc; (2) 8000Gs; (3) 36MGOe; (4) 200A/m。

第2章 磁场的产生与屏蔽

利用磁性材料以及进行精密磁测量的基础，是一个能够满足要求的空间磁场。产生磁场的方法大致有以下三种：永磁体、线圈和电磁铁。永磁体是最早被利用的磁场源，具有体积小、磁场稳定性高且不需耗电等优点。但缺点同样明显：产生磁场的均匀性较差，磁场空间较小，磁场强度不高。利用线圈可以产生具有各种空间特性的磁场，因此广泛应用在科学技术的各个领域。但由于受到线圈电流密度的限制，在很长一段时间，线圈不能产生很高强度的磁场，从而限制了线圈的使用。直到超导线圈的出现，线圈才成为目前最强的磁场源。电磁铁是在常温下获得高磁场强度的最经济的磁场源，具有连续可调、在大范围内磁场高度均匀等优点，在日常生活生产中应用极为广泛。

2.1 永磁体

永磁体是由具有高矫顽力和高剩磁的永磁材料构成，无需庞大的直流磁化线圈而能产生较强的稳定磁场。因此，永磁体具有体积小、磁场稳定的优点，特别适用于小型设备和作为电磁测量仪器的标准磁场，也可以在计量工作中作为固定磁场的标准磁场量具。通过合理的磁路设计，选择合适的永磁材料，确定尺寸，进而保证在它的工作间隙中具有满足需要的磁场。

2.1.1 永磁体的工作点

永磁体的磁路通常由永磁体、磁轭、磁极和气隙组成，如图2.1所示。磁轭和磁极采用高磁导率的软磁材料，永磁体采用高剩磁、高矫顽力的永磁材料。

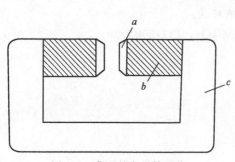

图 2.1　典型的永磁体磁路
a—极头；b—永磁体；c—磁轭

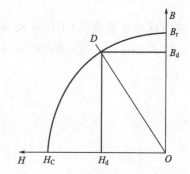

图 2.2　永磁体的退磁曲线及工作点

永磁体是在开路状态下工作的。由于开路磁体的自由磁极会导致退磁场，所以工作状态的永磁体的磁通密度不是在闭路状态的 B_r 点上，而是在比 B_r 低的退磁曲线上的某一点。这一点称为永磁体的工作点，如图 2.2 中的 D 点。显然工作点与退磁曲线的退磁场大小有关，在工作点的 B_d 和 H_d 应满足下列关系

$$B_d = \mu_0(H_d + M_d)$$
$$H_d = -NM_d$$

式中，M_d 是在 H_d 作用下永磁体的磁化强度；N 称为退磁因子，且由上面两式可得

$$B_d = \mu_0 H_d \left(1 - \frac{1}{N}\right) \tag{2.1}$$

可以看出，连接工作点 D 与原点 O 的直线的斜率是 $\left(1 - \frac{1}{N}\right)$。这根直线称为负载线。它的斜率与永久磁体的退磁因子有关，负载线的斜率又称为磁导，用 P_c 表示。则

$$P_c = \frac{B_d}{H_d} = \mu_0 \left(1 - \frac{1}{N}\right) \tag{2.2}$$

由于 N 与永磁体的形状有关，因此 P 值也是一个由永磁体形状所决定的一个量。例如，对于薄板磁体，沿厚度方向即使被磁化，由于 $N \approx 1$，B_d 几乎等于零，尽管是磁体，却难以发挥永磁体的功能；但是，对于部分的微小面积磁化，只要保证磁化方向在相对较长的方向，由于 N 较小，该微小部分依然可以发挥永磁体的功能。

永磁体在不同的工作点对应着不同的磁能积，磁能积达到最大时所对应的气隙的磁场最强，此时所对应的工作点称为最佳工作点。要使磁能积达到最大，我们将通过设计的适当磁路来达到这一目的。

2.1.2 永磁体的磁路设计

磁路设计主要是为了充分合理地使用永磁材料磁能，磁路主要是由永磁材料、软磁材料和空气间隙三部分组成。一般的磁路计算研究的是：根据要求的空气间隙磁通量的大小决定磁路结构；根据磁路计算要求，选择相应的材料及尺寸等问题。

对于永磁体和空气间隙所组成的磁路（如图 2.3 所示），由磁路的欧姆定律有：

$$H_e L_e = H_i L_i \tag{2.3}$$

式中，H_e 表示间隙内磁场强度；L_e 表示空气间隙的长度；H_i 表示退磁场强度；L_i 表示永磁体的长度。

假定没有磁通的漏泄，则

$$B_e S_e = B_i S_i \tag{2.4}$$

式中，B_e 表示空气间隙内的磁通密度；S_e 表示空气间隙磁通密度分布的截面积；B_i 表示永磁体内的磁通密度；S_i 表示永磁体截面积。则

$$H_e L_e B_e S_e = H_i L_i B_i S_i \tag{2.5}$$

即

$$H_e B_e V_e = H_i B_i V_i \tag{2.6}$$

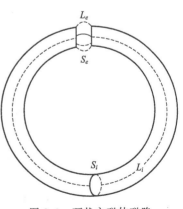

图 2.3　环状永磁体磁路

式中，B_iH_i 值表示单位永磁体的磁能积；V_e 为气隙体积；V_i 为永磁体体积。

由于空气的相对磁导率为 1，即

$$B_e = \mu_0 H_e$$

代入式（2.6）可得，

$$B_e^2 V_e = \mu_0 B_i H_i V_i$$

计算可得

$$B_e = \sqrt{\frac{\mu_0 B_i H_i V_i}{V_e}} \tag{2.7}$$

由式（2.7）可以看出要计算间隙内的磁通密度，只需知道磁路中空气间隙的尺寸、永磁体的体积 V_i 以及永磁体的单位磁能积即可。

通过以上讨论，我们得出了空气间隙和永磁体之间的关系，接下来我们来讨论在设计磁路时该如何确定永磁体的大小才能得到最大的磁场强度。

显然，

$$\frac{B_{最佳} S_i}{H_{最佳} L_i} = \frac{B_e S_e}{H_e L_e} \tag{2.8}$$

式（2.8）可表示为

$$\frac{B_{最佳} S_i}{H_{最佳} L_i} = \frac{\mu_0 S_e}{L_e} \tag{2.9}$$

永磁体的最佳尺寸可表示为

$$\left(\frac{S_i}{L_i}\right)_{最佳} = \frac{\mu_0 H_{最佳}}{B_{最佳}} \frac{S_e}{L_e} \tag{2.10}$$

由此我们可以得出，永磁体尺寸的设计是由空气间隙的形状和该材料的固有磁能积所对应的 H_e 和 B_e 共同决定的。

图 2.4 是工业上常用的磁路类型。

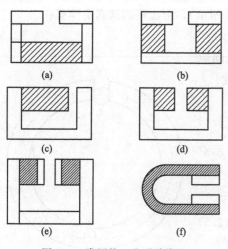

图 2.4　常用的工业磁路类型

通过合理的磁路设计，可采用适当结构的多块永磁体组合来获得较强永久磁场。如图 2.5（a）所示的磁路结构，由 192 块 NdFeB 磁片和部分 FeCo 磁极组成，可在中心小缝隙处获得 4.3T 的磁通密度。如图 2.5（b）所示的磁路结构，由一套四个柱状磁体组成。通过调整各磁铁的位置和角度，可以获得从 -0.2T 到 +0.2T 的匀强磁场。

Halbach 阵列是近似理想状态的一类磁体结构，在工程上有极为重要的意义。其利用特殊的磁体单元的排列，可消除外部的杂散磁场，增强特定方向上的磁场强度，目标是用最少量的磁体产生最强的磁场。图 2.6 给出了几种 Halbach 阵列磁体结构。

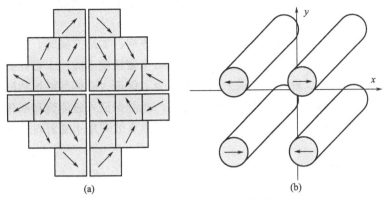

图 2.5　两个复合永磁系统的例子

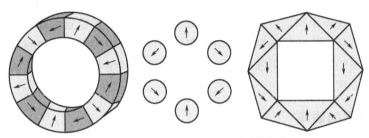

图 2.6　几种典型 Halbach 阵列磁体结构

2.1.3　永磁体的充磁

　　永磁体是靠其自身永磁材料作磁场能源，不用外加磁场能源。但永磁体在制造后并不具有磁性，工作前必须先将其磁化，然后靠其能长期保持强的磁性来对磁路起磁场能源作用。一般来说，充磁应使永磁体在充磁时任一点所受到的磁场强度不小于永磁材料矫顽力的 5 倍，且磁力线在磁体中所走的路径应尽量地长。

　　永磁体充磁通常分为直流电磁铁充磁和脉冲线圈充磁两种方法。

　　充磁电磁铁具有可调的铁心，不仅能随意选择磁极间的距离，而且能安装适合永磁体结构的磁极。其中励磁电源采用全波整流电源，由于电磁铁线圈具有很大的电感，因此磁化电流较为平滑，即使突然切断电源开关，也能在整流器中形成闭路，不会产生异常电压。

　　脉冲线圈充磁时在线圈中通过瞬间的脉冲大电流，使线圈产生短暂的超强磁场。典型的方案是先将电容器充以直流高压电压，然后通过一个电阻极小的线圈放电。放电脉冲电流的峰值可达数万安培。此电流脉冲在线圈内产生一个强大的磁场，该磁场使置于线圈中的硬磁材料永久磁化。脉冲磁场在 2.5 节中有详细介绍。脉冲线圈充磁法特别适用于对高矫顽力永磁材料进行充磁。

　　饱和磁化磁场和退磁场等因素都会影响永磁体的充磁效果。

　　饱和磁化磁场，就是能够使得永磁材料磁化到饱和所需要的最低外加磁场。所谓永磁材料磁化到饱和，从微观上说，就是使被磁化的永磁体内所有的磁矩全部转向外加的磁化磁场方向。对于不同的永磁材料，这个饱和磁化磁场的数值不同。永磁材料的饱和磁化磁场约等于该材料内禀矫顽力的 5 倍。因此永磁材料在充磁时，一般要求外加的磁化磁场大于或等于饱和磁化磁场。如果外加的磁化磁场不够强，则所得到永磁体的剩磁、矫顽力和最大磁能积就会小一些。

当永磁磁路中有间隙存在时，则会受到退磁场的影响。如果充磁时，外加的磁化磁场仍等于饱和磁化磁场值，则试样或元件所受到的真实磁化磁场就不能使永磁体磁化到饱和，从而也降低了永磁体的剩磁、矫顽力和最大磁能积。为了保证永磁体能够饱和磁化，就必须加大外加的磁化磁场，使得在消除退磁场的影响之后，还能保证永磁体饱和磁化。

此外，不同的永磁材料需要设计不同的尺寸才能最有效利用永磁材料的磁能。

2.2 磁场线圈

用载流导体产生的磁场，其磁场强度可以根据导体的几何尺寸和电流密度利用前章介绍的毕奥-萨伐尔定律准确的进行计算。因此，在电磁测量中经常利用线圈产生的磁场作为标准磁场源。线圈不仅易于加工，所产生的磁场不仅线性度高、稳定性好，而且通过若干线圈的合理组合，还可获得诸如磁场强度均匀、磁场梯度均匀等特性。随着超导技术的应用，还可用超导材料绕制的线圈来获得强磁场。因此，线圈在科学技术、生产生活的各个领域中得到越来越广泛的应用。

2.2.1 圆形线圈的磁场

圆形线圈是在电磁测量中使用得最多的一类线圈，并且使用者最为关心的是线圈轴线上磁场强度分布。为了计算方便，根据线圈绕组的壁厚把圆形线圈分为单层线圈和多层线圈。

2.2.1.1 单层线圈

单层线圈是由一根导线绕在圆柱形骨架上构成的。骨架可由塑料、黄铜、铝或胶木板等弱磁性材料制成。一般情况下，导线直径 d 相比于线圈平均半径 R 要小得多。当 $d/R < 0.1$ 时，忽略导线直径引起的计算误差（大约为 5‰）。因此，在计算准确度要求不是非常高的场合可以把这样的线圈按薄壁线圈处理，从而简化计算。

如图 2.7 所示的单层线圈的半径为 R，长度为 $2l$，线圈的匝数为 N，电流强度为 I。假定绕线均匀，相邻绕线之间靠得很紧，则每一匝中的电流都可以看成是圆电流。单层线圈中的电流密度为常数

$$J = \frac{NI}{2l} \qquad (2.11)$$

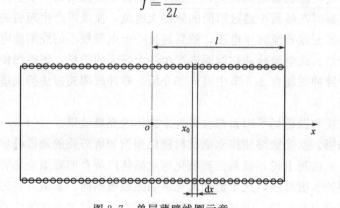

图 2.7 单层薄壁线圈示意

因此，长度为 $\mathrm{d}x$ 的单层线圈元上通过的电流强度为

$$\mathrm{d}I = J\,\mathrm{d}x$$

这样的圆形线圈元可近似看成圆形电流 $\mathrm{d}I$。根据毕奥-萨伐尔定律，半径为 R，与线圈中心相距 x_0 处的电流元在线圈轴线上任一点 x 处的磁场强度值为

$$
\begin{aligned}
\mathrm{d}H(x) &= \frac{\mathrm{d}I}{4\pi}\int_l \frac{\mathrm{d}l \times e_r}{r^2} = \frac{\mathrm{d}I}{4\pi}\int_0^{2\pi} \frac{R^2\,\mathrm{d}\theta}{\left[R^2 + (x-x_0)^2\right]^{3/2}} \\
&= \frac{\mathrm{d}I R^2}{2\left[R^2 + (x-x_0)^2\right]^{3/2}} \\
&= \frac{J R^2\,\mathrm{d}x_0}{2\left[R^2 + (x-x_0)^2\right]^{3/2}}
\end{aligned}
\tag{2.12}
$$

磁场方向与线圈的轴线平行。单层线圈是由无穷多个这样的电流元沿线圈轴向排列而成，因而对上式从 $x_0 = -l$ 到 $x_0 = l$ 进行积分，即可得到线圈在轴线上任意一点 P 的磁场强度

$$
\begin{aligned}
H(x) &= \int_{-l}^{l} \frac{J R^2\,\mathrm{d}x_0}{2\left[R^2 + (x-x_0)^2\right]^{3/2}} \\
&= \frac{J}{2}\left[\frac{l+x}{\sqrt{R^2 + (l+x)^2}} + \frac{l-x}{\sqrt{R^2 + (l-x)^2}}\right] \\
&= \frac{NI}{4l}\left[\frac{l+x}{\sqrt{R^2 + (l+x)^2}} + \frac{l-x}{\sqrt{R^2 + (l-x)^2}}\right]
\end{aligned}
\tag{2.13}
$$

在圆形线圈中心（$x=0$）处的磁场强度为

$$H(x=0) = \frac{NI}{2\sqrt{R^2 + l^2}} \tag{2.14}$$

对于细长型圆线圈，可以认为 $l \gg R$，则可近似得到内部轴线上个点的磁场强度为

$$H_{细长} \approx \frac{NI}{2l} = nI$$

式中，n 为圆形线圈上单位长度的线圈匝数。

真实的线圈总是有限长的，即使满足条件 $l \gg R$，在圆形线圈轴线上磁场强度从中点 O 逐渐向两端减小。对于线圈的端部，如图 2.8 中的 E 点，在 $l \gg R$ 时，$l = x$，则

$$H(x) \approx \frac{NI}{4l} = \frac{1}{2}nI \tag{2.15}$$

图 2.8 给出了 $l/R = 4$ 的线圈轴线上磁场强度 H 的分布。可以看出，线圈内部轴线上各点（端点附近除外）有近似相等的 H 值，且 H 值近似等于端点处 H 值的 2 倍。

2.2.1.2 多层线圈

由上节的计算可知，单层线圈所产生的磁场强度与电流密度成正比。然而，由于绕线密度、绕线层数和导线中电流密度的限制，单层线圈所产生的磁场强度通常比较小。为了产生比较高强度的磁场，必须制成多层线圈，增大线圈单位长度的匝数。当线圈的层数由单层增加到多层时，线圈的壁厚逐渐增大。当线圈壁厚与半径的比值 $d/R \gg 0.1$ 时，采用上节计算单层线圈磁场的公式计算多层线圈的磁场就会引起较大的误差。因此，需要给出多层线圈场强的计算公式。

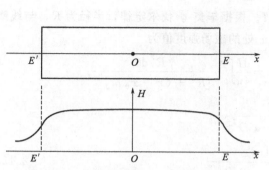

图 2.8 $l/R=4$ 的线圈轴线上磁场强度 H 分布

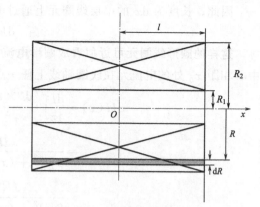

图 2.9 多层厚壁线圈示意

如图 2.9 所示的多层线圈的内、外半径分别是 R_1 和 R_2，长度为 $2l$，匝数为 N，电流强度为 I。假定线圈绕线均匀，则多层线圈的电流面密度为

$$j = \frac{NI}{2(R_2-R_1)l} \tag{2.16}$$

则厚度为 dR 的线圈元上流过的电流密度为

$$dJ = j\,dR = \frac{NI\,dR}{2(R_2-R_1)l} \tag{2.17}$$

于是，这样的线圈元可近似看成单层薄壁线圈。根据式(2.13)，半径为 R、长度为 $2l$、厚度为 dR 的线圈元在其轴线上任一点 P 的磁场强度为

$$dH(x) = \frac{dJ}{2}\left[\frac{l+x}{\sqrt{R^2+(l+x)^2}} + \frac{l-x}{\sqrt{R^2+(l-x)^2}}\right] \tag{2.18}$$

磁场方向与线圈的轴线平行。而多层线圈可以看成是由无穷多个这样的线圈元沿径向排列而成，因此把上式从 R_1 到 R_2 对 R 积分即得到多层线圈在 P 点的磁场强度

$$
\begin{aligned}
H(x) &= \frac{j}{2}\int_{R_1}^{R_2}\left[\frac{l+x}{\sqrt{R^2+(l+x)^2}} + \frac{l-x}{\sqrt{R^2+(l-x)^2}}\right]dR \\
&= \frac{j}{2}\left[(l+x)\ln\frac{R_2+\sqrt{R_2^2+(l+x)^2}}{R_1+\sqrt{R_1^2+(l+x)^2}} + (l-x)\ln\frac{R_2+\sqrt{R_2^2+(l-x)^2}}{R_1+\sqrt{R_1^2+(l-x)^2}}\right]
\end{aligned}
\tag{2.19}
$$

在线圈中心（$x=0$）处的磁场强度为

$$H(x=0) = jl\ln\frac{R_2+\sqrt{R_2^2+l^2}}{R_1+\sqrt{R_1^2+l^2}} \tag{2.20}$$

可以看出，对于给定几何形状的线圈，所产生的磁场强度是跟绕组的电流密度 j 即安匝数 NI 成正比。

同样，对于有限长度的线圈，其中心部分的磁场强度最大，距离中心愈远，磁场强度就愈小，只有在中心附件的一块区域内磁场是均匀的。在实际的使用过程中，总是希望在线圈中心附近较长的一段范围内有足够均匀的磁场。当线圈不是很长时，必须对线圈的结构加以修改。通常的方法是：在线圈两端另加绕组或将线圈的每层绕组相对中心位置向左（右）错开一段距离，这样各层绕组在中心部位产生的磁场叠加后，就能在中心位置附近出现一个较大的均匀磁场区域。

2.2.2 组合线圈的磁场

在实际应用中，磁场源仅具有磁场强度尚不能满足需要，我们往往还希望磁场在工作空间具有一定的分布：如均匀的磁场强度、沿某一方向具有均匀梯度的磁场强度等。例如核磁共振测场仪的定标，要求磁场源在探头所占空间内具有与仪器相当的磁场均匀度，一般的线圈除非把几何尺寸放得很大，否则是不可能得到很均匀的磁场强度的。而大尺寸的线圈将消耗很多的材料，还要消耗很大的功率，是很不经济的。再如用法拉第法测量样品的磁矩时，要求辅助磁场源在样品所占空间内磁场强度梯度非常均匀，这对于一般线圈来说是很难实现的。为了解决实际要求，我们需要通过组合线圈来实现所要求的磁场强度分布。本章主要介绍通过组合线圈能产生均匀磁场强度的亥姆霍兹线圈，以及能使磁场强度沿某一方向的梯度均匀的麦克斯韦线圈。

2.2.2.1 亥姆霍兹线圈

匀强磁场在物理学的理论分析和实验研究中都起着十分重要的作用，为了得到均匀的磁场，人们设计了亥姆霍兹线圈。亥姆霍兹线圈是由一对半径都为 R、同轴放置且间距 a 等于半径 R 的圆线圈构成的，如图 2.10 所示。下面我们来证明亥姆霍兹线圈在轴线方向上磁场的均匀性。

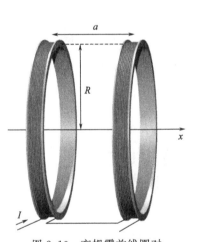

图 2.10 亥姆霍兹线圈对

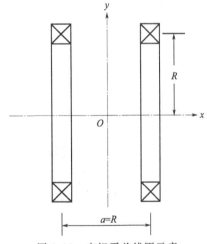

图 2.11 亥姆霍兹线圈示意

图 2.11 中两个线圈的中轴线磁场，由毕奥—萨伐尔定律可以得到

$$B = B_1 + B_2$$

$$= \frac{\mu_0 I}{2R} \left\{ \frac{1}{\left[1 + \left(\frac{x}{R} - \frac{a}{2R}\right)^2\right]^{3/2}} + \frac{1}{\left[1 + \left(\frac{x}{R} + \frac{a}{2R}\right)^2\right]^{3/2}} \right\} \qquad (2.21)$$

令 $\alpha = \dfrac{x}{R}$，$\beta = \dfrac{a}{R}$，求二阶导数可得

$$\frac{\mathrm{d}^2 B}{\mathrm{d}x^2} = \frac{3\mu_0 I}{2R} \left\{ \frac{4\left[\alpha + \frac{\beta}{2}\right]^2 - 1}{\left[1 + \left(\alpha + \frac{\beta}{2}\right)^2\right]^{\frac{7}{2}}} + \frac{4\left[\alpha - \frac{\beta}{2}\right]^2 - 1}{\left[1 + \left(\alpha - \frac{\beta}{2}\right)^2\right]^{\frac{7}{2}}} \right\} \tag{2.22}$$

分析可知，在 $\alpha = 0$、$\beta = 1$ 时，即 $a = R$ 时可得 $\dfrac{\mathrm{d}^2 B}{\mathrm{d}x^2} = 0$。

此时，亥姆霍兹线圈中心的磁场为：

$$H_0 = 0.7155\frac{I}{R}$$

图 2.12 给出了亥姆霍兹线圈中轴线磁场分布。采用两对亥姆霍兹线圈组合，可以进一步提高磁场的一致性，如图 2.13 所示。亥姆霍兹线圈还可以进一步推广到二维和三维均匀磁场。图 2.14 给出了常见一维、二维和三维亥姆霍兹线圈实例。

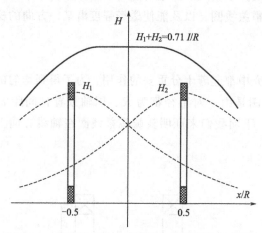

图 2.12　亥姆霍兹线圈对轴线方向的磁场强度分布

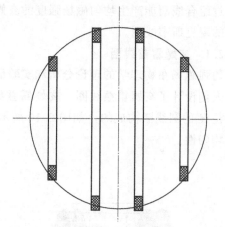

图 2.13　两对亥姆霍兹线圈对组合示意图

(a) 经典亥姆霍兹线圈

(b) 二维亥姆霍兹线圈

(c) 三维圆形亥姆霍兹线圈

(d) 三维方形亥姆霍兹线圈

图 2.14　典型的一维、三维和三维亥姆霍兹线圈实物

以中国计量大学磁学实验室的 FE-HM300 型亥姆霍兹线圈为例：线圈直径为 300mm，单线圈匝数为 360 匝，线径为 1.5mm，线圈常数 0.058cm，总线圈电阻为 6.48Ω。5A 电流时，中心磁场为 108Oe，在 30×30×30mm 的中心区域内均匀度为 0.1%。

2.2.2.2　麦克斯韦线圈

在对磁场的研究过程中很多时候会要求磁场具有均匀梯度，所以具有磁场梯度的装置是一种重要的实验设备，但是如何才能获得均匀梯度磁场呢？下面以圆环电流的组合为例来说明均匀梯度磁场是如何得到的。

如图 2.15 放置两个平行的反向圆环电流，两线圈的间距为 $2a$，若要在距坐标原点 a 处得到均匀梯度磁场，只需要使该点处轴向磁场对 x 的三阶导数为零，即

$$\frac{\mathrm{d}^3 B_x}{\mathrm{d}x^3}\Big|_{x=a}=0$$

由于在轴线上，$y=0$，所以有

$$\frac{\mathrm{d}^3 B_x}{\mathrm{d}x^3}=\frac{\mathrm{d}^3}{\mathrm{d}x^3}\left[\frac{\mu_0 IR^2}{2}\cdot\frac{1}{(x^2+y^2+R^2)^{\frac{3}{2}}}\right]=\frac{\mu_0 IR^2}{2}\left[\frac{45x}{(x^2+R^2)^{7/2}}-\frac{105x^3}{(x^2+R^2)^{9/2}}\right]=0$$

(2.23)

计算可得 $a=\frac{\sqrt{3}}{2}R$，其中 $a=\frac{\sqrt{3}}{2}R$ 被称为麦克斯韦条件，满足其条件的线圈被称为麦克斯韦线圈，可获得梯度均匀的磁场。

线圈中心轴处磁场梯度为

$$\frac{H_0}{\mathrm{d}x}=0.64\frac{I}{R^2}$$

图 2.16 给出了麦克斯韦线圈中轴线磁场分布。

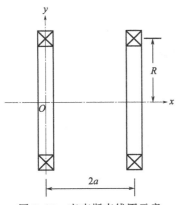

图 2.15　麦克斯韦线圈示意

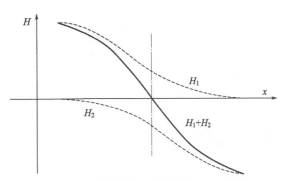

图 2.16　麦克斯韦线圈对中轴线磁场分布

麦克斯韦线圈和亥姆霍兹线圈的区别是：两个线圈中的电流方向相反，故有时也称为反亥姆霍兹线圈。

2.2.3　水冷磁体

水冷磁体最早是由美国科学家 Francis Bitter 发明，因此又叫 Bitter 磁体。传统的磁场线圈受电流密度的限制，水冷磁体实际上是改良后的水冷通电螺线管磁体，但其磁体结构和

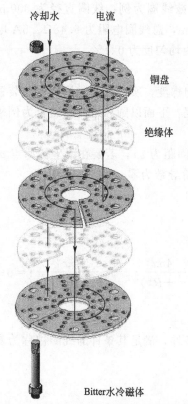

图 2.17 Bitter 水冷磁体的结构示意

冷却水　电流

铜盘

绝缘体

Bitter水冷磁体

产生的磁场又与传统的螺线管存在显著区别。Bitter磁体由导电铜盘和绝缘盘交替叠加而成。每个铜盘上都带有大量的水冷孔和一个径向裂缝。每个盘片都分别与相邻盘片旋转一定角度。高流速的冷却水通过盘片上分布的小孔将磁体运行过程中产生的热量带走，冷却效果好。装配后的磁体是一个整体结构，因而具有很好的机械性能。图 2.17 给出了 Bitter 水冷磁体的结构示意。

实践证明，Bitter 水冷磁体结构能有效地利用电能，冷却效果也较好。高功率水冷 Bitter 磁体成为各实验室的强磁场实验装置的主体装置，可稳定产生 10T 的磁场。在 Bitter 磁体的启发下，出现了不同结构的水冷磁体，如：径向冷却线圈结构、多螺旋磁体结构和条形冷却孔结构（如图 2.18 所示）等，将中心磁场提升至 20T 以上。提高磁场强度所面临最大的问题主要是大电流带来的温度升高以及洛伦兹力带来的大应力。中国科学院强磁场中心采用优化的 Bitter 磁体产生了 38.5T 强磁场。2017 年，美国强磁场中心利用 Bitter 磁体产生了超过 40T 的强磁场。

图 2.18　条形冷却孔结构 Bitter 磁体示意

2.3　电磁铁

2.3.1　电磁铁类型

电磁铁是磁性测量中常用的一种产生较强磁场的磁化装置。在原理上它相当于一个带有空气隙的磁芯线圈。当线圈通电流时，铁心被磁化，在空气隙中产生磁场。我们通常把它制成条形或蹄形，以使铁心更加容易磁化。另外，为了使电磁铁断电立即消磁，我们往往采用消磁较快的软铁或硅钢材料来制作。这样的电磁铁在通电时有磁性，断电后磁性就随之消失。

电磁铁根据输入电流的不同，分为直流电磁铁和交流电磁铁。从外形、结构和基本工作原理来看，交、直流电磁铁并没有多大区别。二者最主要区别在于磁场方向：直流电磁铁产生的磁场，任意一点的磁力线的方向是不变的；而在交流电磁铁中产生的交流磁场中，任意一点的磁力线的方向随输入电流的方向变化而改变。直流电磁铁只能提供直流磁场；而交流电磁铁既可以提供交流磁场，也可以提供直流磁场。另外，交流电磁铁换向冲击大、温升明显，在进行产品设计时需要特别注意。

根据实际用途，电磁铁又可分为：制动电磁铁、起重电磁铁、阀用电磁铁、牵引电磁铁和磁场电磁铁。制动电磁铁［图 2.19(a)］主要在电气传动装置中用作电动机的机械制动，以达到准确迅速制动的目的。起重电磁铁［图 2.19(b)］主要用作起重装置来吊运钢材、铁砂等导磁材料，或用作电磁机械手夹持钢铁等导磁材料。阀用电磁铁［图 2.19(c)］是利用磁力推动磁阀，从而达到阀口开启、关闭或换向的目的。牵引电磁铁［图 2.19(d)］主要用于牵引机械装置以执行自动控制任务。磁场电磁铁主要用于提供空间磁场。各种类型电磁铁的基本原理是相同的，本书主要讨论磁场电磁铁。

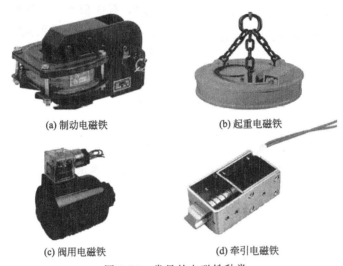

(a) 制动电磁铁   (b) 起重电磁铁

(c) 阀用电磁铁   (d) 牵引电磁铁

图 2.19   常见的电磁铁种类

常见的磁场电磁铁如图 2.20 所示。图 2.20(a) 为经典外斯型电磁铁，双磁极位置可调，在磁极间隙中安装仪器方便，但漏磁较大。图 2.20(b) 为双轭电磁铁，单磁极可调，虽然间隙磁场利用不便，但漏磁减少。此外，还包括异型电磁铁［图 2.20(c)］、钳式电磁铁［图 2.20(d)］、旋转电磁铁［图 2.20(e)］和多极电磁铁［图 2.20(f)］。

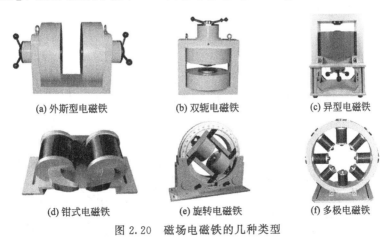

(a) 外斯型电磁铁   (b) 双轭电磁铁   (c) 异型电磁铁

(d) 钳式电磁铁   (e) 旋转电磁铁   (f) 多极电磁铁

图 2.20   磁场电磁铁的几种类型

2.3.2 电磁铁的磁路

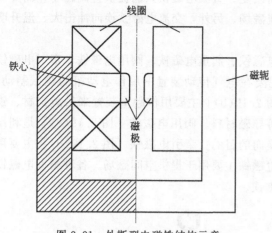

图 2.21 外斯型电磁铁结构示意

本节以经典的外斯型电磁铁为例，阐述电磁铁磁路。图 2.21 为外斯型电磁铁的结构示意图。线圈的匝数为 N，通以电流 I，使铁心和磁极磁化。磁极一般为高饱和磁感的软磁材料，它的作用产生强磁场，轭铁用来传输两极间的磁通量。为了更好地了解电磁铁，下面我们对电磁铁的磁极间的磁场强度 H 做简单估算。

设磁极、铁心、轭铁的平均磁路长度为 l，截面积为 S，内磁场为 H，极间气隙长度为 l_0，截面积同样是 S，气隙磁场为 H_0。

根据磁路定理

$$\oint \vec{H} \cdot \vec{\mathrm{d}l} = NI \tag{2.24}$$

则有

$$H_0 l_0 + H l = NI \tag{2.25}$$

若忽略漏磁，则铁心内磁通量与气隙中磁通量相等，用 Φ 表示。

在铁心中

$$\Phi = \mu_0 \mu H S \tag{2.26}$$

在气隙中

$$\Phi = \mu_0 H_0 S \tag{2.27}$$

由式（2.25）～式（2.27）可以得到

$$H_0 = \frac{NI}{l_0 + \dfrac{l}{\mu}} \tag{2.28}$$

从式（2.28）可知，当电流 I 不大时，极头和铁心都还没有饱和，磁导率 μ 很大，则 l_0 远远大于 $\dfrac{l}{\mu}$，式（2.28）可近似表示为

$$H_0 = \frac{NI}{l_0} \tag{2.29}$$

式（2.29）表示，H_0 与铁心无关，在 NI 一定的情况下，磁场与空气隙长度成反比。这种情况只适用于低磁场，当 I 增大以致使铁心接近饱和时，其磁导率急剧下降（如图 2.22 所示），式（2.29）不再成立。当铁心饱和时，磁通量 $\Phi = B_S S$，若不考虑漏磁，极间的磁场为 $H_0 = \dfrac{B_S}{\mu_0}$，受磁极饱和磁感的限制，这是电磁铁产生磁

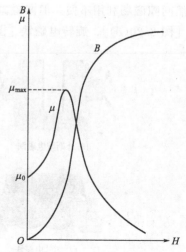

图 2.22 铁心磁化磁导率变化曲线

场强度的上限。

如果考虑漏磁的影响，则磁极间的磁场强度只能大致估计，不能精确计算。

通常采用的磁极材料为纯铁，其饱和磁通密度为 2.15T。为了进一步的提高电磁铁间隙磁场，可采用更高饱和磁通密度的材料（如 FeCo 合金）或采用其他形状（如圆台状）的极头。

图 2.23 给出了电磁铁圆柱和圆台磁极形状和磁场分布。图中 D 为磁极的直径，l_g 是气隙间距，r_g 是圆台端部直径，B 为磁极的磁通密度。可以看出圆台型磁极可以大幅提高间隙处磁场强度。

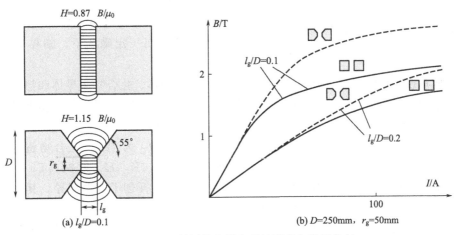

图 2.23　电磁铁圆柱和圆台磁极形状和磁场分布

以中国计量大学磁学实验室 SB-280 型电磁铁为例：极柱直径 280mm，标准极头极面直径 120mm，线圈直径 720mm，线圈间距 150mm，气隙可调范围 0～140mm，功率 12kW，重量 2570kg。在气隙尺寸为 25mm 时，所提供的最大磁通密度为 2.6T。

2.4　超导磁体

常规导体存在电阻，通电流时就会发热，不仅浪费电能，还会使设备性能变差。因此传统导体不论在什么情况下，其电流密度都很难超过 $10A/mm^2$。因此，传统磁场线圈受电流密度限制，产生的磁场强度都比较低。

许多金属、合金和化合物在低于某个临界温度时，其电阻突然消失，因此称为超导材料。超导材料处于超导状态时，没有直流电阻，一根很细的超导线就可以通过很多的电流而不会发热，不会衰减。利用超导材料制成螺线管，就得到产生强磁场的超导磁体。

超导材料要呈现超导状态必须满足一定条件，如温度足够低。事实上，影响超导材料超导态与正常态转换的关键物理量是临界温度 T_C、临界磁场 H_C 和临界电流 I_C，三者关系如图 2.24 所示。

临界温度 T_C 是超导体从正常态转变为超导态（零电阻）时所对应的温度。不同的材料有不同的临界温度。对于同种物质，其临界温度为常数。

当超导体的磁场达到某个磁场强度 H_C 时，超导态转变为正常态；当磁场降低到 H_C 以下时，又转变为超导态。这个破坏超导电性的最小磁场 H_C 称为临界磁场强度。临界磁场在

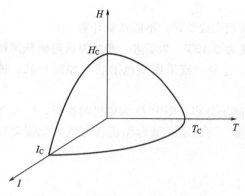
图 2.24 超导材料的临界参数关系

绝对零度时最大，随着温度升高而逐渐降低，达到临界温度 T_C 后变为零。

当超导体中的电流超过某临界值 I_C 时，转变为正常态。I_C 即为超导体的临界电流，它是破坏超导态的最小电流。由于超导体中的电流在表面产生磁场，当电流较大，使得产生的表面磁场超过超导临界磁场时，超导体即转变为正常导体。

温度、磁场与电流三者相互影响。在一定温度下，超导体允许通过的临界电流随磁场的增强而减小；在一定磁场下，临界电流随温度的降低而提高。

超导材料按其化学成分可分为元素超导体、合金超导体、化合物超导体和超导陶瓷。元素超导体超导性能较差，例如：铌的临界温度 T_C 最高为 9.26K；铅的临界温度 T_C 最高为 7.2K。合金超导体的超导性能较元素超导体稍好，例如：Ni-75Zr 的临界温度 T_C 为 10.8K，H_C 为 8.7T；Ni-60Ti 的临界温度 T_C 为 9.3K，H_C 为 12T。化合物超导体的超导性能更佳，例如：铌锡化合物 Nb_3Sn 的临界温度 T_C 为 18.1K，H_C 为 24.5T；铌铝化合物 Nb_3Al 的临界温度 T_C 为 18.8K，H_C 为 30T。超导陶瓷则开创了高温超导，其中的钇钡铜氧系材料更是将超导电性提升到了液氮区。

根据磁化曲线的差异，超导体可分为第一类和第二类两类，其中第二类超导体又分为理想超导体和非理想超导体。

第一类超导体只存在一个临界磁场强度 H_C，其数值不超过 0.1T。外磁场小于 H_C 时，超导体处于迈斯纳态，表现出完全的抗磁性；随着外磁场的升高，当外磁场超过 H_C 时，超导体立即由超导态转变到正常态。

第二类超导体存在两个临界磁场，分别用 H_{C_1} 和 H_{C_2} 表示，其中 H_{C_1} 为下临界磁场，H_{C_2} 为上临界磁场。H_{C_2} 往往比 H_{C_1} 大很多。当外磁场小于 H_{C_1} 时，第二类超导体处于迈斯纳态，具有完全抗磁性；当外磁场大于 H_{C_2} 时，超导体转变为正常态；当外磁场介于 H_{C_1} 和 H_{C_2} 之间时，第二类超导体处于正常态和超导态的混合态，磁场可穿过此类超导体的正常态区域。第二类理想超导体的临界电流是由 H_{C_1} 决定，而非理想第二类超导体的临界电流是由 H_{C_2} 决定，因此第二类非理想超导体具有较高的电流输运能力。两类超导体的磁化曲线的区别在于，前者的磁化曲线是可逆的，后者的磁化曲线是不可逆的。

在已发现的超导元素中，只有钒、铌和钽属于第二类超导体，其他元素均属第一类超导体。大多数超导合金和化合物则属于第二类。实用超导材料都采用第二类非理想超导体。目前可用于实际应用的超导材料主要包括低温超导材料铌钛合金（NbTi），铌锡化合物 Nb_3Sn，Bi 系、Y 系高温超导材料以及 MgB_2。NbTi 超导体线材强度高、塑性好、临界电流密度高、沿长度方向优秀的均匀性，成本低，是用量最大、用途最广的超导材料。Nb_3Sn 则是制备 10T 以上超导磁体的主要材料。

超导磁体和一般磁体相比，具有很多方面的优越性。

（1）超导磁体可获得高磁场 超导磁体可获得高达几十特斯拉的磁场，而常规磁体达到十特斯拉已经非常困难，通常只有几特斯拉。

（2）超导磁体重量轻　超导磁体导线可以有很高的电流密度，比普通铜线的电流密度要高得多，因此体积小、重量轻。以产生 5T 的场强为例，常规磁体重约 20 吨，而超导磁体重量只需几千克。

（3）超导磁体磁场稳定性好、均匀度高　超导磁体磁场的空间均匀度可以达到亿分之一，比常规磁体要高得多。超导磁体可以在短路电流下长时间持续运行，因此磁场还具有很高的时间稳定性。

受临界电流和临界磁场的限制，超导磁体所产生的磁场也受到限制。想要进一步获得更高强度的稳态磁场，则需要采用复合磁体的方法。混合磁体是由水冷磁体线圈和超导线圈组合绕制而成，外层是超导磁体在外，内层是水冷电流线圈。分别通以大电流后，两类磁体产生的磁场会在中心孔叠加，从而产生所需的高场强。目前世界上最高的稳态磁场记录由美国强磁场中心的混合磁体产生 45T 场强保持。国内，中国科学院强磁场中心在 2017 年通过验收的混合磁体装置，可以稳定产生 40T 磁场，如图 2.25 所示。混合磁体由内水冷磁体和外超导磁体组成，分别提供 30T 和 10T 的磁场，叠加后达到 40T 场强。超导磁体采用的线圈材料为 Nb_3Sn。

图 2.25　中国科学院强磁场中心 45T 稳态强磁场实验装置

2.5　脉冲磁场

脉冲磁场是利用脉冲大电流在短时间内通过螺线管而产生强磁场。脉冲磁场的优点是磁场强，产生的磁通密度高达 $10^2 \sim 10^3 T$。脉冲磁场的缺点是持续时间短，只有几秒、几毫秒、几微秒甚至更短。在磁测量技术中，脉冲磁场主要用来磁化永磁材料（即充磁）或进行一些特殊的测量。

脉冲磁场线圈与直流线圈存在显著区别。不仅线圈电阻影响脉冲线圈的电流强度，线路电感和电容也直接影响电流强度以及电流达到最大值所需的时间。因此，整个脉冲磁场线圈系统的效率是由电阻、电容和电感共同决定。

脉冲线圈工作时温升明显。为了产生强磁场，往往在线圈绕组上瞬间加载强电流。而脉冲线圈体积通常只有数百立方厘米，在这样一个小体积内产生兆焦耳量级的能量，焦耳热使磁体温度迅速上升。例如一个内径 20mm 的磁体，铜质量为 2kg，当用 200kJ 能量产生

50T、10ms 的脉冲磁场时，磁体温度会从液氮温度上升至室温，温度上升近 220℃。此外，基于效率、应力、涡流和趋肤效应的影响，磁体局部温度上升就更为严重，由此引发电阻率上升、功耗增加、甚至磁体被烧毁等后果。由于脉冲时间短，没有足够的时间进行热传导，线圈相当于工作在绝热环境，这就需要线圈有足够的热容，或预先冷却到低温。目前，在脉冲磁场试验中，通常事先将磁体放在液氮中冷却，这样，由于液氮的保护作用，磁体温度上升就不会很严重。

脉冲线圈工作时产生强大的洛伦兹力，这是目前限制强磁场发展的主要障碍。100T 磁场在线圈绕组将产生 4GPa 的应力，这几乎是目前任何材料都难以承受的。因此，要在不破坏磁体前提下提高磁场强度，就必须想办法提高磁体材料抗拉强度或采用磁体增强技术。图 2.26 给出了典型的脉冲磁体截面结构图。

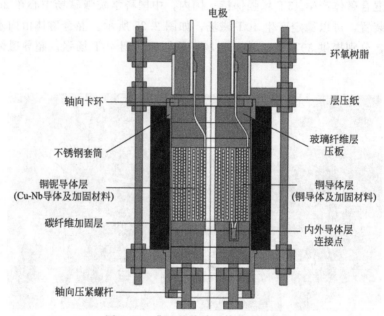

图 2.26　典型的脉冲磁体截面结构

脉冲磁场需要在很短的时间产生较大的磁能，因此需要事先将能量存储起来。目前脉冲磁场主要采用电容器组放电式脉冲发生技术。图 2.27 为电容放电式脉冲磁场发生装置原理电路，其中 L 为螺线管电感，R 为回路总电阻，K 为开关，V 为电源，C 为电容。

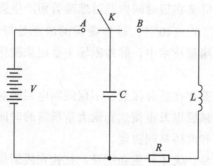

图 2.27　电容放电式脉冲磁场发生装置原理电路

电容放电式脉冲磁场发生装置利用大电容通过低阻的螺线管放电产生脉冲磁场。当开关 K 倒向 A 时，电源向电容充电，直到电容两端的电压为电源电压 V 时为止。然后将 K 倒向 B，则电容通过 L 和 R 放电。根据基尔霍夫定律，在放电回路中

$$L\frac{\mathrm{d}i}{\mathrm{d}t}+iR+\frac{1}{C}\int i\,\mathrm{d}t=0 \tag{2.30}$$

令

$$\delta=\frac{R}{2L},\ \omega_0^2=\frac{1}{LC},\ x=\sqrt{\delta^2-\omega_0^2}$$

则式(2.30) 可变为

$$\frac{\mathrm{d}^2i}{\mathrm{d}t^2}+2\delta\frac{\mathrm{d}i}{\mathrm{d}t}+\omega_0^2 i=0 \tag{2.31}$$

考虑初始条件，$t=0$，$i=0$，$V_c=V$，方程式的解为

$$i=\frac{V}{2xL}\mathrm{e}^{-\delta t}(\mathrm{e}^{xt}-\mathrm{e}^{-xt}) \tag{2.32}$$

i 和 t 的关系有以下三种情况：

当 $\delta>\omega_0$ 时，关系曲线如图 2.28(a) 所示，

$$i=\frac{V}{xL}\mathrm{e}^{-\delta t}\mathrm{sh}xt \tag{2.33}$$

由图可见在放电过程中出现一个电流脉冲。

当 $\delta=\omega_0$ 时，关系曲线如图 2.28(b) 所示，

$$i=\frac{V}{L}t\mathrm{e}^{-\delta t} \tag{2.34}$$

曲线形状与图 2.28(a) 相似，但是峰值要更高，利用 $\frac{\mathrm{d}i}{\mathrm{d}t}=0$，可求出峰值

$$i_m=\frac{2V}{\mathrm{e}R} \tag{2.35}$$

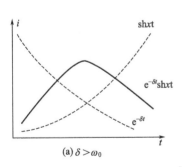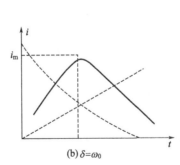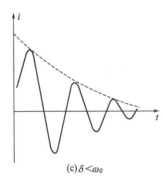

图 2.28　放电电流与时间的关系曲线

当 $\delta<\omega_0$ 时，关系曲线如图 2.28(c) 所示，

$$i=\frac{V}{\omega L}\mathrm{e}^{-\delta t}\sin\omega t \tag{2.36}$$

式中，$\omega=\sqrt{\omega_0^2-\delta^2}$，由图可见，放电电流是衰减振荡。

对于脉冲磁场，要求放电电流大，但不要出现衰减振荡，因此要选择 $\delta \geqslant \omega_0$，即 $R \geqslant 2\sqrt{\dfrac{L}{C}}$。

由式(2.35)可以看出，要提高放电电流就要增大电源电压 V，同时降低电阻 R。又因为要满足 $R \geqslant 2\sqrt{\dfrac{L}{C}}$ 的条件，所以要增大电容，这样才可以保证足够的脉冲电流强度。

目前，国家脉冲强磁场科学中心采用自行研制的脉冲磁体，已实现了 90.6T 的峰值磁场。2018 年 11 月，国家脉冲强磁场科学中心成功实现 64T 脉冲平顶磁场强度，创造了脉冲平顶磁场强度新的世界纪录，如图 2.29 所示。中心使用了具有独立层间加固结构的单线圈磁体，孔径为 21mm，电容器型脉冲电源供电，能耗 7MJ。脉冲平顶磁场兼具稳态和脉冲两种磁场的优点，能够实现更高的强度且在一段时间保持很高的稳定度。

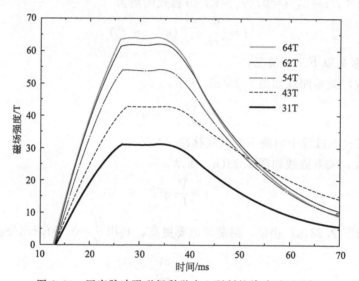

图 2.29　国家脉冲强磁场科学中心研制的脉冲平顶磁场

根据是否可以被重复使用，可将脉冲线圈分为非破坏性脉冲磁体和破坏性脉冲磁体两类。非破坏性脉冲磁体产生磁通密度低于 100T 的脉冲磁体，可以重复放电使用。破坏性脉冲磁体利用磁通在瞬间发生急剧变化产生兆高斯级（100T）强磁场，其以磁体被破坏作为代价，只能使用一次。

破坏性脉冲磁体主要采用单匝线圈法、电磁压缩法和爆炸压缩磁通法。

单匝线圈法是利用电容器对单匝线圈进行快速放电来产生强磁场。目前，在东京大学和德国的 Humboldt 大学分别建立了两个单匝线圈装置，这两个装置都在液氦温度下产生了 250T 和 300T 的磁场。

电磁压缩法可以在直径为几个毫米的磁体内产生脉宽为 1ms、强度达 200T 的磁场。东京大学用于电磁压缩的主电容器为 5MJ/40kV，副电容器为 1.5MJ/10kV，用该电容器作为电源，产生的磁场高达 606T。

爆炸压缩磁通法利用良导体把磁通量区域封闭起来，在炸药爆轰的驱动下，导体强制抵抗磁场运动而把初始磁通量压缩到一个较小的区域，获得强磁场。不过这种方法实现起来有一定的难度，只有在装备特殊仪器的实验室中才能完成。

2.6 磁场屏蔽

地球存在磁场（约为 $50\mu T$，但分布很不均匀），各种电子、电磁设备会产生磁场。因此，杂散磁场是广泛存在的。杂散磁场会影响磁测量的精确度。因此，磁场屏蔽在精密仪器和测量领域是不可或缺的。

磁场是空间连续分布的，无源有旋度的矢量。利用磁力线来描述磁场，根据磁场高斯定理，磁力线进入一个闭合曲面，必定从曲面内部出来，其始终是连续和闭合的。因此，磁力线不能被切断、反射或吸收。可利用疏导分流磁力线的方法，避免磁场进入被保护区域，实现磁场屏蔽。图 2.30 给出了圆筒形铁磁屏蔽的原理示意。若采用高磁导率材料，则磁力线就会优先选择沿屏蔽环的路线，被约束在屏蔽材料内，绕过内部区域，实现磁场屏蔽效果。

对于静磁场或低频（100kHz 以下）磁场的屏蔽，一般利用磁导率较高的铁磁性材料（如纯铁、硅钢片或坡莫合金等）制成磁场屏蔽罩。磁场由空气进入屏蔽罩时，磁力线会发生畸变，向磁导率高的材料收缩。屏蔽区域为空气，其磁导率可等效为真空磁导率，磁阻较大，因此磁力线会优先通过高磁导率、低磁阻的软磁材料屏蔽壳体，而通过屏蔽区域的磁通量会大大减少，起到了磁场屏蔽的作用。一般来说，屏蔽体材料的磁导率越高，屏蔽罩的厚度越厚，则磁场屏蔽性能越好。

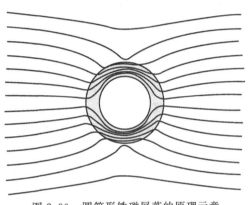

图 2.30 圆筒形铁磁屏蔽的原理示意

磁场屏蔽的效果可以用屏蔽因子 S 表示：

$$S = \frac{H_e}{H_i} \tag{2.37}$$

式中，H_e 为外部磁场；H_i 为屏蔽体内部磁场。

对于简单形状的磁场屏蔽体，可以公式近似估算直流磁场的屏蔽因子。

对于长度为 a，壁厚为 t 的立方体

$$S = 1 + \frac{4}{5}\frac{\mu t}{a} \tag{2.38}$$

对于直径为 D、壁厚为 t 的长圆柱体

$$S = 1 + \frac{\mu t}{D} \tag{2.39}$$

可以看出，影响磁场屏蔽效果的最重要因素是磁导率 μ 和屏蔽体壁厚。因此，屏蔽体通常采用高磁导率材料，并增加壁厚来增强磁场屏蔽效果。

另外一种增强磁场屏蔽效果的方法是采用复合磁屏蔽层。例如：由直径分别为 D_1 和 D_2、屏蔽因子分别为 S_1 和 S_2 的两层圆筒组成的复合屏蔽层，则复合屏蔽层的屏蔽因子为

$$S = 1 + S_1 + S_2 + S_1 S_2 \left[1 - \left(\frac{D_2}{D_1}\right)^2\right] \tag{2.40}$$

高频磁场的屏蔽材料多采用良导体。高频磁场通过良导体时，会在导体表面产生感生电流，进而形成反向磁场来抑制或抵消外磁场，实现高频磁场屏蔽。外界磁场被感应涡流产生的反向磁场所排斥，不能进入屏蔽体内部，从而实现高频磁场的屏蔽。材料的导电性越好，产生的感生电流越大，反向磁场越强，磁屏蔽效果越好。感生电流具有趋肤效应，内层被表面的感生电流所屏蔽，因此高频磁场的屏蔽体无需太厚。

上述直径为 D、壁厚为 t 的长圆柱体，当外磁场与轴向垂直时，其对交流磁场的屏蔽因子为

$$S_{AC} = p(S_{DC} + 1) \qquad (2.41)$$

式中，$p \approx \dfrac{\delta}{2t(\cosh 2t/\delta - \cos 2t/\delta)^{1/2}}$，$\delta = \sqrt{\rho/\pi\mu_0\mu f}$ 为材料的穿透深度；ρ 为材料电阻率。

如果外磁场与长圆柱体轴向平行，甚至圆柱体末端是开放的，则屏蔽因素还受到长径比 L/D 以及退磁因子的影响，其中 L 为圆柱体长度。总体上，外磁场与圆柱体轴向平行情况下的屏蔽因子要小于垂直情况下的屏蔽因子。

综合以上，屏蔽材料的选择与磁屏蔽应用的场合密切相关。在直流磁场或低频磁场下，选择高磁导率材料进行磁屏蔽，如坡莫合金或非晶合金。考虑到成本因素，电工硅钢片也是很好的选择。在高频磁场下，选择高电导率材料进行交流磁屏蔽，如铜、铝。为了在复杂应用情况下提升屏蔽效果，屏蔽体还可以采用由高导磁和高导电材料组成的复合材料或复合屏蔽层。图 2.31 为日本 COSMOS 高性能屏蔽室的结构设计。在 1Hz 时，屏蔽因子可高达 420000。

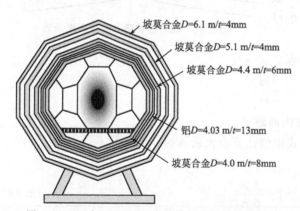

坡莫合金 D=6.1 m/t=4mm
坡莫合金 D=5.1 m/t=4mm
坡莫合金 D=4.4 m/t=6mm
铝 D=4.03 m/t=13mm
坡莫合金 D=4.0 m/t=8mm

图 2.31　日本 COSMOS 高性能屏蔽室的结构设计

磁场屏蔽还可以设计成开放结构，并非一定要采用密封结构。图 2.32(a) 为传统的封闭式屏蔽结构，整体无缝隙和缺口。图 2.32(b) 采用一种开放形结构，由坡莫合金矩形结构沿三个方向排列组成。相比较传统的密封结构，图 2.32(b) 中的开放结构经合理设计，磁场屏蔽效果并没有显著降低，屏蔽因子最高可达 210，同时具有通风、散热等优点。在微波磁场下，还可以选择用法拉第屏蔽罩进行磁屏蔽。法拉第屏蔽罩是一种非全密封屏蔽结构，采用高电导率材料制成网状屏蔽体，实现对高频电磁场的屏蔽。

上述通过高导磁或高导电材料将外部磁场屏蔽在特定空间的屏蔽方法称为被动式磁场屏蔽。磁场屏蔽还可以通过主动屏蔽的方式来实现。主动式磁场屏蔽是采用通电线圈产生一个与干扰磁场大小相等、方向相反的磁场去主动抵消扰动磁场，达到屏蔽的效果，因此也称为补偿式磁场屏蔽。典型的主动式磁场屏蔽设备包括交流或直流磁场传感器、磁场控制单元、三维磁场线圈。传感器测量空间环境中交直流磁场及其变化量，磁场控制单元以实时负反馈环路控制方式调节三个线圈中的电流来创建一个与环境磁场变化相反的磁场信号，抵消环境磁场。图 2.33 为主动式磁场屏蔽结构示意。

 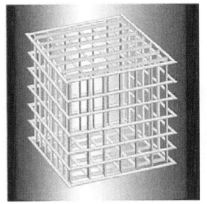

(a) 传统封闭式屏蔽结构　　　　　　(b) 开放型屏蔽结构

图 2.32　开放型磁场屏蔽结构示意

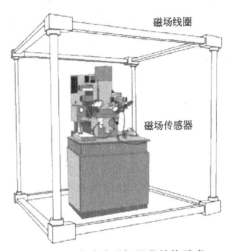

图 2.33　主动式磁场屏蔽结构示意

　　在实际应用中，常采用被动式屏蔽与主动式屏蔽相结合的方式，以屏蔽不同类型的磁场和实现良好的屏蔽效果。例如：可以采用被动式磁屏蔽构造屏蔽房，再配合主动式屏蔽线圈进一步消除内部电磁设备可能产生的微扰磁场。这种复合屏蔽可应用于一些高精密度设备的磁场屏蔽，如电子显微镜。

<h1 style="text-align:center">习　　题</h1>

1. 试描述磁场产生的常见方法、特点及适用场合。
2. 说明亥姆霍兹线圈和麦克斯韦线圈的异同。
3. 如何实现磁场屏蔽？试说明磁场屏蔽原理。

第3章　物质的磁性

物质的磁性是组成物质的基本粒子的磁性的集体反映。构成物质的最基本单元是原子。部分原子具有原子磁矩，部分原子不呈现原子磁矩。不具有原子磁矩的物质呈现抗磁性。部分物质的抗磁特性强于顺磁特性，也表现出宏观抗磁性。有些物质中相邻原子磁矩间不存在静电交换作用，每个原子磁矩皆为自由磁矩，从而表现出顺磁性。有些物质内部相邻原子磁矩因静电交换作用而平行或者反向平行排列，分布呈现出铁磁性、反铁磁性或亚铁性。

3.1　原子磁矩

组成物质的最小单元是原子，原子又由电子和原子核组成。电子因其轨道运动和自旋效应而具有轨道磁矩和自旋磁矩。原子核具有核磁矩，但其值很小，几乎对原子磁矩无贡献。这样，原子的磁矩主要来自原子中的电子，并可看作由电子轨道磁矩和电子自旋磁矩构成。

3.1.1　电子轨道磁矩

核外电子分布状态决定了电子轨道磁矩和自旋磁矩，所以原子磁矩直接受到核外电子分布状态的影响。原子中，决定电子所处状态的准则有两条：泡利不相容原理和能量最低原理。泡利不相容原理说明，在已知量子态上不能多于一个电子；能量最低原理说明，体系的能量最低时，体系最稳定。量子力学理论采用四个量子数 n、l、m_1、m_s，来规定每个电子的状态，每一组量子数只代表一个状态，只允许有一个电子处于该状态。一旦这四个量子数确定了，这个电子状态也就确定了。

主量子数 n 相同的电子数最多只能有：

$$\sum_{l=0}^{(n-1)} 2(2l+1) = 2n^2 \tag{3.1}$$

式中，l 可取 $l=0,1,2,\cdots,(n-1)$ 共 n 个可能值，而每一个 l 对应的可能状态数是 $2(2l+1)$ 个，每个 m_1 对应的状态数最多为 2 个，而每个 m_s 对应的电子态是唯一确定的。

在原子的经典玻尔模型中，电子绕原子核转动。为简单起见，现讨论一个电子绕原子核作轨道运动的情况。假定电子在半径为 r 的一个圆形轨道上以角速度 ω 绕核旋转。电子绕核旋转形成一个 $-e\omega/2\pi$ 的电流，则由此产生的轨道磁矩为：

$$\mu_l = iS = -\frac{e\omega}{2\pi}(\pi r^2) = -\frac{e}{2}\omega r^2 \tag{3.2}$$

电子的轨道运动具有轨道动量矩 p_l 为：

$$p_l = m_e \omega r^2 \tag{3.3}$$

这里 m_e 是电子的质量。则（3.2）式可写成：

$$\mu_l = -\frac{e}{2m_e} p_l = -\gamma_l p_l \tag{3.4}$$

式中，$\gamma_l = \dfrac{e}{2m_e}$，称为轨道磁力比。该式说明，电子绕核做轨道运动，其轨道磁矩与动量矩之间在数值上成正比，而方向相反。

图 3.1 表示了绕核做轨道运动的电子的角动量和磁矩之间的关系。

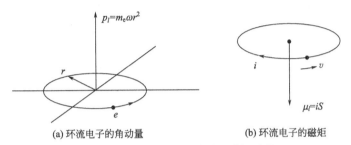

(a) 环流电子的角动量 (b) 环流电子的磁矩

图 3.1 环流电子的角动量和磁矩示意

在量子力学中，原子内的电子轨道运动是量子化的，因此只有分立轨道存在。也就是说，角动量是量子化的，并且当电子运动状态的主量子数为 n 时，角动量由角量子数 l 来确定，角动量 p_l 的绝对值为：

$$p_l = \sqrt{l(l+1)}\,\hbar \tag{3.5}$$

式中，l 的可能值为：$l = 0, 1, 2, \cdots, n-1$；$\hbar = \dfrac{h}{2\pi}$，h 为普朗克常数，$h = 6.6256 \times 10^{-34}$（J·s）。

在量子化的情况下，式(3.4)依然成立，则对应的角动量的磁矩的绝对值是：

$$\mu_l = \sqrt{l(l+1)}\,\frac{e}{2m_e}\hbar \tag{3.6}$$

令 $\mu_B = \dfrac{e}{2m_e}\hbar$，则 μ_B 称为玻尔磁子。玻尔磁子是原子磁矩的基本单位，它具有确定的值 9.2730×10^{-24} A·m^2。引入 μ_B，则式(3.6) 变为：

$$\mu_l = \sqrt{l(l+1)}\,\mu_B \tag{3.7}$$

从式(3.7) 可知，当电子处于 $l = 0$ 时，$p_l = 0$ 和 $\mu_l = 0$，说明电子的角动量和轨道磁矩都等于零，这是一种特殊的统计分布状态。当 $l \neq 0$ 时，电子轨道磁矩不是玻尔磁子 μ_B 的整数倍。

当施加一个磁场在原子上时，角动量和磁矩在空间都是量子化的，它们在外磁场方向的分量不连续，只能有一组确定的间断值。直观地说，相当于电子轨道平面和磁场方向间具有一些不连续的倾斜角。这些间断值取决于磁量子数 m_l，即

$$(p_l)_H = m_l \hbar; \qquad (\mu_l)_H = m_l \mu_B \tag{3.8}$$

由于 l 可取 $l = 0, 1, 2, \cdots, n-1$，共 n 个可能值；$m_l = 0, \pm1, \pm2, \cdots, \pm l$，共 $(2l+1)$ 个可能

值，所以，p_l 和 μ_l 在空间的取向可以有（$2l+1$）个。例如，对于 d 电子（$l=2$），轨道磁矩可以取 5 个可能的方向，它们相应于 $m=2,1,0,-1,-2$。图 3.2 给出了 $l=1,2,3$ 时角动量的空间量子化情况。

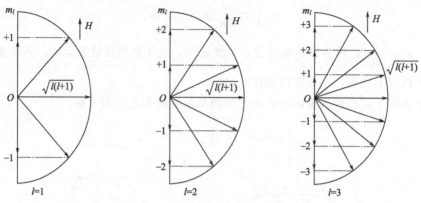

图 3.2　电子角动量的空间量子化

如果原子中存在多个电子，则总轨道角动量等于各个电子轨道角动量的矢量和。总轨道角动量数值上为：

$$P_L = \sqrt{L(L+1)}\,\hbar$$

式中，L 为总轨道角量子数，它是 l 值按一定规律的组合。例如，对于两个电子的情况时，$L = l_1+l_2, l_1+l_2-1, \cdots, |l_1-l_2|$。

总的轨道磁矩大小为：

$$\mu_L = \sqrt{L(L+1)}\,\mu_B$$

同样，总角动量和总轨道磁矩在外场方向上的分量为：

$$(p_L)_H = m_L\hbar; \qquad (\mu_L)_H = m_L\mu_B$$

式中，m_L 可取 $m_L = 0, \pm1, \pm2, \cdots, \pm L$，共（$2L+1$）个可能值。

在填满了电子的次壳层中，电子的轨道运动占据了所有的可能方向，形成一个球形对称体系，因此合成的总轨道角动量等于零。所以，计算原子的总轨道角动量时，不考虑填满的内层电子的影响，只考虑未填满的那些次壳层中电子的贡献。

3.1.2　电子自旋磁矩

电子在绕核转动的同时，也存在自旋。自旋产生的自旋磁矩是电子磁矩的另一个来源。电子自旋角动量取决于自旋量子数 s，自旋角动量的绝对值是：

$$p_s = \sqrt{s(s+1)}\,\hbar \tag{3.9}$$

由于 s 的值只能等于 1/2，故 p_s 的本征值为（$\sqrt{3}/2$）$\hbar$。类似于轨道角动量，自旋角动量在外磁场方向上的分量取决于自旋量子数 m_s，m_s 只可能等于 $\pm1/2$，因而

$$(p_s)_H = m_s\hbar = \pm\frac{1}{2}\hbar \tag{3.10}$$

实验表明，和自旋角动量相联系的自旋磁矩 μ_s 在外磁场方向上的投影，刚好等于一个玻尔磁子，但方向有正、负，即

$$(\mu_s)_H = \pm\mu_B \tag{3.11}$$

该式表明，自旋磁矩在空间只有两个可能的量子化方向。图 3.3 示出了电子自旋磁矩在空间的量子化情况。

根据式（3.10）和式（3.11），并考虑到 $(\mu_s)_H$ 与 $(p_s)_H$ 方向相反，可得：

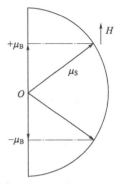

$$(\mu_s)_H = -\frac{e}{m_e}(p_s)_H \qquad (3.12)$$

因此：

$$\mu_s = -\frac{e}{m_e}p_s = -\gamma_s p_s \qquad (3.13)$$

式中，$\gamma_s = \dfrac{e}{m_e}$ 称为电子自旋磁力比，它比 γ_l 大一倍。

将式（3.9）代入式（3.13），得到自旋磁矩的绝对值为：

$$\mu_s = 2\sqrt{s(s+1)}\mu_B \qquad (3.14)$$

图 3.3 电子自旋磁矩的
空间量子化

由于自旋量子数本征值 $s=1/2$，所以电子的自旋磁矩的绝对值等于 $\sqrt{3}\mu_B$。

如果一个原子具有多个电子，则总自旋角动量和总自旋磁矩是各电子的组合，其大小分别为：

$$P_s = \sqrt{S(S+1)}\hbar \qquad (3.15)$$

$$\mu_s = -\gamma_S\sqrt{S(S+1)}\hbar \qquad (3.16)$$

式中，$S=s_1+s_2+\cdots$ 为总自旋量子数，S 可能为整数或半整数。

则电子总自旋磁矩在外场方向的投影为：

$$(\mu_s)_H = 2m_s\mu_B \qquad (3.17)$$

式中，$m_s = -S, -S+1, \cdots, S-1, S$，共 $(2S+1)$ 个可能取向。

在填满电子的次壳层中，各电子的自旋角动量和自旋磁矩也相互抵消了。因此，凡是满电子壳层的总动量和总磁矩都为零。只有未填满电子的壳层上才有未成对的电子磁矩对原子的总磁矩作出贡献。因此，这种未满电子壳层被称为磁性电子壳层。

3.1.3 原子磁矩

在一个未填满的电子壳层中，电子的轨道和自旋磁矩可以不同的耦合方式组成一个原子的总磁矩。由于电子的轨道运动和自旋，在原子中形成一定的轨道和自旋角动量矢量。这些矢量相互作用，产生角动量耦合。原子中角动量耦合方式有两种：a. j-j 耦合；b. 轨道-自旋耦合（L-S）。

j-j 耦合首先是由各处电子的 s 和 l 合成 j，然后再由各电子的 j 合成原子的总角量子数 J。对于原子序数 $Z>82$ 的元素，电子自身的 s-l 耦合较强，所以这类原子的总量子数 J 都以 j-j 方式进行耦合。

L-S 耦合发生在原子序数较小的原子中。在这类原子中，由于各个电子轨道角动量之间的耦合以及自旋角动量之间的耦合较强，首先合成原子轨道角动量 $P_L = \sum p_l$ 和自旋角动量 $P_S = \sum p_s$，然后由 P_L 和 P_S 再合成原子的总角动量 P_J。原子序数 $Z \leqslant 32$ 的原子，都为 L-S 耦合。从 Z 大于 32 到 Z 小于 82，原子的 L-S 耦合逐步减弱，最后完全过渡到另一种耦合。

铁磁性物质的角动量大都属于 L-S 耦合，其耦合形式如图 3.4 所示。原子的总角动量 P_J 是其轨道角动量 P_L 和自旋角动量 P_S 的矢量和：

$$P_J = P_L + P_S \tag{3.18}$$

式中，P_L 和 P_S 分别由式（3.5）和式（3.9）的形式确定，但角量子数分别为原子的总轨道量子数 L 和总自旋量子数 S 的矢量和。P_J 的绝对值为：

$$P_J = \sqrt{J(J+1)}\hbar \tag{3.19}$$

原子的总角量子数 J 由 S 和 L 合成，即：

$$J = L + S \tag{3.20}$$

多电子原子的量子数 L、S 和 J，可按照洪德法则来确定。洪德法则的内容如下所述。

① 自旋 s_i 的排列，是使总自旋 S 在泡利不相容原理的限制内取最大值。理由是：泡利不相容原理要求自旋同向的电子分开，它们的距离远于自旋反向的电子；同时，由于库仑相互作用，电子自旋同向排列使系统能量较低，这样未满壳层上的电子自旋在同一方向排列，直至达到最大多重性为止，然后再在相反方向排列。例如，对能容纳 14 个电子的 $4f$ 壳层，电子按图 3.5 中的数目顺序占据各能态。

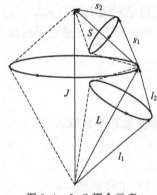

图 3.4　L-S 耦合示意

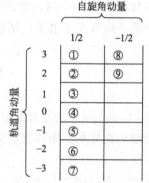

图 3.5　$4f$ 电子壳层中电子的自旋和轨道态

② 每个电子的轨道矢量 l_i 的排列，是使总的轨道角动量 L 在泡利不相容原理和条件一的限制下取最大值。理由是：电子倾向于在同样的方向绕核旋转以避免相互靠近而增大库仑能。

③ 第三条规则涉及 L 和 S 间的耦合。当在 $4f$ 壳层中的电子数 n 小于最大数目的一半，即 $n<7$ 时，$J = L - S$；当壳层超过半满，即 $n>7$ 时，$J = L + S$。理由是：对于单个电子，自旋与轨道角动量反平行时，能量最低。当壳层中电子的数目少于最大数目的一半时，所有电子的 l 和 s 都是相反的，由此得出 L 和 S 也是反向的；当电子数大于最大数目的一半时，具有正自旋的 7 个电子总的轨道角动量是零，仅存的轨道角动量 L 来自具有与总自旋 S 方向相反的负自旋的电子，这就导致 L 和 S 平行。

通过矢量合成的方法可以获得原子的总磁矩。如图 3.6 那样，分别作矢量 P_L 和 P_S，它们的大小由 $P_L = \sqrt{L(L+1)}\hbar$ 和 $P_S = \sqrt{S(S+1)}\hbar$ 确定；在 P_L 和 P_S 的反方向再分别作相应的 μ_L 和 μ_S，其大小由 $\mu_L = \sqrt{L(L+1)}\mu_B$ 和 $\mu_S = 2\sqrt{S(S+1)}\mu_B$ 确定。显然，μ_L 和 μ_S 的合成矢量 $\mu_{L\text{-}S}$ 不在 P_J 的轴线方向上。为了得到原子磁矩 μ_J 的值，将 $\mu_{L\text{-}S}$ 投影

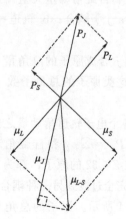

图 3.6　原子磁矩的矢量合成

到 P_J 的轴线方向上，于是可得到 μ_J 大小为：

$$\mu_J = g_J \sqrt{J(J+1)}\,\mu_B \tag{3.21}$$

式中，$g_J = 1 + \dfrac{J(J+1)+S(S+1)-L(L+1)}{2J(J+1)}$，称为朗德因子。 (3.22)

现讨论两种特殊情况。

a. 当 $L=0$ 时，$J=S$，由式（3.22）得 $g_J=2$，代入式（3.21）就得到式（3.14），这说明原子总磁矩都是由自旋磁矩贡献的。

b. 当 $S=0$ 时，$J=L$，由式（3.22）得 $g_J=1$，代入式（3.21）就得到式（3.7），这说明原子总磁矩都是由轨道磁矩贡献的。

事实上，g_J 的大小反映了 μ_L 和 μ_S 对 μ_J 的贡献程度。g_J 是可以由实验精确测定的。如果测定的 g_J 在 1 和 2 之间，说明原子的总磁矩是由轨道磁矩和自旋磁矩共同贡献的。实验表明，所有铁磁物质的磁矩主要由电子自旋贡献，而不是由电子的轨道运动贡献。

同样，原子的总磁矩在外磁场中的取向也是量子化的。它在磁场方向的投影为：

$$(\mu_J)_H = g_J m_J \mu_B \tag{3.23}$$

式中，$m_J = -J,\,-J+1,\,\cdots,\,J$ 共 $(2J+1)$ 个可能值。

3.2 抗磁性

抗磁性是一种微弱磁性。它的相对磁化率为负值且很小，典型的数值是 10^{-5} 个数量级。

抗磁性产生的机理是：外磁场穿过电子轨道时，引起的电磁感应使轨道电子加速。如图 3.7 所示，模型简化为磁场垂直电子轨道平面。由楞次定律可知，轨道电子的这种加速运动所引起的磁通，总是与外磁场方向相反，因而抗磁磁化率为负值。

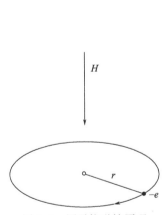

图 3.7　原子抗磁性原理

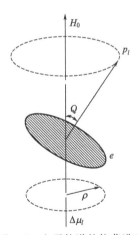

图 3.8　电子轨道的拉莫进动

上述电磁感应引起的电子轨道运动的变化，称为拉莫进动。物质的抗磁性可以用拉莫进动来说明。如图 3.8 所示，运动电子的动量矩 p_l 与磁场 H 成任意角度，则对应于 p_l 磁矩为 $\mu_l = -\dfrac{e}{2m_e} p_l$。该磁矩在磁场中受到力矩 $\mu_0 \mu_l \times H$ 的作用。由动量矩原理得：

$$\frac{\mathrm{d}p_l}{\mathrm{d}t} = \mu_0 \mu_l \times H = -\frac{\mu_0 e}{2m_e} p_l \times H \tag{3.24}$$

将式（3.24）写成沿坐标轴 x、y、z 的分量形式，并且当 H 和 z 轴重合时，得出 p_l 对时间的一次微分为：

$$p'_{lx} = -\mu_0 \gamma_l p_{ly} H; \qquad p'_{ly} = \mu_0 \gamma_l p_{lx} H; \qquad p'_{lz} = 0 \tag{3.25}$$

式中，$\gamma_l = \dfrac{e}{2m_e}$，对时间的二次微分为：

$$p''_{lx} = -\mu_0^2 \gamma_l^2 H^2 p_{lx}; \qquad p''_{ly} = -\mu_0^2 \gamma_l^2 H^2 p_{ly} \tag{3.26}$$

令 $\omega_L = \mu_0 \gamma_l H = \dfrac{\mu_0 e}{2m_e} H$，于是式（3.26）可写成：

$$p''_{lx} = -\omega_L^2 p_{lx}; \qquad p''_{ly} = -\omega_L^2 p_{ly} \tag{3.27}$$

由此可见，p_{lx} 和 p_{ly} 在 $x\text{-}o\text{-}y$ 平面以角频率 ω_L 绕磁场方向旋转，也就是动量矩 p_l 绕磁场作进动，即拉莫进动。拉莫进动的方向是对 H 作右旋，角频率的方向与磁场 H 方向一致。

拉莫进动，使电子产生了附加的轨道动量矩 Δp_l，Δp_l 大小为

$$\Delta p_l = m_e \omega_L \overline{\rho^2} \tag{3.28}$$

式中，$\overline{\rho^2}$ 为电子轨道半径在垂直于 H 的平面上投影的均方值。相应于 Δp_l 的磁矩为：

$$\Delta \mu_l = -\frac{e}{2m_e} \Delta p_l = -\frac{\mu_0 e^2}{4m_e} H \overline{\rho^2} \tag{3.29}$$

$\Delta \mu_l$ 就是拉莫进动电子对轨道角动量的改变所产生的附加磁矩，其方向与外加磁场 H 的方向相反。最终，拉莫进动使原子产生抗磁效应。

在闭壳状态下，原子内的电子分布为球对称，用 $\overline{r^2}$ 表示原子周围电子云的均方半径，则 $\overline{r^2} = \overline{x^2} + \overline{y^2} + \overline{z^2}$，又有 $\overline{\rho^2} = \overline{x^2} + \overline{y^2}$，故得出：

$$\overline{r^2} = \frac{3}{2} \overline{\rho^2} \tag{3.30}$$

则，式（3.29）变为：

$$\Delta \mu_l = -\frac{\mu_0 e^2}{6m_e} H \overline{r^2} \tag{3.31}$$

当材料单位体积内含有 N 个原子，每个原子有 Z 个轨道电子时，附加磁化强度为：

$$\Delta M = N \sum_{i=1}^{Z} \Delta \mu_l = -N \frac{\mu_0 e^2}{6m_e} H \sum_{i=1}^{Z} \overline{r_i^2} \tag{3.32}$$

于是得到抗磁性物质的抗磁磁化率表达式为：

$$\chi_d = \frac{\Delta M}{\Delta H} = -\frac{\mu_0 N e^2}{6m_e} \sum_{i=1}^{Z} \overline{r_i^2} \tag{3.33}$$

该式说明，抗磁磁化率始终为负值。

抗磁性是普遍存在的，它是所有物质在外磁场作用下毫无例外地具有的一种属性。大多数物质的抗磁性因为被较强的顺磁性所掩盖而不能表现出来，只有在不具有固有原子磁矩的物质中才表现出来。

3.3 顺磁性

顺磁性描述的是一种弱磁性，它呈现出正的磁化率，大小为 $10^{-6} \sim 10^{-3}$ 个数量级。

考虑顺磁系统中的一个原子，设它原子磁矩为 μ_B。当温度在绝对零度以上时，原子进行热振动，其原子磁矩也在作同样的振动。在室温下，一个自由度所具有的热能为：

$$U = \frac{1}{2}kT = \frac{1}{2} \times 1.38 \times 10^{-23} \times 300 = 2.1 \times 10^{-21} \text{J} \tag{3.34}$$

式中，k 为波尔兹曼常数，其值为 $1.38 \times 10^{-23} \text{J} \cdot \text{K}^{-1}$。施加一个 $H = 1 \times 10^6 \text{A} \cdot \text{m}^{-1}$ 的磁场后，该原子具有磁势能：

$$U = \mu_0 \mu_B H \approx 1.2 \times 10^{-23} \text{J} \tag{3.35}$$

比较式(3.34)和式(3.35)发现，该原子在常温下所具有的磁势能比它受到的热能小了两个数量级。因此，这样的磁场对常温下受热扰动的顺磁系统影响很小。

对材料的顺磁性作出解释的经典的理论是顺磁性朗之万理论。该理论认为：原子磁矩之间无相互作用，为自由磁矩，热平衡态下为无规则分布，受外加磁场作用后，原子磁矩的角度分布发生变化，沿着接近于外磁场方向作择优分布，因而引起顺磁磁化强度。

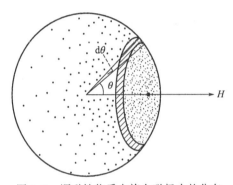

从半径为一个单位的球心画单位矢量来表示原子磁矩的角分布。在没有磁场时，原子磁矩均匀地分布在所有可能的方向上，以至于单位矢量的端点，均匀地覆盖在整个球面上。当施加磁场 H 后，这些端点轻微地朝 H 集中，如图 3.9 所示。一个与 H 成 θ 角的磁矩，势能为由式 (1.32) 确定。一方面，原子磁矩取这个方向的概率与玻尔兹曼因子成正比，玻尔兹曼因子为：

图 3.9　顺磁性物质自旋在磁场中的分布

$$\exp\left(-\frac{U}{kT}\right) = \exp\left(\frac{\mu_0 \mu_J H}{kT} \cos\theta\right) \tag{3.36}$$

另一方面，一个原子磁矩与磁场夹角在 θ 和 $\theta + \text{d}\theta$ 之间的概率与图 3.9 中的阴影面积成比例。因此一个原子磁矩与磁场夹角在 θ 和 $\theta + \text{d}\theta$ 之间的实际概率为：

$$\rho(\theta) = \frac{\exp\left(\dfrac{\mu_0 \mu_J H}{kT} \cos\theta\right) \sin\theta \, \text{d}\theta}{\displaystyle\int_0^\pi \exp\left(\dfrac{\mu_0 \mu_J H}{kT} \cos\theta\right) \sin\theta \, \text{d}\theta} \tag{3.37}$$

一个原子磁矩在平行于磁场方向上的磁化强度为 $\mu_J \cos\theta$，并设单位体积内有 N 个原子，则得到磁化强度为：

$$M = N\mu_J \int_0^\pi \cos\theta \rho(\theta) = N\mu_J \frac{\displaystyle\int_0^\pi \exp\left(\dfrac{\mu_0 \mu_J H}{kT} \cos\theta\right) \cos\theta \sin\theta \, \text{d}\theta}{\displaystyle\int_0^\pi \exp\left(\dfrac{\mu_0 \mu_J H}{kT} \cos\theta\right) \sin\theta \, \text{d}\theta} \tag{3.38}$$

令 $\mu_0\mu_J H/kT = \alpha$，$\cos\theta = x$，则有 $\sin\theta = -\mathrm{d}x$ 式（3.38）可化简为：

$$M = N\mu_J\ \frac{\displaystyle\int_{-1}^{1} \mathrm{e}^{\alpha x} x\,\mathrm{d}x}{\displaystyle\int_{-1}^{1} \mathrm{e}^{\alpha x}\,\mathrm{d}x} \tag{3.39}$$

计算分母上的积分得：

$$\int_{-1}^{1} \mathrm{e}^{\alpha x}\,\mathrm{d}x = \frac{1}{\alpha}\,|\,\mathrm{e}^{\alpha x}\,|_{-1}^{1} = \frac{1}{\alpha}(\mathrm{e}^{\alpha} - \mathrm{e}^{-\alpha}) \tag{3.40}$$

将式（3.40）两边对 α 求微分，得到：

$$\int_{-1}^{1} \mathrm{e}^{\alpha x} x\,\mathrm{d}x = \frac{1}{\alpha}(\mathrm{e}^{\alpha} + \mathrm{e}^{-\alpha}) - \frac{1}{\alpha^2}(\mathrm{e}^{\alpha} - \mathrm{e}^{-\alpha}) \tag{3.41}$$

将式（3.40）和式（3.41）代入式（3.39），得到

$$M = N\mu_J \cdot L(\alpha) \tag{3.42}$$

式中，

$$L(\alpha) = \coth\alpha - \frac{1}{\alpha} \tag{3.43}$$

称为朗之万函数。式（3.42）和式（3.43）称为顺磁性朗之万方程。

讨论下面两种情况。

a.高温　$kT \gg \mu_0\mu_J H$，则 $\alpha \ll 1$，则

$$\coth\alpha = \frac{\mathrm{e}^{\alpha} + \mathrm{e}^{-\alpha}}{\mathrm{e}^{\alpha} - \mathrm{e}^{-\alpha}} = \frac{1}{\alpha} + \frac{\alpha}{3} \tag{3.44}$$

因而

$$M = N\mu_J L(\alpha) = \frac{N\mu_0\mu_J^2}{3kT}H \tag{3.45}$$

顺磁磁化率为：

$$\chi_P = \frac{N\mu_0\mu_J^2}{3kT} = \frac{C}{T} \tag{3.46}$$

式中，C 为居里常数。至此，顺磁性居里定律得到了推导。

b.低温　当温度降低到 $kT \ll \mu_0\mu_J H$ 时，有 $\alpha \gg 1$，则 $\coth\alpha \to 1$，得出：

$$M = N\mu_J = M_0 \tag{3.47}$$

M_0 称为绝对饱和磁化强度，它等于所有原子磁矩的总和。一般定义饱和磁化强度是在给定温度下可获得的磁化强度的最大值。式（3.47）说明在低温下，只要磁场足够强，原子磁矩可与磁场方向趋于相同。图 3.10 给出了朗之万函数曲线，其中虚线为式（3.45）表示的关系曲线，实线为 $L(\alpha)$ 与 α 的关系曲线。

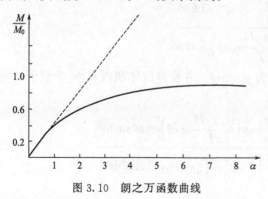

图 3.10　朗之万函数曲线

在上面计算中，是假定原子磁矩可以取所有可能的方向。但实际上，由于存在空间量子化，原子磁矩只能取若干分立的方向。在磁场 H 作用下，原来简并的 $(2J+1)$ 个量子态发生分裂。如果在温度 T 时只有这 $(2J+1)$ 个能态是被激发的，那么不同磁矩取向的统计平均就归结为对 $(2J+1)$ 个分裂能级求统计平均。设 μ_J 在磁场方向的分量为 $(\mu_J)_H$，则有：

$$(\mu_J)_H = m_J g_J \mu_B \qquad (3.48)$$

同朗之万函数的计算方法一样，得到磁化强度为：

$$M = N \frac{\sum\limits_{m_J=-J}^{J} (\mu_J)_H \exp(-m_J \mu_0 g_J \mu_B H/kT)}{\sum\limits_{m_J=-J}^{J} \exp(-m_J \mu_0 g_J \mu_B H/kT)} = N g_J J \mu_B B_J(y) \qquad (3.49)$$

$$B_J(y) = \frac{2J+1}{2J} \coth\left(\frac{2J+1}{2J}y\right) - \frac{1}{2J}\coth\left(\frac{y}{2J}\right) \qquad (3.50)$$

$$y = \mu_0 g_J J \mu_B H/kT \qquad (3.51)$$

$B_J(y)$ 称为布里渊函数。其与朗之万函数的形式相似，且在 $J \to \infty$ 的极限情况下，完全一致。布里渊函数是在量子力学的领域内对朗之万函数的修正。

3.4 铁磁性

3.4.1 铁磁性简介

铁磁性是一种强磁性，这种强磁性的起源是材料中的自旋平行排列，而平行排列导致自发磁化。图 3.11 所示为铁、钴、镍的磁化曲线。纵坐标给出了每种金属饱和磁化强度 M_S。对于单晶纯铁，在 $4\text{kA} \cdot \text{m}^{-1}$ 大小的磁场下，就可以磁化到 2T，已接近饱和磁化状态。在相同大小的磁场下，典型的顺磁性物质的磁化强度仅为 $1.2 \times 10^{-6}\text{T}$。

为了解释物质的铁磁性特征，皮埃尔外斯于 1907 年在朗之万顺磁理论的基础上提出了"分子场"假设。外斯分子场理论可以概括为两点：①分子场引起自发磁化假设；②磁畴假设。

外斯假设在铁磁性物质内部存在着分子场。原子磁矩在这个分子场的作用下，克服了热运动的无序效应，自发地平行一致取向，从而表现为铁磁性。当温度升高到磁矩的热运动能足以与分子场抗衡时，分子场引起的磁有序被破坏，从而表现为顺磁性。这一温度就称为居里温度 T_C。据此，可以估算出分子场的大小，即：

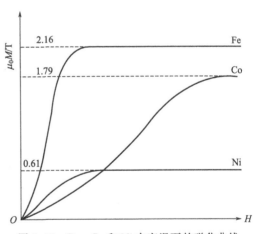

图 3.11 Fe、Co 和 Ni 在室温下的磁化曲线

$$kT_C = H_m \cdot \mu_0 \mu_J$$

式中，k 为玻尔兹曼常数，大小为 $1.3805 \times 10^{-23}\text{J} \cdot \text{K}^{-1}$；$T_C$ 为居里温度，不妨取 10^3K；H_m 为分子场强度，则可以估算出 H_m 为 $10^9 \text{A} \cdot \text{m}^{-1}$ 个数量级。这比原子磁矩相互之间的磁偶极矩作用大几个数量级，所以当 H_m 作用在原子磁矩上时，就使原子磁矩趋于分子场方向。这样，在没有外磁场作用时，铁磁体的每一小区域内的原子磁矩也有取某一共同方向的趋势，导致自发磁化。既然铁磁性物质，比如铁，能够自发磁化到磁饱和状态，那

么为什么能够轻易得到处于消磁状态的铁呢？或者说，为什么通常未经磁化的铁都不具有磁性呢？

外斯的第二个假设回答了这个问题。外斯假设铁磁性物质在消磁状态下被分割成许多小的区域，这些小区域被称为磁畴。在磁畴内部，原子磁矩平行取向，自发磁化强度为 M_S。但是，不同磁畴之间磁化方向不同，以至于各磁畴之间的磁化相互抵消。因此宏观铁磁体，在无外磁场作用下，并不表现出磁性。这样，铁磁体的磁化过程就是磁体由多磁畴状态转变为与外加磁场同向的单一磁畴的过程。铁磁体的磁化过程如图 3.12 所示。图 3.12(a) 中虚线所围的为铁磁体内的一块区域。它包含两个磁畴，中间由畴壁分割。两个磁畴的自发磁化方向相反，而整体磁性为零。图 3.12(b) 中，施加了外磁场 H，使畴壁向下移动，结果上面的磁畴长大，同时下面的磁畴减小。外磁场增大，最后畴壁移出了虚线所围的区域，如图 3.12(c) 中所示。随着外磁场的进一步增大，磁化逐步向外磁场方向旋转，最终磁化到饱和状态，如图 3.12(d) 中所示。包含大量磁畴的铁磁体磁化过程和上述过程一致。

后来的实验证实了外斯上述假设的正确性。近一个世纪来的各种实验和理论的发展，只是对上述两个假设的补充和完善。

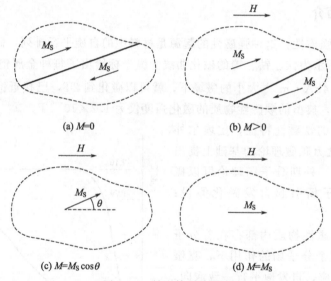

(a) $M=0$　　　　　　　　　　(b) $M>0$

(c) $M=M_S\cos\theta$　　　　　　　(d) $M=M_S$

图 3.12　铁磁体磁化过程

3.4.2　外斯分子场理论

外斯假定分子场强度 H_m 与自发磁化强度 M_S 成正比，即：

$$H_m = \gamma M_S \tag{3.52}$$

式中，γ 称为分子场常数，它是与铁磁性物质的原子本性有关的参数。

假定铁磁性物质中每个原子都具有原子磁矩。在某一温度下，铁磁体的磁化强度随着外磁场的增加而增强。磁化曲线如图 3.13 中曲线 1 所示。图 3.13 中的直线 2 给出了式(3.44)所表示的分子场强度 H_m 与自发磁化强度 M_S 的关系，直线的斜率为 $1/\gamma$。那么，由分子场引起的铁磁体的自发磁化强度就可以通过两条曲线的交点来确定。如图 3.13 所示，曲线 1 和直线 2 有两个交点：一个是原点，代表自发磁化强度为零；一个是 P 点，代表自发磁化

强度为 M_S。其中，原点所代表的解为不稳定的解。如果自发磁化 $M=0$，那么在一个很小的微扰下，比如地磁场的作用，铁磁体被磁化到图中的 A 点。但是如果 $M=M_A$，在直线 2 中对应于 B 点，代表了 $H_m=H_B$。大小为 H_B 的分子场会在磁体中形成的磁化强度为 M_C，如 C 点所示。这样，磁化强度 M 由 0，经 A，C，E，…，最终到达 P 点。P 点所代表的是一个稳定的磁化状态。我们可以在 P 点引入一个微扰，发现任何偏离 P 点的磁化会自发地回到 P 点的磁化状态。因此，铁磁性物质可以自发磁化到 P 点所代表的磁化 M_S。

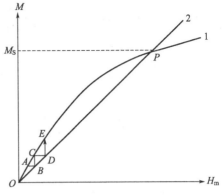

图 3.13　分子场的自发磁化

物质的铁磁性可以理解为顺磁性物质处于一个非常大的分子场 H_m 中，所有的原子磁矩趋于同向，于是顺磁性郎之万理论几乎可以直接应用到铁磁性物质中。由于铁磁体的原子磁矩被认为是完全由自旋磁矩贡献，所以用总自旋量子数 S 来代替相应的总自旋量子数 J。可以求出：

$$M=Ng_S S\mu_B B_S(y) \tag{3.53}$$

$$y=\mu_0 g_S S\mu_B \gamma M_S/kT \tag{3.54}$$

$$B_S(y)=\frac{2S+1}{2S}\coth\left(\frac{2S+1}{2S}y\right)-\frac{1}{2S}\coth\left(\frac{y}{2S}\right) \tag{3.55}$$

当 $B_S(y)\to 1$ 时，对应于所有原子磁矩同一方向排列的情形，此时：

$$M_0=Ng_S S\mu_B \tag{3.56}$$

M_0 为绝对饱和磁化强度。则式(3.53) 和式(3.52) 分别改写为：

$$\frac{M}{M_0}=B_S(y) \tag{3.57}$$

$$\frac{M_S}{M_0}=\frac{NkT}{\mu_0\gamma M_0^2}y \tag{3.58}$$

可以用图解法给出式(3.55) 和式(3.58) 所组成方程的解。在以 M/M_0 为纵轴，y 为横轴的坐标上分别作出式(3.55) 和式(3.58) 所代表的图像（图 3.14），图像的交点即为一定温度和磁场强度下的磁化强度。

通过该图，可以得到：

① 在 $T<T_C$，$H=0$ 时，得出的解就是材料的自发磁化强度。直线 $\dfrac{M_S}{M_0}=\dfrac{NkT}{\mu_0\gamma M_0^2}y$ 和曲线 $\dfrac{M}{M_0}=B_S(a)$ 有两个交点：一个是原点 O，另一个是 P 点。原点 O 是不稳定解，在前面已经阐述。P 点是稳定解，改变 $T<T_C$ 范围内的 T，能够得到对应于不同 T 的一系列稳定解，也就是在各种温度下的自发磁化强度。

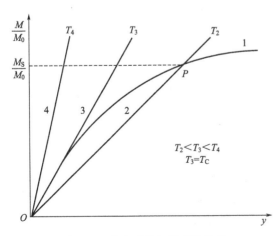

图 3.14　自发磁化与温度的关系

② 当 $T=T_C$，$H=0$ 时，直线 $\dfrac{M_S}{M_0}=\dfrac{NkT}{\mu_0\gamma M_0^2}y$ 和曲线 $\dfrac{M}{M_0}=B_S(y)$ 相切，切点为原点，这意味着自发磁化强度为零。从有自发磁化到自发磁化等于零的转变温度，称为铁磁居里温度。当 $T\to T_C$ 时，$y\ll 1$，此时式（3.57）变为：

$$\frac{M}{M_0}=\frac{S+1}{3S}y \tag{3.59}$$

该式与式（3.58）比较，可得：

$$T_C=\gamma\frac{\mu_0 Ng_S^2 S(S+1)\mu_B^2}{3k} \tag{3.60}$$

说明，T_C 随分子场系数 γ 和总自旋量子数 S 的增大而增大，居里温度是分子场系数 γ 大小的一个宏观标志，它是与铁磁性物质的原子本性有关的参量。

③ 当 $T>T_C$，$H=0$ 时，直线 $\dfrac{M_S}{M_0}=\dfrac{NkT}{\mu_0\gamma M_0^2}y$ 和曲线 $\dfrac{M}{M_0}=B_S(y)$ 无交点，这意味着在 $T>T_C$ 范围内没有自发磁化，铁磁性消失，转变为顺磁性。

④ 当 $T>T_C$，$H\neq 0$ 时，$y\ll 1$，可得到：

$$M=Ng_S S\mu_B\frac{S+1}{3S}y \tag{3.61}$$

引入外磁场 H 后，式（3.54）将变为：

$$y=\mu_0 g_S S\mu_B(H+\gamma M_S)/kT \tag{3.62}$$

将式（3.67）代入式（3.51）中，整理后可得：

$$M=\frac{C}{T-T_P}H \tag{3.63}$$

$$C=\frac{\mu_0 Ng_S^2 S(S+1)\mu_B^2}{3k},\ T_P=\gamma C \tag{3.64}$$

式中，C 为居里常数；T_P 为顺磁居里温度。由式（3.63）可以得出铁磁性居里－外斯定律：

$$\chi_f=\frac{C}{T-T_P} \tag{3.65}$$

比较式（3.64）和式（3.60），不难发现 T_C 等于 T_P。

分子场理论是解释铁磁性物质微观磁性的唯象理论。它很好地解释自发磁化的各种行为，特别是自发磁化强度随温度变化的规律。由于分子场理论的物理图像直观清晰，数学方法简单，至今在磁学理论中仍占有重要的地位。但是，分子场理论没有指出分子场的本质，无非是局域自旋磁矩间相互作用的简单等效场，而且忽略了相互作用的细节，因此在处理低温和居里温度附近的磁行为时与实验出现了偏差。

3.4.3 海森堡交换相互作用模型

外斯分子场理论虽然取得了很大的成功，但并没有解释分子场的起源。海森堡在量子力学的基础上提出了交换作用模型，认为铁磁性自发磁化起源于电子间的静电交换相互作用。

交换作用模型认为，磁性体内原子之间存在着交换相互作用，并且这种交换作用只发生在近邻原子之间。系统内部原子之间的自旋相互作用能为：

$$E_{ex} = -2A \sum_{\text{近邻}} S_i \cdot S_j \tag{3.66}$$

式中，A 为交换积分；S_i 和 S_j 为发生交换相互作用原子的自旋。原子处于基态时，系统最为稳定，要求 $E_{ex}<0$。当 $A<0$ 时，$(S_i \cdot S_j)<0$，自旋反平行为基态，即反铁磁性排列系统能量最低；当 $A>0$ 时，$(S_i \cdot S_j)>0$，自旋平行为基态，即铁磁性排列系统能量最低。

由交换作用模型可以得出物质铁磁性的条件。首先，物质具有铁磁性的必要条件是原子中具有未充满的电子壳层，即具有原子磁矩；其次，物质具有铁磁性的充要条件是 $A>0$，A 为相邻原子间的交换积分。

图 3.15 所示的贝蒂-斯莱特曲线，给出了一些铁磁性金属的交换积分随着 r_a/r_{3d} 的变化关系。其中，r_a 为原子半径，r_{3d} 为 3d 电子壳层半径。从曲线可以看出，当 r_a/r_{3d} 值由小变大时，A 由负变正，经过极大值，然后逐渐变小。考虑两个同种原子从远处逐渐靠近，原子半径减小，而 3d 电子壳层半径不变，结果 r_a/r_{3d} 值由大逐渐变小。原子间距离远，r_a/r_{3d} 比值很大时，交换积分为正，数值却很小；随着两原子间距离减小，3d 电子越来越接近，交换积分逐渐增至极大值而后降低至零；进一步减小原子间距，3d 电子靠得非常近，导致电子自旋反平行排列（交换积分 $A<0$），产生反铁磁性。

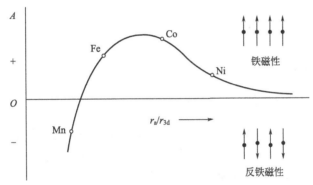

图 3.15　贝蒂-斯莱特曲线

对于铁磁性物质来说其居里温度与交换积分成正比。居里温度实际上是铁磁体内交换作用的强弱在宏观上的表现：交换作用越强，自旋相互平行取向的能力就越大，要破坏磁体内的这种规则排列，所需要的热能就越高，宏观上就表现为居里温度越高。从贝蒂-斯莱特曲线上 Fe、Co 和 Ni 的位置可以看出：三种物质中 Co 的居里温度最高，Ni 的居里温度最低。

贝蒂-斯莱特曲线是从直接交换作用出发，反映 3d 金属中原子间的交换作用与相邻原子的 3d 电子耦合程度之间的关系。它可以解释一些实验现象，比如某些非铁磁性元素可以形成铁磁性合金。Mn 是反铁磁性的，但是 MnBi 和由 Cu_2MnSn 与 Cu_2MnAl 构成的赫斯勒合金是铁磁性的。这是因为，在合金中 Mn 原子间的距离要大于在纯金属中的原子间距，r_a/r_{3d} 变大，于是交换积分 A 变为正值。实际上，3d 金属中 3d 电子之间的交换作用是通过巡游电子产生的，其性质取决于能带结构，因此贝蒂-斯莱特曲线存在着很多缺陷，曲线反映的一些特点与实验也出现了一定的偏差。

3.4.4　铁磁性能带理论

对于 3d 族过渡金属，其原子磁矩表现为分数，这时需用"集体电子论"的能带模型来解释。"集体电子论"认为过渡金属中的 3d，4s 电子是自由在晶格中游动，分布在由若干密集能态组成的能带中。原子在晶格中周期性分布，当原子间距离增加时，3d 和 4s 的能带宽度减小，最后接近一个单能级。两能带中有一部分面积重叠，从而发生 3d 和 4s 电子的互相转移。电子自旋可以朝上或者朝下取向，所以 3d 层能带和 4s 层能带又可以分两个副能带。计算表明 4s 能带的正负能带高度相等，电子数相同，而 3d 正负能带由于交换作用出现了交换劈裂，导致高度不相等，被电子填充的程度也不一样，结果是 3d 负能带高。不同原子中不同负能带内被充满的程度不一样，在 Ni，Co 原子中，3d 正能带完全被电子充满，充满的电子数等于 5，负能带则未被电子充满，填充程度各不相同。Fe 原子的 3d 正负能带都未填满。由能带理论可以计算出 3d 金属中能带的电子分布和磁矩（如表 3.1 所示），可以有效地解释 3d 族金属原子磁矩为非整数的事实。

表 3.1 过渡族金属 3d、4s 能带中电子分布和原子磁矩

元素	充满的电子层				总数	空穴		原子磁矩
	$3d^+$	$3d^-$	$4s^+$	$4s^-$		$3d^+$	$3d^-$	$(3d^-)-(3d^+)$
Cr	2.7	2.7	0.3	0.3	6	2.3	2.3	0
Mn	3.2	3.2	0.3	0.3	7	1.8	1.8	0
Fe	4.8	2.6	0.3	0.3	8	0.2	2.4	2.2
Co	5	3.3	0.35	0.35	9	0	1.7	1.7
Ni	5	4.4			10	0	0.6	0.6
Cu	5	5	0.5	0.5	11	0	0	0

3.4.5 铁磁性 RKKY 理论

对于稀土金属的磁性来源解释需要采用新的理论。稀土金属的磁性来源于 4f 电子，4f 电子被 $5s^2p^6d^{10}6s^2$ 电子屏蔽，而且稀土原子间距离很大，并不允许直接交换作用的存在，由于不存在氧离子等媒介，也不可能存在超交换作用。

Ruderman 和 Kittel 提出导电电子作为媒介，在核自旋间发生交换作用。Kasuya 和 Yosida 提出 Mn 的 d 电子和导电电子有交换作用，使电子极化而导致 Mn 原子的 d 电子和邻近的导电电子有交换作用。在此基础上发展起来的 RKKY 理论可以有效地解释稀土金属中的磁性来源。RKKY 理论认为 4f 电子是完全局域的，6s 电子是游动的，作为传导电子。f 电子和 s 电子可以发生交换作用，使 s 电子极化，极化 s 电子的自旋会对 f 电子的自旋取向产生影响。结果形成了以游动的 s 电子作为媒介，使磁性原子或离子中的 4f 电子自旋与其邻近磁性原子或离子中的 4f 局域电子自旋磁矩产生交换作用，从而解释清楚了稀土金属的磁性来源。

3.5 反铁磁性

3.5.1 反铁磁性简介

反铁磁性物质在所有的温度范围内都具有正的磁化率，但是其磁化率随温度有着特殊的变化规律。起初，反铁磁性被认为是反常的顺磁性。进一步的研究发现，它们内部的磁结构完全不同，因此人们将反铁磁性归入单独的一类。1932 年，奈尔将外斯分子场理论引入到反铁磁性中，发展了反铁磁性理论。

图 3.16 给出了反铁磁性磁化率随温度的变化关系。随着温度的降低，反铁磁性的磁化率先增大经过一极大值后降低。该磁化率的极大值所对应的温度称为奈尔温度，用 T_N 表示。在 T_N 温度以上，反铁磁性物质表现出顺磁性；在 T_N 温度以下，物质表现出反铁磁性。物质的奈尔温度 T_N 通常远低于室温，因此为了确定一种常温下为顺磁性的物质在低温下是否为反铁磁性，需要在很低的温度下测量它的磁化率。反铁磁性物质大多是离子化合物，如氧化物、硫化物和氯化物等，反铁磁性金属主要是铬和锰。反铁磁性物质比铁磁性物质常见得多，到目前为止，已经发现了 100 多种反铁磁性物质。反铁磁性物质的出现，具有很大的理论意义，但是其反铁磁性一直没有得到实际的应用。尽管如此，反铁磁性的研究还是具有重大的科学价值，它为亚铁磁性理论的发展提供了坚实的理论基础。

反铁磁性物质中磁性离子构成的晶格，可以分为两个相等而又相互贯穿的"次晶格"A和"次晶格"B。"次晶格"A处的磁性离子和"次晶格"B处的磁性离子自旋存在反向的趋势。在 T_N 温度以下，温度越低，A 处和 B 处的磁性离子自旋越接近相反。当 $T = 0K$ 时，自旋取向完全相反，如图 3.17 所示，因此反铁磁性物质整体磁化强度为零。反铁磁性奈尔温度 T_N 与铁磁性居里温度 T_C 起着相似的作用：将整个温度区间分成两部分，在这个温度以下，磁性粒子自旋有序排列，表现出铁磁性或反铁磁性；在该温度以上，自旋无序排列，表现出顺磁性。

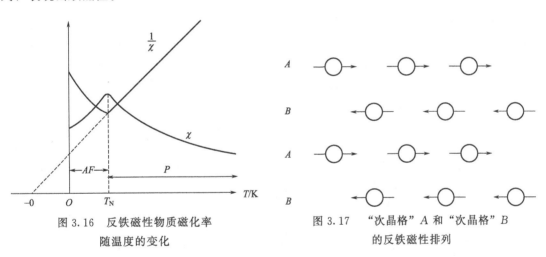

图 3.16　反铁磁性物质磁化率
随温度的变化

图 3.17　"次晶格"A 和"次晶格"B
的反铁磁性排列

反铁磁性自旋有序结构首先由 Shull 和 Smart 利用中子衍射实验在 MnO 上得到证实。因为中子磁散射对正自旋和反自旋不同，从而可以通过中子衍射谱确定 MnO 的磁结构。如图 3.18 所示，每个 O^{2-} 离子两侧的两个 Mn^{2+} 离子的磁矩都反平行排列。磁矩取向的周期是晶格常数的 2 倍，因此一个磁单胞的体积是化学单胞体积的 8 倍。

3.5.2　定域分子场理论

反铁磁体的晶体结构有立方、六方、四方和斜方等几类。这些晶体中的磁性原子的磁矩在不同位置上取向是由各原子之间的相互作用来决定的，特别是最近邻和次近邻原子的相互作用最为重要。下面以体心立方结构的晶体结构为例，说明反铁磁性物质中的分子场作用情况。

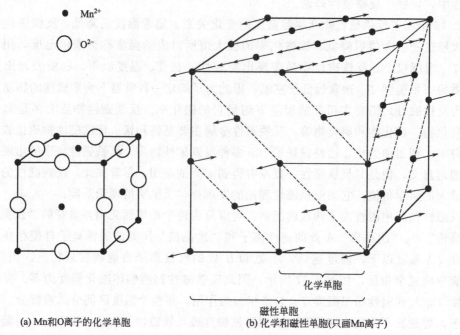

● Mn²⁺

○ O²⁻

(a) Mn和O离子的化学单胞

化学单胞

磁性单胞

(b) 化学和磁性单胞(只画Mn离子)

图 3.18　MnO 晶胞结构

在体心立方中，原子有两种不同的位置：一种是体心的位置 A，另一种是八个角上的位置 B。如果把八个体心的位置连接起来，也成一个简单立方。因此，体心立方晶格可以看成是由两个相等而又相互贯穿的"次晶格" A 和"次晶格" B 构成。显然，每一个 A 位的最近邻都是 B，次近邻才是 A。B 位亦然。

反铁磁性晶体中同样存在分子场。由于作用在"次晶格" A 和"次晶格" B 上的分子场是不同的，故称为定域分子场。作用在 A 位上的定域分子场 H_{mA} 可以表示为：

$$H_{mA} = -\gamma_{AB}M_B - \gamma_{AA}M_A \tag{3.67}$$

式中，γ_{AB} 为最近邻相互作用的分子场系数；γ_{AA} 为次近邻相互作用的分子场系数，M_A 和 M_B 分别为 A 位和 B 位上的磁化强度。

同理，作用在 B 位上的定域分子场 H_{mB} 可以表示为：

$$H_{mB} = -\gamma_{BA}M_A - \gamma_{BB}M_B \tag{3.68}$$

设 A 位和 B 位上的离子是同类离子，则 $\gamma_{AA} = \gamma_{BB} = \gamma_{ii}$，$\gamma_{AB} = \gamma_{BA}$。若考虑外加磁场，则作用在 A 位和 B 位上有效场位：

$$\left.\begin{array}{l} H_A = H + H_{mA} = H - \gamma_{AB}M_B - \gamma_{ii}M_A \\ H_B = H + H_{mB} = H - \gamma_{AB}M_A - \gamma_{ii}M_B \end{array}\right\} \tag{3.69}$$

由于最近邻相互作用是反铁磁性的，定域分子场系数 γ_{AB} 必须为正。但 λ_{ii} 可能为正，可能为负，也可能为零，取决于材料的性质，这里取负讨论。

应用顺磁性理论，可以求出热平衡时某一次晶格的磁化强度。以 A 位为例：

$$M_A = \frac{1}{2}Ng_JJ\mu_B \cdot B_J(y_A) \tag{3.70}$$

$$y_A = \mu_0 g_J J\mu_B \cdot H_A/kT \tag{3.71}$$

$$B_J(y_A) = \frac{2J+1}{2J}\coth\left(\frac{2J+1}{2J}\right)y_A - \frac{1}{2J}\coth\left(\frac{1}{2J}\right)y_A \tag{3.72}$$

同样，对于 B 次晶格：

$$M_B = \frac{1}{2} N g_J J \mu_B \cdot B_J(y_B) \tag{3.73}$$

$$y_B = \mu_0 g_J J \mu_B \cdot H_B / kT \tag{3.74}$$

$$B_J(y_B) = \frac{2J+1}{2J} \coth\left(\frac{2J+1}{2J}\right) y_B - \frac{1}{2J} \coth\left(\frac{1}{2J}\right) y_B \tag{3.75}$$

联合式(3.70)～式(3.75)，便可求得反铁磁物质的一系列特性：

（1）反铁磁性消失温度－奈尔温度 T_N 的求得　当高温且无外磁场时，$y_A \ll 1$，则(3.72)式布里渊函数可展开，只取第一项，于是式（3.70）变为：

$$M_A \approx \frac{N}{2} g_J J \mu_B \frac{J+1}{3J} y_A = \frac{C}{2T} H_A \tag{3.76}$$

式中，$C = \mu_0 N g_J^2 J(J+1) \mu_B^2 / 3k$；将式(3.65)代入式(3.74)，可得到：

$$M_A = \frac{C}{2T}(-\gamma_{AB} M_B - \gamma_{ii} M_A) \tag{3.77}$$

同样，对于 B 次晶格：

$$M_B = \frac{C}{2T}(-\gamma_{AB} M_A - \gamma_{ii} M_B) \tag{3.78}$$

整理式(3.77)和式(3.78)，可得到：

$$\left.\begin{array}{l} \left(1 + \dfrac{C}{2T}\gamma_{ii}\right) M_A + \dfrac{C}{2T}\gamma_{AB} M_B = 0 \\[3mm] \dfrac{C}{2T}\gamma_{AB} M_A + \left(1 + \dfrac{C}{2T}\gamma_{ii}\right) M_B = 0 \end{array}\right\} \tag{3.79}$$

当 $T = T_N$ 时，各次晶格开始出现自发磁化，这意味着 M_A 和 M_B 都不为零，即式(3.79)有非零解，则方程中系数行列式为零，即：

$$\begin{vmatrix} 1 + \dfrac{C}{2T}\gamma_{ii} & \dfrac{C}{2T}\gamma_{AB} \\[3mm] \dfrac{C}{2T}\gamma_{AB} & 1 + \dfrac{C}{2T}\gamma_{ii} \end{vmatrix} = 0 \tag{3.80}$$

于是得到：

$$T_N = \frac{1}{2} C(\lambda_{AB} - \lambda_{ii}) \tag{3.81}$$

T_N 即为奈尔温度。由式(3.81)可见，γ_{AB} 越大，γ_{ii} 越小，即最近邻相互作用越强，次近邻相互作用越弱，则反铁磁性物质的奈尔温度 T_N 越高。

（2）$T > T_N$ 时反铁磁性物质的特性　当 $T > T_N$ 时，反铁磁性物质的自发磁化消失，转变为顺磁状态。在外磁场作用下，在磁场方向将感生出一定的磁化强度。只要出现磁矩，由于磁矩之间的相互作用，便存在定域分子场，于是上述分析的公式依然适用，只是磁化强度并非自发磁化强度而已。于是，可类似得出：

$$M_A' = \frac{C}{2T}(H - \gamma_{AB} M_B' - \gamma_{ii} M_A')$$

$$M_B' = \frac{C}{2T}(H - \gamma_{AB} M_A' - \gamma_{ii} M_B')$$

式中，$C = \mu_0 N g_J^2 J(J+1) \mu_B^2 / 3k$，$M_A'$ 和 M_B' 与 H 同向，故总磁化强度为：

$$M' = \frac{C}{T + T'_P} H \tag{3.82}$$

式中，$T'_P = \frac{C}{2}(\lambda_{AB} + \lambda_{ii})$。于是，可得出反铁磁性的居里—外斯定律：

$$\chi = \frac{C}{T + T'_P} \tag{3.83}$$

该式与式(3.65)完全类似，只是这里的 T'_P 变成了负值。T'_P 称为渐近居里点。

（3）$T < T_N$ 时反铁磁性物质的特性　当 $T < T_N$ 时，定域分子场的作用占主导地位，每个次晶格的磁矩有规则地反平行排列。外磁场为零时，次晶格内有自发磁化强度，但总的自发磁化强度等于零。只有当外磁场不等于零时才表现出总的磁化强度，且随外磁场方向而异。

3.5.3　超交换作用模型

在 MnO 晶体中，由于中间 O^{2-} 离子的阻碍，Mn 离子之间的直接交换作用非常弱。那么，在 MnO 晶体中怎么会出现反铁磁性呢？这可以由超交换作用模型来解释。这个模型由克雷默首先提出，他认为反铁磁性物质内的磁性离子之间的交换作用是通过隔在中间的非磁性离子为媒介来实现的，故称为超交换作用。后来奈尔、安德生等人使这个模型发展完善。

超交换作用模型的机理如图 3.19 所示。Mn^{2+} 离子的未满电子壳层组态为 $3d^5$，5 个自旋彼此平行取向；O^{2-} 离子的电子结构为 $(1s)^2(2s)^2(2p)^6$，其自旋角动量和轨道角动量都是彼此抵消的，无净自旋磁矩。O^{2-} 离子 2p 轨道向近邻的 Mn^{2+} 离子 M_1 和 M_2 伸展，这样 2p 轨道电子云与 Mn^{2+} 离子电子云交叠，2p 轨道电子有可能迁移到 Mn^{2+} 离子中。假设，一个 2p 电子转移到 M_1 离子的 3d 轨道。在此情况下，该电子必须使它的自旋与 Mn^{2+} 的总自旋反平行，因为 Mn^{2+} 已经有 5 个电子，按照洪德法则，其空轨道只能接受一个与 5 个电子自旋反平行的电子。另一方面，按泡利不相容原理，2p 轨道上的剩余电子的自旋必须与被转移的电子的自旋反平行。此时，由于 O^- 离子与另一个 Mn^{2+} 离子 M_2 的交换作用是负的，故 O^- 离子 2p 轨道剩余电子与 M_2 离子 3d 电子自旋反平行取向。这样，M_1 的总自旋就与 M_2 的总自旋反平行取向。当夹角 M_1-O-M_2 是 $180°$ 时，超交换作用最强，而当角度变小时作用变弱。这就是超交换作用原理。用这个模型可以解释反铁磁性自发磁化的起因。

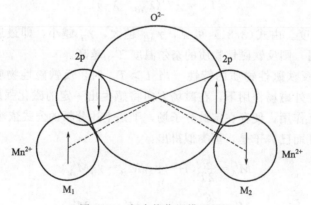

图 3.19　超交换作用模型原理

当然，上面介绍的超交换作用中，通过 O^{2-} 离子发生超交换作用的同为 Mn^{2+} 离子，它们与 O^{2-} 离子作用的交换积分皆为负值，耦合电子自旋为反平行排列。实际上也存在左右两侧的交换积分皆为正值的情况，这时同样导致反铁磁性。如果两侧的交换积分分别为一正一负，就会导致铁磁性。

3.6 亚铁磁性

3.6.1 亚铁磁性简介

亚铁磁性物质存在与铁磁性物质相似的宏观磁性：居里温度以下，存在按磁畴分布的自发磁化，能够被磁化到饱和，存在磁滞现象；在居里温度以上，自发磁化消失，转变为顺磁性。正是因为同铁磁性物质具有以上相似之处，所以亚铁磁性是被最晚发现的一类磁性。直到 1948 年，奈尔才命名了亚铁磁性，并提出了亚铁磁性理论。

典型的亚铁磁性物质当属铁氧体。铁氧体是一种氧化物，含有氧化铁和其他铁族或稀土族氧化物等主要成分。铁氧体是一种古老而又年轻的磁性材料。因为 Fe_3O_4 磁铁矿在很久以前就被我们的古人发现，是最早的铁氧体材料，可是直到 1933～1945 年间，铁氧体磁性材料才重新引起人们的重视，进入商业领域。

表 3.2　元素周期表中第四周期过渡族离子的自旋磁矩

离子				3d 电子数目	自旋磁矩/μ_B
Sc^{3+}　Ti^{4+}				0	0
Ti^{3+}　V^{4+}				1	1
Ti^{2+}　V^{3+}　Cr^{4+}				2	2
V^{2+}　Cr^{3+}　Mn^{4+}				3	3
Cr^{2+}　Mn^{3+}　Fe^{4+}				4	4
Mn^{2+}　Fe^{3+}　Co^{4+}				5	5
Fe^{2+}　Co^{3+}　Ni^{4+}				6	4
Co^{2+}　Ni^{3+}				7	3
Ni^{2+}				8	2
Cu^{2+}				9	1
Cu^+　Zn^{2+}				10	0

铁氧体通常采用陶瓷烧结工艺制备。以镍铁氧体为例，先是将 NiO 和 Fe_2O_3 粉末充分混合，再压制成所需的形状，最后在高于 1200℃ 的温度下烧结。这样得到的成品通常硬而脆。铁氧体具有很高的电阻率，一般为金属的 10^6 倍以上。在交流磁场中使用时，铁氧体不会像金属一样产生大的涡流损耗。因此铁氧体在高频领域是一类理想的磁性材料。

铁氧体是离子化合物，它的磁性来源于所含离子的磁性。我们考察元素周期表中第四周期过渡族离子。其最外层为 3d 电子壳层，能够容纳 5 个自旋向上的电子和 5 个自旋向下的电子。前 5 个电子进入壳层自旋向上排列，第 6 个电子进入壳层取自旋向下方向。含有 6 个 3d 电子的离子，比如 Fe^{2+} 离子，自旋磁矩为 $5-1=4\mu_B$。其他离子的自旋磁矩在表 3.2 中列出。

将离子磁矩与测得的铁氧体磁矩相比较发现，铁氧体与铁磁性物质存在巨大的差别。同样以 $NiO \cdot Fe_2O_3$ 为例，它含有一个 Ni^{2+}，二个 Fe^{3+}。如果它们之间的交换作用为正，则一个 $NiO \cdot Fe_2O_3$ 分子的总磁矩为 $2+5 \times 2 = 12\mu_B$。实际测得，在 0K 温度下一个 $NiO \cdot Fe_2O_3$ 分子的饱和磁化强度仅为 $2.3\mu_B$。显然在 $NiO \cdot Fe_2O_3$ 中，金属离子磁矩不可能为平行取向。

因此奈尔认为铁氧体存在不同于以往所认识的任何一种磁结构。奈尔做出假设，铁氧体中处于不同晶体学位置（比如 A 位和 B 位）的金属离子之间的交换作用为负。A 为金属离子和 B 位金属离子分别沿相反的方向自发磁化，但是 A 位和 B 位之间的磁化强度却不相等。因此，两个相反方向的磁矩不能完全抵消，产生了剩余自发磁化。奈尔用分子场理论建立起一套亚铁磁性理论，并且和实验取得很好的一致性。为了更好地理解磁性离子在 A 位和 B 位的相互作用，在介绍亚铁磁性理论之前，我们先认识一下铁氧体的晶体结构。

3.6.2　铁氧体的晶体结构

常见的铁氧体，按晶格类型分为三种：①尖晶石型铁氧体；②石榴石型铁氧体；③磁铅石型铁氧体。

3.6.2.1　尖晶石型铁氧体

尖晶石铁氧体的晶体结构与天然矿石——镁铝尖晶石（$MgAl_2O_4$）结构相同，故而得名。尖晶石型铁氧体的化学分子式的通式为 $X^{2+}Y_2^{3+}O_4$。其中 X^{2+} 代表二价金属离子，通常是过渡族元素，常见的有 Co、Ni、Fe、Mn、Zn 等；分子式中 Y^{3+} 的代表三价金属离子，通常是 Fe^{3+}、Al^{3+}、Cr^{3+} 等，也可以被 Fe^{2+} 或 Ti^{4+} 取代一部分。尖晶石铁氧体的晶格结构呈立方对称，一个单位晶胞含有 8 个分子式，一个单胞的分子式为 $X_8^{2+}Y_{16}^{3+}O_{32}^{2-}$。所以，一个铁氧体单胞内共有 56 个离子，其中 X^{2+} 离子 8 个，Y^{3+} 离子 16 个，O^{2-} 离子 32 个。三者比较，氧离子的尺寸最大，晶格结构以氧离子做紧密堆积，金属离子填充在氧离子密堆积的间隙内。在 32 个氧离子堆积构成的面心立方晶格中，有两种间隙：①四面体间隙 A；②八面体间隙 B。四面体间隙由 4 个氧离子中心连线构成的 4 个三角形平面包围而成。这样的四面体间隙共有 64 个。四面体间隙较小，只能填充尺寸小的金属离子。八面体间隙由 6 个氧离子中心连线构成的 8 个三角形平面包围而成。这样的八面体间隙共有 32 个。八面体间隙较大，可以填充尺寸较大的金属离子。尖晶石型铁氧体晶体结构如图 3.20 所示。

一个尖晶石单胞，实际上只有 8 个 A 位和 16 个 B 位被金属离子填充。把 X^{2+} 离子填充 A 位，Y^{3+} 离子填充 B 位的分布，定义为"正型"尖晶石铁氧体，即 $(X^{2+})[Y_2^{3+}]O_4$。结构式中括号（　）和［　］分别代表被金属离子占有的 A 位和 B 位。如果 X^{2+} 离子不是填充 A 位，而是同 B 位中 8 个 Y_2^{3+} 离子对调位置，这样形成的结构，定义为"反型"铁氧体，即 $(Y^{3+})[X^{2+}Y^{3+}]O_4$。大多数铁氧体以反型结构出现。正型结构的铁氧体只有 $ZnFe_2O_4$ 和 $CdFe_2O_4$ 为正型尖晶石铁氧体。此外还有介于正型和反型之间的混合分布结构铁氧体，即 $(X_\delta^{2+}Y_{1-\delta}^{3+})[X_{1-\delta}^{2+}Y_{1+\delta}^{3+}]O_4$，$\delta$ 为 X^{2+} 离子占有 A 位的份数。当 $\delta = 1$ 时，变成正型结构；当 $\delta = 0$ 时，变成反型结构；一般是 $0 < \delta < 1$。

尖晶石铁氧体的分子磁矩，为 A、B 两次晶格中离子的自旋反平行耦合的净磁矩。一般有：

$$|M| = |M_A + M_B| \tag{3.84}$$

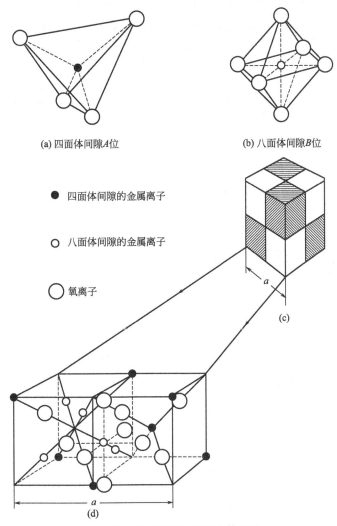

(a) 四面体间隙A位   (b) 八面体间隙B位

● 四面体间隙的金属离子

○ 八面体间隙的金属离子

◯ 氧离子

(c)

(d)

图 3.20　尖晶石型铁氧体晶体结构

式中，M_B 为 B 次晶格磁性离子具有的磁矩；M_A 为 A 次晶格磁性离子具有的磁矩。

对于正型尖晶石铁氧体，它的分子磁矩应为：

$$M_{正型} = 2M_{Y^{3+}} - M_{X^{2+}} \tag{3.85}$$

但实际上并不是这样的。具有完全正型分布的尖晶石铁氧体很少，以锌铁氧体——$ZnFe_2O_4$ 为例说明。$ZnFe_2O_4$ 中 A 位 Zn^{2+} 的自旋磁矩等于零，B 次晶格中的两个 Fe^{3+} 离子的自旋呈反平行排列。于是：

$$M_{正型} = M_{Fe^{3+}} - M_{Fe^{3+}} = 0 \tag{3.86}$$

对于反型尖晶石铁氧体，有 $M_A = M_{Y^{3+}}, M_B = M_{Y^{3+}} + M_{X^{2+}}$，于是有：

$$M_{反型} = M_{Y^{3+}} + M_{X^{2+}} - M_{Y^{3+}} = M_{X^{2+}} \tag{3.87}$$

对于一般混合型分布铁氧体，有 $M_A = \delta \cdot M_{X^{2+}} + (1-\delta)M_{Y^{3+}}, M_B = (1-\delta)M_{X^{2+}} + (1+\delta)M_{Y^{3+}}$，因此有：

$$M_{混合} = (1-2\delta)M_{X^{2+}} + 2\delta M_{Y^{3+}} \tag{3.88}$$

这样就可以通过调节 δ 值来改变铁氧体的磁化强度。

表 3.3 中列出了几种典型铁氧体中的阳离子分布和分子磁矩。

表 3.3　几种典型铁氧体中的阳离子分布和分子磁矩

物质	结构	四面体间隙 A 位	八面体间隙 B 位	分子磁矩
$ZnO \cdot Fe_2O_3$	正型	Zn^{2+} 0	Fe^{3+}，Fe^{3+} 5　5 ←　→	0
$NiO \cdot Fe_2O_3$	反型	Fe^{3+} 5 →	Ni^{2+}，Fe^{3+} 2　5 ←　←	2
$MgO \cdot Fe_2O_3$	混合型	Mg^{2+}，Fe^{3+} 0　4.5 →	Mg^{2+}，Fe^{3+} 0　5.5 ←	1
$0.9NiO \cdot Fe_2O_3$ + $0.1ZnO \cdot Fe_2O_3$	反型 正型	Fe^{3+} 4.5 → Zn^{2+} 0	Ni^{2+}，Fe^{3+} 1.8　4.5 ←　← Fe^{3+}，Fe^{3+} 0.5　0.5 ←　←	2.8

3.6.2.2　石榴石型铁氧体

石榴石型铁氧体的通式是 $RE_3^{3+} Fe_5^{3+} O_{12}^{2-}$，常叫作 REIG（即 Rare Earth Iron Garnet 的简称）。其中，RE 代表稀土离子或钇离子，常见的有 Y、Sm、Eu、Gd、Tb、Dy、Ho、Er、Tm、Yb 或 Lu 等。因为其晶体结构同天然石榴石——$(FeMn)_3 Al_2 (SiO_4)_3$ 矿相同，故得名为石榴石型铁氧体。研究最多的石榴石铁氧体有钇铁石榴石（$Y_3 Fe_5 O_{12}$，缩写 YIG）。对于 YIG 来说，由于 Y^{3+} 为非磁性离子，所含的磁性离子仅为 S 态的 Fe^{3+}（$3d^5$），从磁性的角度考虑较单纯，所以 YIG 成为研究其他 RIG 的基础。

石榴石铁氧体属于立方晶系，具有体心立方晶格。每个单位晶胞含有 8 个分子式，金属离子填充在氧离子密堆积之间的间隙里。对于单位晶胞而言，间隙位置可分为以下三种。

① 由 4 个氧离子所包围的四面体位置（d 位）有 24 个（也称 24d 位），被 Fe^{3+} 离子所占，如图 3.21(a) 所示；

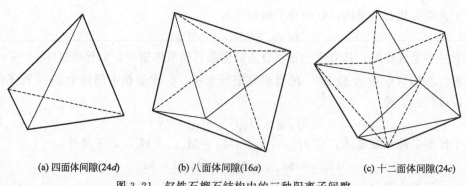

(a) 四面体间隙(24d)　　(b) 八面体间隙(16a)　　(c) 十二面体间隙(24c)

图 3.21　钇铁石榴石结构中的三种阳离子间隙

② 由 6 个氧离子所包围的八面体位置（a 位）有 16 个（也称 16a 位），被 Fe^{3+} 离子所占，如图 3.21(b) 所示；

③ 由 8 个氧离子所包围的十二面体位置（c 位）有 24 个（也称 24c 位），被较大的 Y^{3+} 或 RE^{3+} 所占，如图 3.21(c) 所示。

于是石榴石铁氧体的占位结构式表示为：$\{RE_3\}[Fe_2](Fe_3)O_{12}$。式中，$\{\ \}$、$[\ \]$ 和 $(\ )$ 分别代表 24c、16a 和 24d 位置。图 3.22 给出了 $Y_3Fe_5O_{12}$ 石榴石 a、d、c 三种次晶格的相对位置以及离子的占位分布。由于存在 c、a 和 d 三种间隙位置，所以晶体中存在六种类型的超交换相互作用，即 a-a、d-d、c-c、a-d、a-c 以及 c-d。通过测量不同位置之间的距离和夹角，发现 a-d 之间的超交换相互作用最强，c-d 次之。由于这两类次晶格磁性离子间的超交换相互作用为负，所以 a-d 位置上的离子磁矩反向排列，c-d 位置上的离子磁矩也是反向排列，故而 c 与 a 位置上的离子磁矩同向排列。

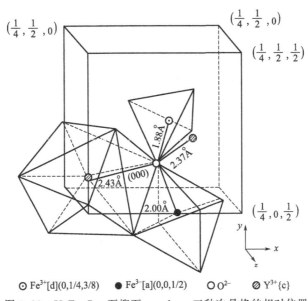

⊙ $Fe^{3+}[d](0,1/4,3/8)$　● $Fe^{3+}[a](0,0,1/2)$　○ O^{2-}　⊘ $Y^{3+}\{c\}$

图 3.22　$Y_3Fe_5O_{12}$ 石榴石 a、d、c 三种次晶格的相对位置

于是，分子式为 $RE_3Fe_5O_{12}$ 的石榴石型铁氧体的分子磁矩可以表示成：

$$M = |M_d - M_a - M_c|$$
$$= |3M_{Fe^{3+}} - 2M_{Fe^{3+}} - 3M_{R^{3+}}| = |M_{Fe^{3+}} - 3M_{R^{3+}}|$$

一些石榴石铁氧体的基本参量列于表 3.4 中。

表 3.4　一些石榴石铁氧体的基本参量

石榴石	基本参量					
	分子磁矩 /(0K,μ_B)	饱和磁化强度 /(300K,$\times 10^5 A \cdot m^{-1}$)	居里温度 /K	补偿温度 /K	晶格常数 /Å	密度 /g·cm^{-3}
$Y_3Fe_5O_{12}$	5.01	1.34	560	—	12.38	5.17
$Sm_3Fe_5O_{12}$	5.43	1.27	578	—	12.52	6.24
$Eu_3Fe_5O_{12}$	2.78	0.88	566	—	12.52	6.28
$Gd_3Fe_5O_{12}$	16.00	0.04	564	286	12.48	6.44
$Tb_3Fe_5O_{12}$	18.20	0.15	568	246	12.45	6.53

石榴石	基本参量					
	分子磁矩 /$(0K, \mu_B)$	饱和磁化强度 /$(300K, \times 10^5 A \cdot m^{-1})$	居里温度 /K	补偿温度 /K	晶格常数 /Å	密度 /$g \cdot cm^{-3}$
$Dy_3Fe_5O_{12}$	16.90	0.32	563	226	12.41	6.65
$Ho_3Fe_5O_{12}$	15.20	0.68	567	137	12.38	6.76
$Er_3Fe_5O_{12}$	10.20	0.62	556	83	12.35	6.86
$Tm_3Fe_5O_{12}$	1.20	0.88	549	—	12.33	6.95
$Yb_3Fe_5O_{12}$	0	1.19	548	—	12.39	7.06
$Lu_3Fe_5O_{12}$	5.07	1.19	539	—	12.28	7.14

3.6.2.3 磁铅石型铁氧体

磁铅石型铁氧体的晶体结构和天然矿石磁铅石 $Pb(Fe_{7.5}Mn_{3.5} \cdot Al_{0.5}Ti_{0.5})O_{19}$ 的结构相似，属于六角晶系。其化学分子式为：$M^{2+}B_{12}^{3+}O_{19}^{2-}$，其中，$M^{2+}$ 是二价阳离子，常见的有 Ba、Sr 或 Pb；B^{3+} 是三价阳离子，常见的有 Al、Ga、Cr 或 Fe。Ba^{2+}、Sr^{2+}、Pb^{2+} 的离子半径分别是 1.43Å、1.27Å 和 1.32Å，因而与 O^{2-} 离子半径（1.32Å）不相上下。于是取代部分氧离子，也参与氧离子的堆积；B^{3+} 离子填充到由氧离子组成的四面体、六面体和八面体间隙中。根据参与氧离子替代的大金属离子所在层的结构与层数，六角氧化物又可分为 M、W、X、Y、Z 和 U 型。

图 3.23 为六角氧化物的三元系组成图，这里用 Fe_2O_3、BaO、MeO 来表示成分，其中 Me 代表 Mg、Mn、Fe、Co、Ni、Zn、Cu 等二价金属离子，或是 Li^+ 和 Fe^{3+} 的组合。图中，S 点代表 Fe_2O_3 和 MeO 按 1:1 混合的氧化物，它为普通的立方尖晶石；B 点表示非磁性的钡铁氧体 $BaFe_2O_4$；M 点表示单组分的磁铅石铁氧体 $BaFe_{12}O_{19}$。W、X、Y、Z 和 U 型化合物就是通过 M、S 和 B 按一定的比例混合组成。上述几种六角氧化物的组成和晶体结构参数在表 3.5 中列出。

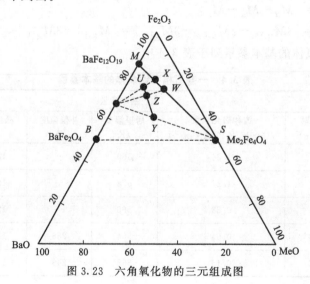

图 3.23 六角氧化物的三元组成图

表 3.5　六角晶系铁氧体的组成、晶体结构与晶格参数

型号	化学组成	结构式	简称	氧离子层数	晶格常数		分子量	X 射线密度 /(g/cm³)
					a/Å	b/Å		
M	$BaFe_{12}O_{19}$	$(B_1S_4)_2$	M	5×2	5.88	23.2	1112	5.28
W	$BaMe_2Fe_{16}O_{27}$	$(B_1S_6)_6$	Me_2W	7×2	5.88	32.8	1575	5.31
X	$Ba_2Me_2Fe_{28}O_{46}$	$(B_1S_4B_1S_6)_3$	Me_2X	12×3	5.88	84.1	2686	5.29
Y	$Ba_2Me_2Fe_{12}O_{22}$	$(B_2S_4)_3$	Me_2Y	6×3	5.88	43.5	1408	5.39
Z	$Ba_3Me_2Fe_{24}O_{41}$	$(B_2S_1B_1S_4)_2$	Me_2Z	11×2	5.88	52.3	2520	5.33
U	$Ba_4Me_2Fe_{36}O_{60}$	$(B_1S_4B_1S_1B_1S_4)$	Me_2U	16	5.88	38.1	3622	5.31

以单组分的磁铅石铁氧体为例，介绍六角晶型铁氧体。由 X 射线结构分析知道，一个 M 型晶胞分为 10 个氧离子层，在 c 轴方向这 10 个氧离子层又可按含有 Ba^{2+} 层（用 B_1 代表）和相当于尖晶石的"尖晶石块"（用 S_4 代表）来划分。由图 3.24 看出，一个晶胞中含有两个 B_1 层和两个 S_4 层。Ba^{2+} 层是每隔四个氧离子层出现一次，它含有一个 Ba^{2+}、三个 O^{2-} 和三个 Fe^{3+}。其中，有两个 Fe^{3+} 占据 B 位，一个占据由五个氧离子构成的六面体间隙（称 E 位），如图 3.25 所示。一个尖晶石块里有 9 个 Fe^{3+} 填充在 O^{2-} 组成的间隙中，其中 2 个占据 A 位，7 个占据 B 位。所以，每个 M 型晶胞中共有 38 个氧离子，2 个钡离子，24 个铁离子。铁离子分别分布在 4 个 A 位、18 个 B 位和 2 个 E 位上。

磁铅石氧化物的分子磁矩，根据磁性离子的分布可以推算出来。以 M 型钡铁氧体为例，它的结构式是 $(B_1S_4)_2$，一个晶胞中含有两个 $BaFe_{12}O_{19}$ 分子。每一尖晶石块内的 9 个 Fe^{3+} 离子有 7 个在 B 位，2 个在 A 位；含 Ba 离子层内的 3 个 Fe^{3+} 有 2 个与 A 位离子磁矩平行，1 个反平行，所以总的分子磁矩为：

$$M_{分子} = |M_{S_4} + M_{B_1}|$$
$$= 7M_{Fe^{3+}} - 2M_{Fe^{3+}} - 2M_{Fe^{3+}} + M_{Fe^{3+}} = 4M_{Fe^{3+}}$$

一个 Fe^{3+} 的离子磁矩为 $5\mu_B$，这样计算得出的分子磁矩理论值（$20\mu_B$）与实验值（$19.7\mu_B$）恰好符合。

一些磁铅石铁氧体的基本磁性能在表 3.6 中列出。

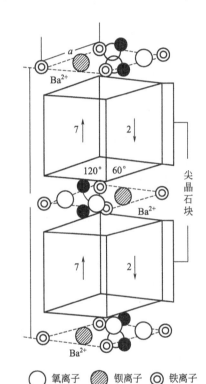

○ 氧离子　▨ 钡离子　◎ 铁离子

图 3.24　$BaFe_{12}O_{19}$ 铁氧体的晶体结构

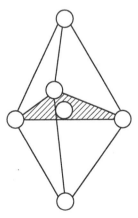

图 3.25　六面体间隙

表 3.6　一些磁铅石铁氧体的基本磁性能

型号	分子磁矩 /(0K,μ_B)	饱和磁化强度 /(300K,kA/m)	居里温度 /K
Mn_2W	27.4	310	688
Zn_2W	35	424	648
$(FeZn)W$	30.7	382	703
Zn_2X	50.4	—	705
Co_2X	46	—	740
Ni_2Y	6.3	127	663
Mn_2Y	10.6	167	563
Zn_2Y	18.4	227	403
Co_2Z	29.8	267	675
Zn_2Z	—	310	633
Cu_2Z	27.2	247	713
Zn_2U	60.5	294	673

3.6.3　亚铁磁性的奈尔分子场理论

和反铁磁性物质一样，大多数亚铁磁体的电导率很低，其磁矩限定在特定的磁性离子上。不同的离子被氧离子分割开来，它们通过超交换相互作用耦合。奈尔根据反铁磁性分子场理论，以尖晶石型铁氧体的晶体机构为基础，提出了亚铁磁性分子场理论。奈尔将尖晶石结构抽象成两种次晶格 A 和 B，A 位和 B 位之间的相互作用是主要的相互作用，并且交换相互作用积分为负值。绝对零度时，这种相互作用导致磁矩按如下方式取向：A 位所有离子磁矩都平行排列，其磁化强度为 M_A；B 位所有离子磁矩都平行排列，其磁化强度为 M_B。M_A 与 M_B 取向相反，数量不等，宏观磁化强度为 $|M_A-M_B|$。

图 3.26(a) 给出了尖晶石型铁氧体（Fe^{3+}）$[Fe^{3+}Me^{2+}]O_4$ 中的 5 种交换相互作用，分别用箭头表示。为了简化问题，奈尔只考虑 Fe^{3+} 一种磁性离子，假定 Me^{2+} 不具有磁矩。这样，晶体结构就简化为由同种磁性离子构成的 A、B 次晶格，磁性离子在不同晶位上的分布不等。晶体中仅存在 3 种交换相互作用，如图 3.26(b) 所示。

假定单位体积内有 n 个磁性离子按比率 $\lambda:\mu$ 分布在 A 位和 B 位上，且

$$\lambda+\mu=1 \qquad (3.89)$$

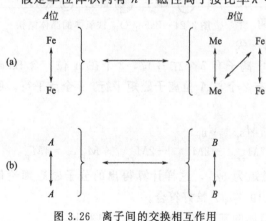

图 3.26　离子间的交换相互作用

设 μ_a、μ_b 分别为某一温度下 A 位和 B 位上一个磁性离子在分子场方向的平均磁矩。（尽管 A 位和 B 位为同种磁性离子，但因为这些磁性离子在不同的晶位上，受到的分子场作用也不等，因此 $\mu_a\neq\mu_b$）则 A 位上的磁化强度 $M_A=\lambda n\mu_a$，B 位上的磁化强度 $M_B=\mu n\mu_b$。令 $n\mu_a=M_a$，$n\mu_b=M_b$，得到：

$$M_A=\lambda M_a$$

$$M_B = \mu M_b$$

于是，整个亚铁磁体的总自发磁化强度为：

$$M_S = |M_A - M_B| = |\lambda M_a - \mu M_b|$$

将分子场理论推广到上述两种不等价的次晶格中，由于结构不等价而存在下面四种不同的分子场：

(1) $H_{AB} = \gamma_{AB} M_B$

H_{AB} 是由近邻 B 位上磁性离子产生的，作用在 A 位上的分子场；γ_{AB} 表示 B-A 作用分子场系数，它只表示大小而不计入方向。

(2) $H_{BB} = \gamma_{BB} M_B$

H_{BB} 是由近邻 B 位上磁性离子产生的，作用在 B 位上的分子场；γ_{BB} 表示 B-B 作用分子场系数。

(3) $H_{AA} = \gamma_{AA} M_A$

H_{AA} 是由近邻 A 位上磁性离子产生的，作用在 A 位上的分子场；γ_{AA} 表示 A-A 作用分子场系数。

(4) $H_{BA} = \gamma_{BA} M_A$

H_{BA} 是由近邻 A 位上磁性离子产生的，作用在 B 位上的分子场；γ_{BA} 表示 B-A 作用分子场系数。一般有 $\gamma_{AB} = \gamma_{BA}$。

作用在 A 位上的分子场：

$$H_{Am} = \gamma_{AA} M_A - \gamma_{AB} M_B = \gamma_{AA} \lambda M_a - \gamma_{AB} \mu M_b \tag{3.90}$$

式中，M_a、M_b 分别为磁性离子完全占据 A 位、B 位时的磁化强度，M_a 和 M_b 的相互取向相反，因此这里取负号。

同样，作用在 B 位上的分子场为：

$$H_{Bm} = -\gamma_{AB} M_A + \gamma_{BB} M_B = -\gamma_{BA} \lambda M_a + \gamma_{BB} \mu M_b \tag{3.91}$$

令

$$\alpha = \frac{\gamma_{AA}}{\gamma_{AB}} \qquad \beta = \frac{\gamma_{BB}}{\gamma_{BA}} \tag{3.92}$$

α、β 分别为次晶格内相互作用与次晶格之间相互作用强度之比。令 $\gamma_{AB} = \gamma_{BA} = \gamma$，并考虑外磁场 H_0，则 A 位和 B 位上的有效场分别为：

$$\left. \begin{array}{l} H_{Am} = H_0 + \gamma(\alpha\lambda M_a - \mu M_b) \\ H_{Bm} = H_0 + \gamma(-\lambda M_a + \beta\mu M_b) \end{array} \right\} \tag{3.93}$$

同样，可以用顺磁性布里渊函数来描述 M_a、M_b：

$$\left. \begin{array}{l} M_a = N g_S \mu_B B_S(y_a) \\ M_b = N g_S \mu_B B_S(y_b) \end{array} \right\} \tag{3.94}$$

式中

$$\left. \begin{array}{l} y_a = \mu_0 \dfrac{g_S \mu_B H_{Am}}{kT} \\[2mm] y_b = \mu_0 \dfrac{g_S \mu_B H_{Bm}}{kT} \end{array} \right\} \tag{3.95}$$

方程式(3.94)与式(3.95)是讨论亚铁磁性的基本公式。下面根据这些方程，讨论亚铁磁体的自发磁化和高温顺磁性：

① 高温顺磁性。当温度高于某一临近温度时，亚铁磁体的亚铁磁性将消失。在高温下，y_a 远小于1，则布里渊函数展开式变成：

$$B_S(y_a) = (S+1)y_a/3S \tag{3.96}$$

代入到式(3.94)中，得到次晶格 A 的磁化强度：

$$M_a = \frac{C}{T}[H_0 + \gamma(\alpha\lambda M_a - \mu M_b)] \tag{3.97}$$

式中

$$C = \mu_0 N g_S^2 S(S+1)\mu_B^2/3k \tag{3.98}$$

同理，可得到：

$$M_b = \frac{C}{T}[H_0 + \gamma(-\lambda M_a + \beta\mu M_b)] \tag{3.99}$$

求解式(3.97)和式(3.99)，得到：

$$\left.\begin{array}{l} \dfrac{M_a}{H_0} = \dfrac{\dfrac{T}{C} - \gamma\mu(\beta+1)}{\left(\dfrac{T}{C} - \gamma\beta\mu\right)\left(\dfrac{T}{C} - \gamma\alpha\lambda\right) - \gamma^2\lambda\mu} \\[4ex] \dfrac{M_b}{H_0} = \dfrac{\dfrac{T}{C} - \gamma\lambda(\alpha+1)}{\left(\dfrac{T}{C} - \gamma\beta\mu\right)\left(\dfrac{T}{C} - \gamma\alpha\lambda\right) - \gamma^2\lambda\mu} \end{array}\right\} \tag{3.100}$$

由于外磁场 H_0 的作用，M_a 和 M_b 同取 H_0 方向，将式(3.96)代入式 $\dfrac{M}{H_0} = \lambda\dfrac{M_a}{H_0} + \mu\dfrac{M_b}{H_0}$ 中，即可求得亚铁磁体在高于居里温度时的顺磁磁化率：

$$\frac{1}{\chi} = \frac{T}{C} + \frac{1}{\chi_0} - \frac{\rho}{T-\theta} \tag{3.101}$$

式中

$$\frac{1}{\chi_0} = \gamma(2\lambda\mu - \lambda^2\alpha - \mu^2\beta)$$

$$\rho = C\gamma^2\lambda\mu[\lambda(\alpha+1) - \mu(\beta+1)]^2$$

$$\theta = C\gamma\lambda\mu(\alpha+\beta+2)$$

式(3.101)描述 $1/\chi$ 与温度 T 的关系呈近似双曲线关系，其具有物理意义的部分在图 3.27 中绘出。温度由高温降低时，式(3.101)中的第三项迅速增加，$1/\chi$ 值降低。达到某一温度 $T = T_P$ 时，$1/\chi$ 降到零，与 T 轴相交，该温度称为亚铁磁居里温度。亚铁磁居里温度可通过式(3.101)来计算，令式中 $1/\chi = 0$，解得：

$$T_P = \frac{1}{2}C\gamma\left[(\lambda\alpha + \mu\beta) - \sqrt{(\alpha\lambda - \beta\mu)^2 + 4\lambda\mu}\right] \tag{3.102}$$

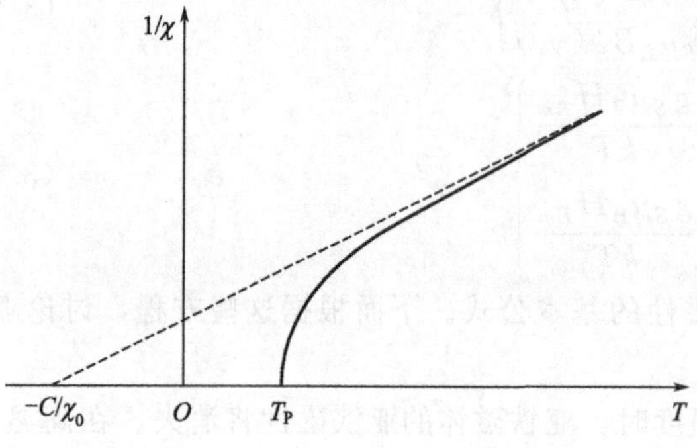

当 $T \to \infty$ 时，方程右边的第三项消失，得到：

$$\chi = \frac{C}{T + C/\chi_0} \tag{3.103}$$

即为亚铁磁性的居里-外斯定律。

式(3.101)表示的曲线在高温区域与实验获得很好的一致性，但在居里点附近两者却符合得不是很好。图 3.28 给出了几种铁氧体的 $1/\chi$ 对温度 T 的关系曲线。

图 3.27　居里温度以上亚铁磁性的 $(1/\chi)-T$ 理论曲线

② 自发磁化。温度低于居里温度时，A、B 次晶格内均存在自发磁化。亚铁磁体的自发磁化强度可以根据式(3.92) 和式(3.93)在外磁场等于零时求得，其温度关系曲线有不同的类型。亚铁磁体的 $M_S(T)$ 曲线随参数 λ、μ、α 和 β 等的相对数值不同而有不同的形状。也就是说，亚铁磁体的 $M_S(T)$ 曲线的形状依赖于离子在 A 位和 B 位的分布以及 A 位、B 位的各自磁化强度对温度的依赖性。根据分析和实验观测，$M_S(T)$ 曲线的形状通常有三种类型，即 P、Q 和 N 型，如图 3.29 所示。

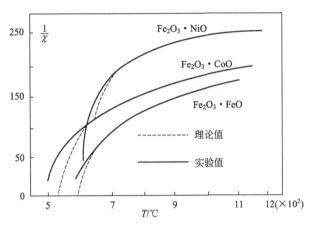

图 3.28　几种常见铁氧体的 $(1/\chi)-T$ 曲线

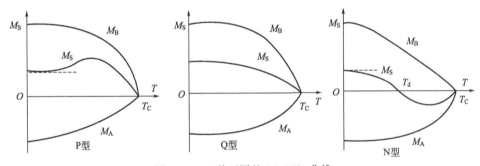

图 3.29　三种不同的 $M_S(T)$ 曲线

① P 型 $M_S(T)$ 曲线　绝对零度时，自发磁化强度对温度的变化率趋近于零，$M_S(T)$ 曲线在 0K 附近却表现为 $dM_S/dT>0$，这是由于两个次晶格内的磁化强度各自对温度的变化率不同，即 $\dfrac{dM_A}{dT} \neq \dfrac{dM_B}{dT}$。

② Q 型 $M_S(T)$ 曲线　从 0K 到 T_N 的温度范围内，M_A 和 M_B 随温度变化的曲线有很大的相似性，因此亚铁磁体表现出来的宏观 $M_S(T)$ 的形状与正常铁磁性的 $M_S(T)$ 曲线相似。

③ N 型 $M_S(T)$ 曲线　绝对零度时，M_S 为 M_B 的方向，在 $T_N(K)$ 附近，M_S 为 M_A 的方向，在其间某一温度 T_{comp} 时，$M_S=0$。但它仍具有铁磁性的特点，T_{comp} 和居里温度有本质的差别，称为补偿温度或补偿点。在 T_{comp} 时，M_A、M_B 大小相等，方向相反，使总磁矩为零，但 $\dfrac{dM_A}{dT} \neq \dfrac{dM_B}{dT}$，同时材料的其他特性在 T_{comp} 处也出现反常值。

习　题

1.物质的抗磁性是怎样产生的？为什么说抗磁性是普遍存在的？

2.铁磁性物质是怎样实现自发磁化的？为什么通常未经磁化的铁都不具有磁性？

3.铜是一种常见的抗磁性物质，试计算它的相对抗磁磁化率。已知铜的原子序数为29，原子量为63.54，密度为 $8.94g \cdot cm^{-3}$，电子平均轨道半径为0.5Å，阿伏伽德罗常数为 $6.02 \times 10^{23} mol^{-1}$，电子电荷为 $1.60 \times 10^{-19} C$，电子质量为 $9.11 \times 10^{-31} kg$。

4.试利用不同模型，计算 Fe 原子的原子磁矩。

5.Zn 如何取代镍铁氧体 $MnFe_2O_4$ 中的 Mn？在这个过程中分子磁矩如何变化？

6.画出不同物质磁性的基本磁结构，说明各种磁性的基本特点。

第4章　软磁材料

软磁材料是指能够迅速响应外磁场的变化，且能低损耗地获得高磁通密度的材料。软磁材料具有低矫顽力和高磁导率的特点，既容易受外加磁场磁化，又容易退磁，广泛应用于电力工业和电子设备中。在电力工业中，从电能的产生（发电机）、传输（变压器）到利用（电动机）的过程中，软磁材料起着能量转换的作用。在电子工业中，从通讯（滤波器和电感器）、自动控制（继电器、磁放大器、变换器）、广播、电视和电源（声音和图像的录、放、抹磁头）、电子计算技术（磁芯存储器和磁带机的读写磁头）到微波技术（各种铁磁性微波器件），软磁材料起着信息的变换、传递及存储等作用。

软磁材料是种类最多的一类磁性材料，其发展最早可以追溯到一百多年前。19世纪，随着电力工业及电讯技术的兴起，低碳钢开始应用于制造电机和变压器，细小的铁粉、氧化铁、细铁丝等也在电话线路的电感线圈的磁芯中得到了应用。20世纪初，硅钢片研制成功，逐渐替代低碳钢应用于变压器，硅钢片提高了变压器的效率、降低了损耗，直到现在硅钢片在电力工业用软磁材料中仍居首位。20世纪20年代，无线电技术的兴起，促进了高导磁材料的发展，坡莫合金及软磁复合材料等开始出现。20世纪40年代到60年代，雷达、电视广播、集成电路等的发展对软磁材料的性能提出了更高的要求，软磁合金薄带及铁氧体软磁材料得到了开发应用。进入20世纪70年代，随着电讯、自动控制、计算机等行业的发展，研制出了磁头用软磁合金，除了传统的晶态软磁合金外，非晶态软磁合金和纳米晶软磁合金的研究逐渐兴起。

现在所应用的软磁材料主要有：金属软磁材料，如硅钢（Fe-Si）、坡莫合金（Fe-Ni）、仙台斯特合金（Fe-Si-Al），用于发电机、变压器、电机等，非晶态合金、纳米晶和薄膜也可制成软磁材料，而且还可以根据需要制备有特殊用途的磁性材料，如超晶格；软磁铁氧体，这方面有：Mn-Zn系、Ni-Zn系、Mg-Zn系等，多用于变压器、线圈、天线、磁头、开关等；软磁复合材料，如Fe-Si-Al、铁镍钼、高磁通（Fe-Ni）等软磁复合材料，主要用于电感、变压器、扼流圈等。

4.1　软磁材料特性参数

软磁材料对外界磁信号反应灵敏，在相对较低的磁场下就可以磁化，去除外加磁场后，恢复到低剩磁的状态。软磁材料的基本特点有：高磁导率 μ、低矫顽力 H_C、高饱和磁通密度 B_S、低功率损耗 P 和高稳定性。

4.1.1 起始磁导率

磁导率用来衡量材料本身支持内部磁场形成的能力，磁通更易穿过高磁导率的材料。磁导率是软磁材料的重要性能参数，尤其是起始磁导率 μ_i。μ_i 是指磁场强度趋近于 0 时磁导率的极限值，μ_i 反映了软磁材料响应外界信号的灵敏度。其他磁导率如 μ_{max}、μ_{rev}、μ_Δ 等与 μ_i 存在着内在的联系。

起始磁导率 μ_i 与材料的饱和磁化强度 M_S 的平方成正比，与材料的各向异性常数 K_1 和磁致伸缩系数 λ_S 成反比，与材料中的内应力 σ 和杂质浓度 β 成反比。提高 M_S 并降低 K_1、λ_S 的值，是提高起始磁导率的必要条件。M_S、K_1 和 λ_S 是材料的基本磁特性参数，是决定磁导率的主要因素，基本上不随加工条件和应用情况变化。降低杂质浓度，提高密度，增大晶粒尺寸，结构均匀化，消除内应力和气孔的影响，是提高起始磁导率的充分条件。σ 和 β 是决定磁导率的次要因素，但 σ 和 β 的大小会随加工条件和实际情况的不同而变化，所以其对磁导率的影响也会随之改变。因此，起始磁导率与材料配方的选择和工艺条件密切相关。

材料的起始磁导率 μ_i 与 M_S 的平方成正比。因此，提高 M_S 的大小有利于获得高 μ_i 值。选择合适的配方可以提高材料的 M_S 值，但往往变动不大。选择配方时不但要考虑 M_S 对 μ_i 的影响，更要考虑 K_1、λ_S 对 μ_i 的作用。例如，$CoFe_2O_4$、Fe_3O_4 的 M_S 虽然较高，但其 K_1 和 λ_S 值太大，因而不宜作为配方的基本成分。

提高 μ_i 的最有效方法不是提高 M_S，而是从配方和工艺上使 $K_1 \to 0$，$\lambda_S \to 0$。在金属软磁材料中，Fe-Ni 合金的 K_1 和 λ_S 值随成分和结构的不同而变化，而且其大小和符号在很大范围内发生变化。因此，选择适当合金成分和热处理条件可以控制 K_1 和 λ_S 在较低值，甚至可以使 $K_1 \to 0$，$\lambda_S \to 0$。例如，$\omega_{Ni} \approx 81\%$ 时，Fe-Ni 合金 $\lambda_S \approx 0$；$\omega_{Ni} \approx 76\%$ 时，Fe-Ni 合金 $K_1 \approx 0$；$\omega_{Ni} \approx 78.5\%$ 的 Fe-Ni 合金经过热处理后，起始磁导率 μ_i 可达 10^4。此外，Fe-SiAl 合金、FeNiMo 合金和 FeNiMoCu 合金的成分适当时，也可使 $K_1 \to 0$ 或 $\lambda_S \to 0$，甚至同时为零，磁导率大大提高。对于铁氧体软磁材料，首先从配方上选用 K_1 和 λ_S 很小的铁氧体作为基本成分，如 $MnFe_2O_4$、$MgFe_2O_4$、$CuFe_2O_4$ 和 $NiFe_2O_4$ 等。然后再采用正负 K_1、λ_S 补偿或添加非磁性金属离子降低磁性离子间的耦合作用。

对于高磁导率材料，杂质、气孔的含量与分布是影响 μ_i 的重要因素。可以通过原材料的选择、烧结温度及热处理条件的选择等措施来降低杂质、气孔的含量。对于铁氧体软磁材料，选择原料纯度高、活性好、适当的烧结温度和时间、适当的热处理条件，可以使烧成的材料结构均匀、杂质和气孔较少。对于金属软磁材料，通过选择成分、原料纯度、控制熔炼过程的温度和时间及热处理条件等，可以得到无气泡、杂质含量低的软磁材料。

降低内应力，可以提高软磁材料的起始磁导率。提高原料纯度，降低 K_1 和 λ_S 值，采用低温热处理及慢冷工艺，都可以有效降低材料内应力。

4.1.2 有效磁导率

在金属软磁材料和软磁铁氧体中，起始磁导率是常用的性能参数，而在软磁复合材料中，有效磁导率则常被用来表征其对外界信号的灵敏性。有效磁导率，是指在一定频率和电信号下测得的磁导率，常用符号 μ 或 μ_{eff} 来表示。

软磁复合材料的有效磁导率通常较低，一般分布于几十到几百不等，如铁硅软磁复合材料的磁导率一般不超过 100，而铁镍钼软磁复合材料的磁导率则可以达到 500 以上。有效磁

磁性材料与磁测量

导率的大小决定了软磁复合材料适用的频率范围。

受磁粉本征特征的影响，不同体系的软磁复合材料有效磁导率不同。而同一体系的软磁复合材料，磁导率分布也会不同，如铁硅铝软磁复合材料的磁导率就有 26、60、75、90、125 等。这是因为，软磁复合材料的有效磁导率与非磁性相的含量和密度密切相关。非磁性相的含量越高，软磁复合材料的磁导率越低。在相同条件下制得的软磁复合材料，有效磁导率只与软磁复合材料的密度有关，密度越大，软磁复合材料的有效磁导率越高。而软磁复合材料的密度又与磁粉的粒度分布有关，磁粉粒度越小，比表面积越大，界面越多，粉料间的空隙越多，软磁复合材料的密度越低，磁导率相应较低，反之，粉料粒度越大，则磁导率也越大。因此，工业生产中，常通过控制绝缘剂的添加量以及粒度配比来得到不同磁导率的软磁复合材料，以适应不同的应用场合。

4.1.3　矫顽力 H_C

软磁材料的基本性能要求是，能快速地响应外磁场变化，这就要求材料具有低矫顽力值。软磁材料的矫顽力通常小于 $10^2 A \cdot m^{-1}$ 的数量级。

降低矫顽力的最有效途径是去除内应力、降低杂质含量。对于内应力不易消除的材料，则应着重考虑降低 λ_S，对于杂质含量较多的材料应着重考虑降低 K_1 值。可以发现，软磁材料降低 H_C 的方法与提高 μ_i 的方法相一致。因此，对于软磁材料，在提高 μ_i 的同时可以实现降低 H_C 的目的。

4.1.4　饱和磁通密度 B_S

软磁材料通常要求其具有高的饱和磁通密度 B_S，这样不仅可以获得高的 μ_i 值，还可以节省资源，实现磁性器件的小型化。

在软磁材料中可以通过选择适当的配方成分，来提高材料的 B_S 值。例如，铁中加入钴，可以提高饱和磁通密度，当钴含量在 35% 时，B_S 可达 23600Gs。有些软磁合金体系中，材料的 B_S 值一般不可能有很大的变动，甚至会随着合金元素的添加逐渐降低。实际中，虽然添加合金元素可能会导致 B_S 的下降，但是因为其他性能的改善，此类合金也得到推广应用，例如铁镍钼合金。铁镍合金中添加钼元素，B_S 是逐渐下降的，但是合金的电阻率却得到了提高，涡流损耗会相应降低。同时，加钼还可以降低合金对应力的敏感性，提高起始磁导率。所以，铁镍钼合金也得到了广泛应用。

4.1.5　直流偏置特性

直流偏置是指交流电力系统中存在直流电流或电压成分的现象。软磁复合材料的直流偏置特性是指磁导率随直流叠加衰减的现象，用叠加直流磁场后磁导率的数值和原始磁导率的比值来衡量。数值越大，说明软磁复合材料的直流偏置特性越好，抵挡外界直流信号干扰的能力越强。图 4.1 为铁硅软磁复合材料的直流偏置特性曲线，可见，低磁导率的铁硅软磁复合材料直流偏置特性要优于高磁导率的。不同软磁复合材料之间，常用直流叠加磁场为100Oe 时的直流偏置特性进行对比。

4.1.6　磁损耗

软磁材料多用于交流磁场，因此动态磁化造成的磁损耗不可忽视。磁损耗不但浪费了能源，还会导致材料发热，影响材料和器件的性能，使材料磁导率出现频散现象，使用频率上限受到限制。

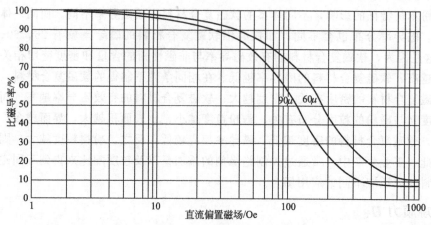

图 4.1　铁硅磁粉的直流偏置特性曲线

工业中一般用比损耗功率 P 来表示软磁材料的损耗值。比损耗功率是指单位体积或单位重量的损耗，单位为 W/m^3、mW/cm^3、W/kg、mW/g 等。

动态磁化所造成的磁损耗包括三个部分：涡流损耗 P_e、磁滞损耗 P_h 和剩余损耗 P_n。

$$P = P_e + P_h + P_n \tag{4.1}$$

磁损耗 P 决定于材料本身的性能及材料在交变场中的工作频率和磁通密度。使用频率越高、磁通密度越大，软磁材料动态磁化所造成的磁损耗越大。

在低频弱磁场下（B 值小于 100Gs），磁损耗可用列格公式表示：

$$\frac{R_m}{\mu_0 fL} = \frac{2\pi\tan\delta}{\mu_0} = ef + aB_m + c \tag{4.2}$$

式中，R_m 表示相应于磁损耗的电阻；L 表示磁性器件的电感；ef 表示涡流损耗项；e 表示涡流损耗系数；aB_m 表示磁滞损耗项；a 表示磁滞损耗系数；c 表示剩余损耗项。

c 项是由磁后效或频散引起的损耗，在低频率弱磁场下，为不依赖于频率的常数。当频率升高时，有时表现为频率的线性函数，有时表现为复杂关系。

测量在不同频率和不同磁场下（低频弱磁场）的串联等效电路的 R 和 L，可分别求出 e、a 和 c，如图 4.2 所示。

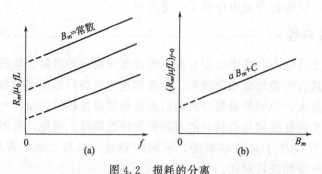

图 4.2　损耗的分离

（a）B_m 为常数时的损耗曲线；（b）$(R_m/\mu_0 fL) = aB_m + c$ 对 B_m 的曲线

中等和较强磁场中可用下式计算总的磁损耗功率（未计剩余损耗）：

$$P = P_e + P_h = eB_m^2 f^2 + fnB^{1.6} \tag{4.3}$$

磁性材料与磁测量

式中，P_e 和 P_h 分别表示涡流和磁滞损耗；e 和 n 分别表示涡流和磁滞损耗系数；f 为频率。

由式(4.3) 可得到：

$$P/f = eB_m^2 f + nB^{1.6} \tag{4.4}$$

根据式(4.4)，测量不同频率下的损耗，得到 P/f 与频率 f 的关系为一条直线，由直线斜率求出系数 e。测量不同的 B_m 时的 P 便可求出 n。

在磁损耗计算中，通常只考虑涡流损耗和磁滞损耗，不计入剩余损耗。下面具体介绍涡流和磁滞损耗的计算方法，以及如何降低磁损耗。

4.1.6.1 涡流损耗

在交变磁场中，磁性材料会产生涡流，由此引起的损耗称为涡流损耗。

软磁材料在交变磁场作用下，根据焦耳-楞次定律，内部会产生感生电流，这种电流产生的磁通将和外场产生的磁通的变化相反，也就是涡流。涡流起到屏蔽外界交变磁场向内磁化的作用，因此磁场的作用由表及里减弱，强度随进入深度的增加呈指数衰减，产生趋肤效应。把磁场振幅 H_m 衰减到表面磁场 H_o 的 e 分之一的深度，定义为趋肤深度 d_s，可近似表示为：

$$d_s = 503\sqrt{\frac{\rho}{\mu f}} \tag{4.5}$$

式中，ρ 为电阻率；f 为磁化场的频率。

涡流损耗（磁化一周）的计算按下式进行：

$$P_e = \frac{2}{3}\pi\mu H_o^2 \frac{\omega}{\omega_c} = \pi\mu H_o^2 \tan\delta_e \tag{4.6}$$

$$\tan\delta_e = \frac{2}{3} \times \frac{\mu\delta^2}{2\rho}, \omega = \frac{2}{3} \times \frac{\omega}{\omega_c} \tag{4.7}$$

涡流损耗系数

$$e = \frac{4\pi}{3} \times \frac{\delta^2}{\rho} \tag{4.8}$$

式中，δ 为材料的厚度；ρ 为材料的电阻率；$\omega_c = \frac{2\rho}{\mu\delta^2}$ 定义为临界频率；$\omega = 2\pi f$（f 为磁化频率）。

当 $\omega \ll \omega_c$ 时，涡流损耗因子 $\tan\delta_e \ll 1$，涡流损耗很小。当 ω 接近或超过 ω_c 时，$\tan\delta_e$ 就大，涡流损耗很大。由式(4.8)看出，e 系数与 ρ 成反比，与 δ^2 成正比。

在工程上常用下面的公式估算涡流损耗：

$$P_e = \frac{\pi^2 \delta^2 B_m^2 f}{6\rho} V \times 10^{-16}$$

或 $$P_e = \frac{4K_f^2 \delta^2 f^2 B_m^2}{3\gamma\rho} \tag{4.9}$$

式中，f 为频率；δ 为材料厚度；B_m 为磁通密度最大值；ρ 为材料电阻率；V 为样品（或器件）体积；γ 为材料的密度；K_f 为波形系数。

上面几个公式说明了降低涡流的途径是减小材料的厚度 δ 和提高材料的电阻率 ρ。

(1) 提高电阻率 ρ 选择多元合金配方，一般情况下，$\rho_{多元} > \rho_{二元} > \rho_{纯}$；掺入对磁性有帮助或无害的杂质细化晶粒，提高 ρ。

（2）降低材料的厚度 δ 可使磁芯材料薄片化、颗粒化、薄膜化。

4.1.6.2 磁滞损耗

磁损耗另一方面来源于磁通密度 B 的变化滞后于磁场强度 H 的变化，即磁滞损耗。

在交变磁场中，如果只存在磁滞损耗，则磁滞回线的面积就等于每磁化一周的磁滞损耗值，W_h：

$$W_h = \oint H \, dB \qquad\qquad (4.10)$$

如果在弱磁场（即瑞利区）则有：

$$W_h = \frac{4}{3} b H_m^3 \qquad\qquad (4.11)$$

式中，$b = \dfrac{d\mu}{dH}$ 为瑞利常数。

磁滞损耗功率为：

$$P_h = f W_h = \frac{4}{3} b H_m^3 f \qquad\qquad (4.12)$$

磁滞损耗是材料磁化过程中，畴壁克服应力、杂质所造成的障碍，发生不可逆位移所消耗的能量，大致与材料磁滞回线的面积呈正比。在不同交变磁场中，磁滞回线是不同的，所带来的磁滞损耗也不同。

要降低磁滞损耗，必须减小应力和杂质对畴壁位移的障碍。可以采取的措施有以下几个。

① 高温退火：可恢复畸变晶格，实现再结晶，以消除应力，降低内应力；
② 降低磁致伸缩系数 λ_S：适当控制成分、工艺；
③ 去除杂质：采用真空熔炼，真空热处理，尽量去除杂质；
④ 获得单相、大晶粒；
⑤ 选用适当厚度材料，降低加工畸变层所占比例，降低 H_C。

4.1.7 稳定性

高科技特别是高可靠工程技术的发展，要求软磁材料不但要高 μ_i、低损耗等，更重要的是高稳定性。影响软磁材料稳定工作的因素有温度、潮湿、电磁场、机械负荷、电离辐射等，在这些因素的影响下，软磁材料的基本性能参数会发生改变，性能也会随之变化。

温度是影响软磁材料稳定性的主要因素之一。软磁材料的应用一般都要控制在一定温度范围，如软磁复合材料的最大工作温度是 200℃，而且要求其温度稳定性要高。软磁材料的温度高稳定性一般是指磁导率的温度稳定性要高，减落要小，随工作时间的延长产生的老化小，以保证其以稳定的性能长时间工作于太空、海底、地下和其他恶劣环境。

μ_i 随温度的变化是一个变量，而且并非简单的函数关系。例如软磁铁氧体材料的 μ_i 随温度的变化可能出现多个峰值而非单调函数。此外，因为 μ_i 随温度的变化会引起电感量的改变进而影响电感器件工作的稳定性，因此，在应用中对温度范围有严格的要求。

4.2 金属软磁材料

4.2.1 电工纯铁

电工纯铁是人们最早和最常用的纯金属软磁材料。这里所说的电工纯铁是指纯度在

99.8%以上的铁，其中不含有任何故意添加的合金化元素。典型电工纯铁的起始磁导率 μ_i 为 300～500，最大磁导率 μ_{max} 为 6000～12000，矫顽力为 39.8～95.5A/m。

电工纯铁的含碳量是影响磁性能的主要因素。图 4.3 给出了铁中含有碳时，最大磁导率 μ_{max} 和矫顽力 H_C 与碳的质量分数 ω_C 之间的关系。随 ω_C 增加，μ_{max} 减少，H_C 上升。因此，为了提高铁的磁导率，要在高温下用 H_2 处理去除碳，以消除铁中碳对畴壁移动的阻碍作用。除 C 之外，Cu、Mn 等金属杂质以及 Si、N、O、S 等非金属杂质都会对软磁性能产生有害影响。

电工纯铁主要用于制造电磁铁的铁芯和磁极，继电器的磁路和各种零件，感应式和电磁式测量仪表的各种零件，制造扬声器的各种磁路，电话中的振动膜、磁屏蔽，电机中用以导引直流磁通的磁极，冶金原料等。表 4.1 列出了电工软铁各种典型牌号的性能与用途。

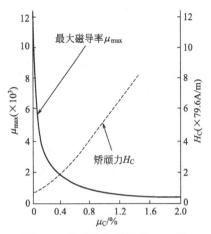

图 4.3　铁的最大磁导率 μ_{max} 及矫顽力 H_C 与碳的质量分数 ω_C 之间的关系

表 4.1　我国电工纯铁的磁性和用途

系列	牌号	H_C/(A/m) ≤	μ_{max} ≥	磁通密度 B/T				用途
				B_{500}	B_{1000}	B_{2500}	B_{5000}	
原料纯铁	DT1	—	—					重熔合金炉料
	DT2							粉末冶金原料、高纯炉料
电子管纯铁	DT7	—	—					电子管阳极和代镍材料
	DT8							要求气密性的电子管零件用材料
	DT8A							
电磁纯铁	DT3 DT3A	96	6000	1.4	1.5	1.62	1.71	不保证磁时效的一般电磁元件
		72	7000					
	DT4 DT4A DT4E DT4C	96	6000					保证无时效的电磁元件
		72	7000					
		48	9000					
		32	12000					
	DT5 DT5A	同 DT3 系列						不保证磁时效的一般电磁元件
	DT6 DT6A DT6E DT6C	同 DT4 系列						保证无时效，磁性范围稳定的电磁元件

注：1．"DT"表示电工纯铁，"DT"后的数字为序号，序号后面的字母表示电磁性能的等级，"A"为高级，"E"为特级，"C"为超级。

2．B_{500}、B_{1000}、B_{2500}、B_{5000} 分别表示在磁场强度为 500A/m、1000A/m、2500A/m、5000A/m 时的磁通密度。

4.2.2 硅钢

电工纯铁只能在直流磁场下工作。在交变磁场下工作，涡流损耗大。为了克服这一缺点，在纯铁中加入少量硅，形成固溶体，这样提高了合金电阻率，减少了材料的涡流损耗。并且随着纯铁中含硅量的增加，磁滞损耗降低，而在弱磁场和中等磁场下，磁导率增加。

硅钢通常也称硅钢或电工钢，是指碳的质量分数 ω_c 在 0.02% 以下，硅的质量分数为 $1.5\%\sim4.5\%$ 的 Fe 合金。常温下，Si 在 Fe 中的固溶度大约为 15%，但 Fe-Si 系合金随着 Si 含量的增加加工性能变差，因此硅质量百分含量 6.5% 为一般硅钢制品的上限。

图 4.4 给出了硅钢的一些基本性能随硅含量的变化关系。从图中可以看出，硅钢的饱和磁化强度 B_S 随着硅含量的增加而降低，这是添加硅的不足之处。但是，添加硅所带来的益处却大得多。首先，添加硅可以降低硅钢的磁晶各向异性常数 K_1，同时随着硅含量的增加，饱和磁致伸缩系数降低。这些对于提高磁导率和降低矫顽力是有利的，因此硅钢是非常优秀的软磁材料。其次，添加硅可以显著的提高合金的电阻率，降低铁损，因此硅钢也是交流电器用的比较理想的材料。

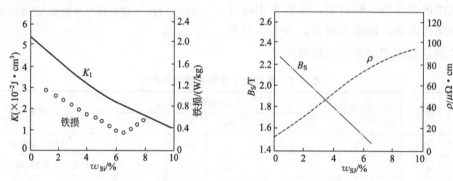

图 4.4　硅钢的磁特性与成分之间的关系

4.2.2.1 无取向硅钢

冷轧无取向硅钢在变形和退火后晶粒呈无规则取向分布，主要分为中低牌号和高牌号。中低牌号冷轧无取向硅钢是指硅含量小于或等于 1.7% 的硅钢，铁损值一般高于 $4.7W/kg$（$1.5T$，$50Hz$ 测试条件下），产量占电工钢产量的 80% 以上，主要用于制造微电机和中小型电机。

高牌号冷轧无取向硅钢是指硅含量为 $1.7\%\sim4.0\%$ 的电工钢，铁损值一般低于 $4.7W/kg$（$1.5T$，$50Hz$ 测试条件下），主要用于制作容量较大的大中型电机、发电机和小型变压器。在高牌号冷轧无取向硅钢中，还有一种特殊用途的无取向电工钢，即冷轧无取向电工钢薄带，含 Si 3%、厚度为 $0.15\sim0.20mm$，主要用于制造中高频电机、变压器、电抗器和磁屏蔽元件。

热轧硅钢按硅含量多少分为低硅钢（硅含量 $<2.8\%$）和高硅钢（硅含量 $>2.8\%$），目前热轧高硅钢已经全部被冷轧取向硅钢所代替。热轧硅钢生产工艺相对简单，价格较低，一直在硅钢市场占据一定的份额。但是，与冷轧无取向电工钢相比，热轧硅钢片的主要缺点为：磁性能低，磁性波动大，钢板厚度、平整度不均，表面氧化、不光滑。热轧硅钢片主要用于制造微小型电机、部分中型电机及低压电器等。

4.2.2.2 冷轧取向硅钢

取向硅钢是通过形变和再结晶退火产生晶粒择优取向的硅铁合金，硅含量约 3%，碳含量很低。取向硅钢分为普通取向硅钢（CGO 钢）和高磁感取向硅钢（Hi-B 钢）两类，均利用了 3%Si-Fe 多晶体中 {110}<001> 织构（高斯织构）的取向形核和择优长大机理。

1934 年美国高斯（N. P. Goss）采用冷轧和退火方法探索出 3%Si 钢沿轧制方向磁性更好，后经 X 射线检测证实这种材料具有 {110}<001> 织构，易磁化方向 <001> 晶向平行于轧制方向，称为 Goss 取向硅钢或普通取向硅钢。CGO 钢平均位向偏离角约为 7°，晶粒直径为 3~5mm，磁感 B_{800} 约为 1.82T。

1953 年日本新日铁公司，以 AlN 为主要抑制剂，经过一次大压下率冷轧和退火工艺，研制出更高磁性的取向硅钢。以 AlN+MnS 综合抑制剂的取向硅钢命名为高磁感取向硅钢（Hi-B 钢）。为使磁性更加稳定，采用热轧带高温常化工艺，改进 MgO 隔离剂、发展应力绝缘涂层等措施使 Hi-B 钢工艺更加完善。Hi-B 钢偏离角约为 3°，晶粒直径为 10~20mm，B_{800} 约为 1.92T 左右。

表 4.2 是我国生产的冷轧取向硅钢性能，其中 $P_{1.7/50}$ 表示在磁通密度为 1.7T、频率为 50Hz 时的铁损，B_{800} 表示在 800A/m 交变磁场、频率为 50Hz 时的磁通密度。

表 4.2 冷轧取向硅钢电磁性能

类别	牌号	厚度/mm	密度 /(kg/dm³)	铁损 $P_{1.7/50}$ /(W/kg)	磁感 B_{800} /T	叠装系数 /%
一般取向硅钢 Q 系列	23Q110	0.23	7.65	1.10	1.81	94.5
	27Q120	0.27	7.65	1.20	1.82	95.0
	27Q130			1.30	1.81	
	30Q120	0.30	7.65	1.20	1.82	95.5
	30Q130			1.30	1.81	
	35Q135	0.35	7.65	1.35	1.82	96.0
	35Q145			1.45	1.81	
	35Q155			1.55	1.80	
HiB 钢 G 系列 （高磁感取向硅钢）	23QG090	0.23	7.65	0.90	1.88	94.5
	23QG095			0.95	1.88	
	23QG100			1.00	1.88	
	27QG095	0.27	7.65	0.95	1.89	95.0
	27QG100			1.00	1.89	
	27QG120			1.20	1.89	
	30QG105	0.30	7.65	1.05	1.89	95.5
	30QG120			1.20	1.89	

4.2.3 坡莫合金

铁镍系软磁合金一般通称为坡莫合金，是英文 Permalloy 字头的音译，意为导磁合金。坡莫合金现已成为磁学的专用名词，专指含 Ni 34%~84% 的二元或多元镍铁基软磁合金。坡莫合金具有很高的磁导率，成分范围宽，而且磁性能可以通过改变成分和热处理工艺等进行调节，因此既可以用作在弱磁场下具有很高磁导率的铁芯材料和磁屏蔽材料，也可用作要求低剩磁和恒磁导率的脉冲变压器材料，还可用作各种矩磁合金、热磁合金和磁致伸缩合金等，它已成为使用领域最为广泛的软磁合金。

图 4.5 为铁镍二元合金相图，镍在固态只有一种形态，即面心立方 γ 相，铁在 912℃ 处有同素异构转变，镍加入铁后扩大了铁的 γ 相区。镍低于 20％～30％时，在铁镍合金中有 α～γ 相变，（α＋γ）两相区的界限因热滞现象的影响而在加热或冷却时不同。当镍大于 30％后，铁镍合金呈单相 γ 固溶体状态。常用的两类成分区为含镍 45％～68％（质量分数）的中镍合金和含镍 72％～84％的高镍合金。面心立方晶格纯镍的易磁化方向是＜111＞，难磁化方向是＜100＞，其磁晶各向异性常数（K_1）约等于 $-0.548 \times 10^4 \, \text{J/m}^3$；体心立方纯铁的易磁化方向是＜100＞，难磁化方向是＜111＞，其 K_1 约等于 $+4.81 \times 10^4 \, \text{J/m}^3$。镍加入铁中使 K_1 从正值向负值方向变化，同时易磁化方向也从＜100＞晶向（$K_1 > 0$）转向＜111＞晶向（$K_1 < 0$）。

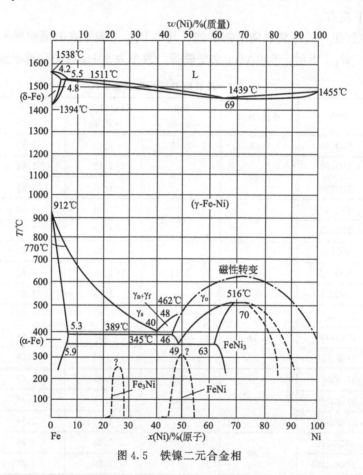

图 4.5　铁镍二元合金相

Fe-Ni 系合金磁性能随成分变化的关系如图 4.6 所示。可以发现，ω_{Ni} 在 81％附近，坡莫合金的磁致伸缩系数 $\lambda_S = 0$，ω_{Ni} 在 76％附近，坡莫合金的磁晶各向异性常数 $K = 0$。坡莫合金在 Ni_3Fe 成分附近，在 490℃ 发生有序—无序转变，缓冷时会形成 Ni_3Fe 有序相结构，致使晶体磁各向异性常数 K 增大，磁导率 μ 下降。因此必须从 600℃ 左右急冷以抑制有序相的出现，增加无序相结构。急冷的坡莫合金磁导率在 ω_{Ni} 为 80％附近出现极大值。

磁性材料与磁测量

同时，通过添加第三元素也可有效地抑制上述有序结构相的形成。所以，ω_{Ni} 为 75%～83%范围内，坡莫合金具有最佳的综合软磁性能。ω_{Ni} 为 75%～83%范围时，合金饱和磁通密度较低，同时 Ni 又是高价金属，所以对于要求高饱和磁通密度的应用，可采用 ω_{Ni} 为 40%～50%的坡莫合金。

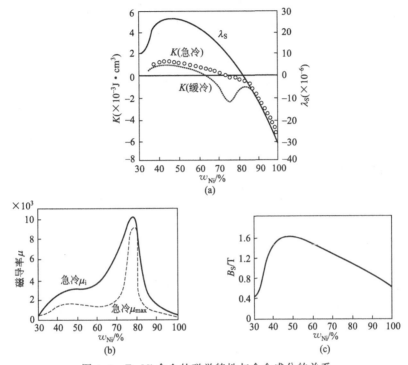

图 4.6　Fe-Ni 合金的磁学特性与合金成分的关系

　　根据坡莫合金的不同特性，大致可将它们分为以下几类：高初始磁导率合金；矩磁合金；恒磁导率合金；磁致伸缩、温度补偿等特殊用途合金。根据合金组分的不同，能够用来制作小功率电力变压器、微电机、继电器、互感器和磁调制器等器件。坡莫合金被广泛地应用于电讯工业、仪表、电子计算机、控制系统等领域中。

　　表 4.3 给出了高初始磁导率合金的典型磁性能。

表 4.3　高初始磁导率合金的电磁性能

合金牌号	成品形状	厚度 /mm	最小 μ_i	最小 μ_{max}	最大 H_C /(A/m)	最小 B_S /T
1J76 (Ni76Cu5Cr2)	冷轧带材	0.02～0.04	15000	60000	4.8	0.75
		0.05～0.09	18000	100000	3.2	0.75
		0.10～0.19	20000	140000	2.8	0.75
		0.20～0.50	25000	180000	1.4	0.75
1J79 (Ni79Mo4)	冷轧带材	0.01	12000	70000	4.8	0.75
		0.02～0.04	15000	90000	3.6	0.75
		0.05～0.09	18000	110000	2.4	0.75
		0.10～0.19	20000	150000	1.6	0.75

合金牌号	成品形状	厚度/mm	最小 μ_i	最小 μ_{max}	最大 H_C/(A/m)	最小 B_S/T
1J80 (Ni80Cr3Si)	冷轧带材	0.005~0.01	14000	60000	4.8	0.65
		0.02~0.04	18000	75000	4.0	0.65
		0.05~0.09	20000	90000	3.2	0.65
		0.10~0.19	22000	120000	2.4	0.65
1J85 (Ni80Mo5)	冷轧带材	0.005~0.01	16000	70000	4.8	0.70
		0.02~0.04	18000	80000	3.6	0.70
		0.05~0.09	28000	110000	2.4	0.70
		0.10~0.19	30000	150000	1.6	0.70

4.2.4 其他传统软磁合金

除上述应用广泛的几种合金材料外，还有一些重要的合金软磁材料，如铁铝合金、铁硅铝合金以及铁钴合金等。

4.2.4.1 铁铝合金

铁铝合金是以铁和铝为主要成分的软磁材料。与铁镍合金相比，它在性能上具有独特的优势，价格较低，所以一直受到人们的重视。研究表明，当铝含量在 16% 以下时，可热轧成板材或带材；当铝含量在 5%~6% 时，合金冷轧是非常困难的。根据冶金部标准 YB669-70，目前我国生产的铁铝合金有 1J16、1J13、1J12 和 1J6 四个牌号，相应牌号的磁学性能在表 4.4 中列出。

表 4.4 铁铝合金的磁性能

合金牌号	品种	厚度	μ_i	μ_{max}	H_C/(A/m)	B/T	B_r/T	λ_S
1J16	热轧薄板	0.35	6000	30000	3.98	0.65(B_{30})	0.4	
1J13	热轧带材	0.35	360~660	5000~10000	50	1.1(B_{30})		35×10^{-6}
1J12	热轧带材	0.35	2500	25000	12	1.2(B_{30})	0.5	
1J6	冷轧带	0.5	2000~5500	15000~50000	48	1.35(B_{25})	0.3	

同其他金属软磁材料相比，铁铝合金具有独特的优点：通过调解铝的含量，可以获得满足不同要求的软磁材料，例如 1J16 合金有较高的磁导率，1J13 合金具有较高的饱和磁致伸缩系数；合金具有较高的电阻率，例如 1J16 合金的电阻率可达 $150\mu\Omega \cdot cm$，约为 1J79 铁镍合金电阻率的 2~3 倍，是目前所有金属材料中最高的一种；具有较高的硬度、强度和耐磨性；合金密度低，可以减轻磁性元件的铁芯重量；对应力不敏感，适于在冲击、振动等环境下工作；此外，铁铝合金还具有较好的温度稳定性和抗核辐射性能等优点。

铁铝合金由于价格上的优势，常用来作为铁镍合金的替代品。其主要用于磁屏蔽、小功率变压器、继电器、微电机、讯号放大铁芯、超声波换能器元件、磁头。此外，还用于中等磁场工作的元件，如微电机、音频变压器、脉冲变压器、电感元件等。

4.2.4.2 铁硅铝合金

铁硅铝合金是 1932 年在日本仙台被开发出来的，因此又称为仙台斯特合金，为 Fe-

9.6Si-5.4Al 成分的软磁合金。在该成分时，合金的磁致伸缩系数 λ_S 和磁各向异性常数 K_1 几乎同时趋于零，并且具有高磁导率和低矫顽力，如图 4.7 所示。同时，不需要高价格的 Co 和 Ni，而且电阻率高、耐磨性好。但铁硅铝合金既硬又脆，不能进行冷加工，很难得到薄板和薄带，限制了它的推广应用。不过近年来由于高密度磁记录和视频磁记录技术的发展，铁硅铝合金成了理想的磁头磁芯材料。

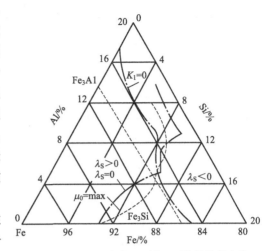

图 4.7　FeSiAl 合金 K_1 和 λ_S 随成分的变化

　　为了改善铁硅铝合金的磁性能和加工性能，可以在合金中添加 2%～4% 的 Ni，成分为 4%～8% 的 Si、3%～5% 的 Al、2%～4% 的 Ni、其余为铁的合金称为超铁硅铝合金。这种合金可用温轧方法获得 0.2mm 厚薄带，其高频特性与含钼的高镍坡莫合金相当，用它装配的磁头磨耗几乎接近于零。铁硅铝合金还通常被制成磁粉。磁粉的性能不仅与成分有关，还与磁粉的形状有关。图 4.8 给出了铁硅铝磁粉球磨前后的不同形状对应的复数磁导率。

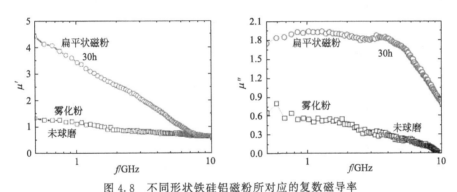

图 4.8　不同形状铁硅铝磁粉所对应的复数磁导率

　　表 4.5 种列出了典型的铁硅铝合金的磁性能。

表 4.5　铁硅铝合金的磁性能

产品名称	合金成分/%（质量）	μ_i	μ_{max}	H_C/(A/m)	B_S/T	T_C/℃	$\rho/\mu\Omega\cdot cm$
铁硅铝合金	9.5Si-5.5Al	3500	120000	1.6	1.0	500	80
超铁硅铝合金	8Si-4Al-3.2Ni	10000	300000	1.6	1.6	670	100

4.2.4.3　铁钴合金

　　铁钴合金具有高的饱和磁化强度，在 w_{Co} 为 35% 时，最大饱和磁化强度达到 2.45T。在 w_{Co} 为 50% 左右的铁钴合金，具有高的饱和磁化强度，高的初始磁导率和最大磁导率，通常称为 Permendur 合金。但铁钴合金的加工性能较差，为了改善其加工性能，通常加入 V、Cr、Mo、W 和 Ti 等元素。典型的铁钴系合金的磁性能见表 4.6。

表 4.6　铁钴系合金的磁性能

国内外牌号	主要成分（质量分数）	μ_i	μ_m	H_C /(A/m)	B_s /T	ρ /($\mu\Omega$/cm)	T_C /℃
Hiperco27	Co27Cr0.6		2800	200	2.36	20	940
Hiperco35	Co35Cr1.5	650	10000	80	2.42	40	
Pemendur(1J20)	Co50	800	5000	160	2.40	7	
2V-Pemendur (1J22·Hiperco50)	Co50V2	1250	11000	64	2.36	25	980
Supermendur [1J22(超)]	Co50V2（磁场处理）	80~1000	9000~70000	16~18.4	2.36	25	980
	Co34.8Nb0.25			150	2.45		
	Co51.4Nb0.32			102	2.44		
K-MP11	Co50V1		12000	45	2.35	26	
K-MP13	Co50V2.2		9800	57	2.32	39	
K-MP15	Co50V3		3500	164	2.05	50	

注：Supermendur 与 2V-permendur 的区别在于纯度的控制和在最后的磁场处理。

　　铁钴合金通常用作直流电磁铁铁芯、极头材料、航空发电机定子材料以及电话受话器的振动膜片等。此外，铁钴合金具有较高的饱和磁致伸缩系数，也是一种很好的磁致伸缩合金。但铁钴合金电阻率较低，不适合于高频场合的应用。铁钴合金中含有战略资源钴，因此价格昂贵。

4.2.5　非晶软磁材料

　　非晶态磁性材料是磁性材料发展史上重要的里程碑，它超越了传统晶态磁性材料的范畴。从晶态磁性材料到非晶和纳米晶磁性材料，大大拓宽了磁性材料研究、生产与应用的领域。

4.2.5.1　非晶态软磁材料的结构与性能

　　非晶材料是不具有晶态特性的固体。从原子排列上来看，非晶材料为长程无序、短程有序结构。

　　材料中原子分布通常用径向分布函数 RDF 来描述。原子的径向分布函数 RDF $= 4\pi r^2 \rho(r)$，$\rho(r)$ 为原子的密度分布，是指以其中任一原子为原点，$\rho(r)dr$ 给出在相距为 r 到 $r+dr$ 的球壳内出现一近邻原子的概率，它是表征非晶态与晶态结构间差别的最主要标志。图 4.9 给出了晶态与非晶态材料的径向分布函数 RDF 示意图。从图中可以看出，晶体与非晶体在第一峰宽上非常接近，因为晶体和非晶体中的短程序在本质上是同样确定的。晶体与非晶体的差别在第二峰与第二峰以后的信息。对晶体而言，晶体的 RDF 可以看到十多个配位层的十分确定的峰，而再往后，配位层靠得太近，难于分辨；对非晶体而言，其 RDF 中第二峰存在分裂，而在第三近邻以后几乎没有可分辨的峰。

　　非晶态材料除具有上述长程无序、短程有序结构外，还具有以下特征：

　　① 不存在位错和晶界，因而作为磁性材料，具有高磁导率和低矫顽力；

　　② 电阻率比同种晶态材料高，因此在高频场合使用时材料涡流损耗小；

　　③ 体系的自由能较高，因而其结构是热力学不稳定的，加热时具有结晶化倾向；

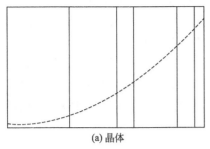
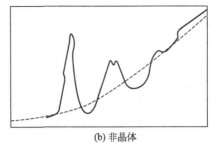

（a）晶体　　　　　　　　　　　　　（b）非晶体

图 4.9　径向分布函数（RDF）示意

④ 机械强度较高且硬度较高；

⑤ 抗化学腐蚀能力强，抗 γ 射线及中子等辐射能力强。

由于非晶态不具有晶态结构，所以在磁学性能上属于各向同性。而且不存在阻碍畴壁移动的晶界、位错等障碍物，因此其磁导率高，矫顽力较小。所以非晶态磁性材料具有优良的综合软磁性能。

目前已达到实用化的非晶态软磁材料主要有以下三类。

（1）3d 过渡金属（T）——非金属系　其中 T 为 Fe、Co、Ni 等；非金属为 B、C、Si、P 等，这类非金属的加入更有利于生成非晶态合金铁基非晶态合金，如 $Fe_{80}B_{20}$、$Fe_{78}B_{13}Si_9$ 等，具有较高的饱和磁通密度 B_S（1.56～1.80T）；铁镍基非晶态合金，如 $Fe_{40}Ni_{40}P_{14}B_6$、$Fe_{48}Ni_{38}Mo_4B_8$ 等，具有较高的磁导率；钴基非晶态合金，如 $Co_{70}Fe_5(Si，B)_{25}$、$Co_{58}Ni_{10}Fe_5(Si，B)_{27}$ 等适宜作为高频开关电源变压器。

（2）3d 过渡金属（T）——金属系　其中 T 为 Fe、Co、Ni 等；金属为 Ti、Zr、Nb、Ta 等。例如，Co-Nb-Zr 系溅射薄膜，Co-Ta-Zr 系溅射薄膜（VTR 磁头，薄膜磁头）。

（3）过渡金属（T）——稀土类金属（RE）系　其中 T 为 Fe、Co；RE 为 Gd、Tb、Dy、Nd 等。例如，GdTbFe、TbFeCo 等可用作磁光薄膜材料。

4.2.5.2　非晶态软磁材料的制备与应用

非晶态软磁材料的成分设计有两个基本原则：a. 形成元素之间要有负的混合焓，这样液相会更加稳定并且在冷却过程中原子扩散缓慢，使结晶减缓；b. 至少要有三种形成元素，且它们的原子半径相差超过 12%，不同原子间半径差越大，晶格失配越严重，引入微应力越大，结晶越困难，这使得玻璃相得以稳定。

非晶态材料是处于结晶化前的中间状态，这种亚稳态结构在一定条件下可以制得并长久存在。只要冷却速度足够快并且冷至足够低的温度，以致原子来不及形核结晶便凝固下来，几乎所有的材料都能制成非晶固体。制备非晶材料的方法通常由三种：气相沉积法、液相急冷法和高能粒子注入法，如图 4.10 所示。

（1）气相沉积法　采用不同工艺使晶态材料的原子离解出来成为气相，再使气相无规地沉积到低温冷却基体上，从而形成非晶态。属于此类的技术主要有真空蒸发、溅射、辉光放电和化学沉积等。其中蒸发和溅射可达到很高的冷却速度，因此许多

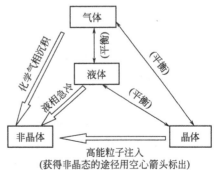

图 4.10　非晶材料的制备

用液相急冷无法实现非晶化的材料，如纯金属等，可采用这两种方法。

（2）**液相急冷法**　采用加压惰性气体（如氩气）将液态熔融合金从直径为 $0.2\sim0.5\mu m$ 的石英喷嘴中喷出，形成均匀的熔融金属细流，连续喷射到高速旋转（$2000\sim10000r/min$）的冷却辊表面，液态合金以 $10^6\sim10^8K/s$ 的高速冷却，形成非晶态。非晶态材料的制备大多采用此类方法。工业上批量生产非晶薄带的方法主要有单辊法和双辊法，如图 4.11 所示。单辊法为单面冷却，适用于制备宽而薄的带材；双辊法为双面冷却，适用于制备厚度较大、均匀性较好、硬度较低、尺寸精度较好的带材。

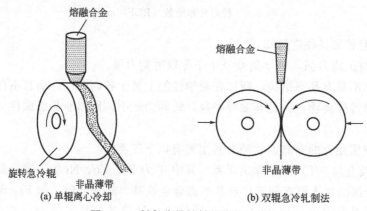

图 4.11　制备非晶材料的液相急冷法

（3）**高能粒子注入法**　高能粒子注入法，采用大功率高能粒子注入加热晶态材料表面，引起局部熔化并迅速固化成非晶态。高能注入粒子在与被注入材料中的原子核及电子碰撞时，能量损失，因此，注入粒子有一定的射程。所以，高能粒子注入法只能得到一薄层非晶材料，常用于改善表面特性。例如，采用能量密度较高（约 $100kW/cm^2$）的激光或电子束来辐照金属表面时，可使表面局部熔化，并利用自身基体冷却产生 $4\times10^4\sim5\times10^6K/s$ 的冷却速度，从而得到约 $400\mu m$ 厚度的非晶层。

铁基非晶带的空载损耗仅为传统 Fe-Si 合金的 $1/3\sim1/4$，在电力工业中应用可以显著地降低损耗，已获得大量推广使用，在高功率脉冲变压器、航空变压器、开关电源等方面也已获得应用。另外，钴基和铁镍基非晶作为防盗标签在图书馆和超市中获得了大量的应用。

4.2.6　纳米晶软磁材料

1988 年，日本日立金属公司的 Yashizawa 等人在非晶合金基础上通过晶化处理开发出纳米晶软磁合金（Finemet）。图 4.12 为各类软磁材料性能对比。从图中可以看出，此类合金的突出优点在于兼备了铁基非晶合金的高磁通密度和钴基非晶合金的高磁导率、低损耗，并且是成本低廉的铁基材料。纳米晶合金的发明是软磁材料的一个突破性进展，从而把非晶态合金研究开发又推向一个新高潮。

根据传统的磁畴理论，对软磁材料除了磁晶各向异性常数和磁致伸缩系数必须尽可能降低外，因矫顽力与晶粒尺寸成反比，因此以往追求的材料的显微结构是结晶均匀，晶粒尺寸尽可能大。纳米晶软磁材料出现以后，人们发现其矫顽力并没有升高，而是降低了。后来在实验的基础上，才全面地认识到软磁材料的矫顽力与晶粒尺寸的关系，如图 4.13 所示。于是软磁材料的研制又进入另一个极端，要求晶粒尺寸尽可能小，直至纳米量级。

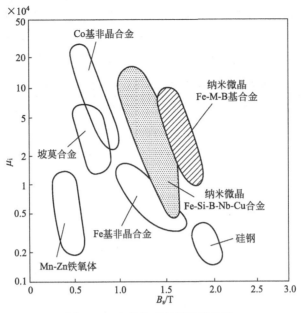

图 4.12　各类软磁材料性能比较

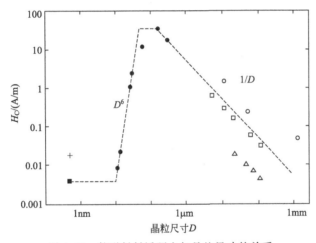

图 4.13　软磁材料矫顽力与晶粒尺寸的关系

［■（＋）非晶态 Co(Fe) 基；●纳米晶 Fe-Cu$_{0\sim1}$Nb$_3$(SiB)$_{22.5}$；○Fe-Si65％（质量）；□50Ni-Fe；△坡莫合金］

目前已经开发或正在开发研究的系统有 Finemet（Fe$_{73.5}$Cu$_1$Nb$_3$Si$_{13.5}$B$_9$）、Nanoperm（Fe$_{86}$Zr$_7$B$_6$Cu$_1$）、Hitperm（Fe$_{44}$Co$_{44}$Zr$_7$B$_4$Cu$_1$）、Nanomet（Fe$_{83.3}$Si$_4$B$_8$P$_4$Cu$_{0.7}$）等纳米晶软磁材料。其中最著名的为 Finemet 纳米微晶软磁材料，其组成为 Fe$_{73.5}$Cu$_1$Nb$_3$Si$_{13.5}$B$_9$，晶粒尺寸约为 10nm，具有优异的软磁性能。

以 Finemet 为例，根据形成元素在合金中的作用来看，可以分为 3 类。①铁磁性元素：Fe、Co、Ni。其中 Fe 具有较高的 B_S 且通过调整合金成分可以实现 K 和 λ_s 同时为零。②非晶形成元素：Si、B、P、C 等，因为纳米晶软磁合金带材大多利用非晶晶化法制备，故非晶形成元素必不可少。B 元素成为几乎所有纳米晶软磁合金的构成元素，含量 5％（原子）～15％（原子）。Si 也是重要的非晶化元素，通常含量在 6％（原子）以上。③纳米晶形成元素主要包括两类：第一类是 Cu、Ag、Au 及其替代元素，如 Ib 族元素和 Pt 系贵金属元素。这些金属在 Fe 中的固溶度小或基本不固溶于 Fe，起到促进纳米晶形核的作用。第二类是 Nb、Mo、W 及其替代元素，如 Ⅳb、Ⅴb、Ⅵb 族元素等。这类元素扩散缓慢，起到阻止纳米晶长大的作用。表 4.7 列出了几种典型的纳米晶软磁材料的性能。

表 4.7 几种典型的纳米晶软磁材料的性能对比

合金体系	B_S/T	H_C/(A/m)	$\mu_e/10^3$ (1kHz)	P/(W/kg) (0.2T,100Hz)	T_C/K	$\lambda_S/10^{-6}$
$Fe_{73.5}Cu_1Nb_3Si_{13.5}B_9$	1.24	0.5	100	38	843	2.1
$Fe_{89}Zr_7B_3Cu_1$	1.64	4.5	34	85.4	970	−1.1
$(Fe_{0.5}Co_{0.5})_{88}Zr_7B_4Cu_1$	2	20	20		1253	
$Fe_{83.3}Si_4B_8P_4Cu_{0.7}$	1.88	7	25	0.1(1T,50Hz)		2
$Fe_{83.25}P_{10}C_6Cu_{0.75}$	1.65	3.3	21	0.32(1T,50Hz)		
$Fe_{78}Si_9B_{13}$	1.56	3.5	10	166	688	27
Silicon steel	2	50	10	0.6(1T,50Hz)	1000	

制备纳米晶软磁材料主要利用非晶晶化法。先利用熔体急冷法获得非晶条带，而后在略高于非晶晶化温度下（500～600℃）退火一定时间，使之纳米晶化。退火温度太高（>580℃）会导致铁硼化物硬磁相 $Fe_2B(K_1=430kJ/m^3)$ 的析出，导致软磁性能的下降。图 4.14 为典型的 $Fe_{73.5}Cu_1Nb_3Si_{13.5}B_9$ 非晶合金晶化过程。从图中可以看出 $Fe_{73.5}Cu_1Nb_3Si_{13.5}B_9$ 纳米晶材料基体为富 Nb、B 非晶相，其中分布着 bcc 结构的 Fe-Si 纳米晶（晶粒尺寸 5～15nm）以及 fcc 结构的富 Cu 原子团簇，晶粒间的非晶层厚度约 1nm。

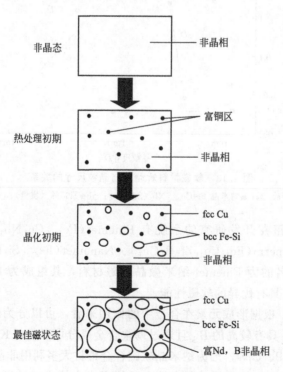

图 4.14 $Fe_{73.5}Cu_1Nb_3Si_{13.5}B_9$ 非晶合金晶化过程示意

磁性材料与磁测量

为什么纳米晶软磁材料具有如此优良的软磁性能呢？Herzer采用Alben的随机各向异性模型对此作出了比较满意的解释。

在普通晶态材料中，铁磁交换作用长度为：

$$L_0 = (A/K_1)^{1/2}$$

交换作用长度意味着在此长度范围内磁矩通过交换作用平行排列。以bcc结构的$Fe_{80}Si_{20}$为例，$K_1 = 8kJ/m^3$，$A = 10^{-11}J/m$，$L_0 \approx 35nm$。对于晶粒尺寸处于微米量级的材料，晶粒和晶粒之间交换作用很小。

而在纳米晶软磁材料中，多个小晶粒间存在铁磁相互作用，材料的磁晶各向异性取决于有效交换作用长度L_{ex}范围内多个小晶粒磁晶各向异性的平均涨落$<K>$，即平均各向异性。L_{ex}与$<K>$自洽，表示为：

$$L_{ex} = (A/<K>)^{1/2}$$

在晶粒尺寸$D \ll L_{ex}$时，$<K> = K_1(D/L_{ex})^{3/2}$，可以得出$<K> = K_1^4 D^6/A^3$。假定纳米晶磁化过程是磁畴转动过程，则矫顽力和起始磁导率可以表示为：

$$H_C = P_C <K>/J_S \approx P_C K_1^4 D^6/(J_S A^3)$$

$$\mu_i = P_\mu J_S^2/(\mu_0 <K>) \approx P_\mu J_S^2 A^3/(\mu_0 K_1^4 D^6)$$

式中，P_C、P_μ为常数；J_S为饱和磁极化强度。可以看出$H_C \propto D^6$，$\mu_i \propto D^{-6}$，因此晶粒尺寸减小，矫顽力将明显降低，磁导率增大。考虑到纳米晶软磁材料内还存在非晶相，设v为晶相体积分数，则：

$$H_C = v^2 P_C K_1^4 D^6/(J_S A^3)$$

$$\mu_i = v^2 P_\mu J_S^2 A^3/(\mu_0 K_1^4 D^6)$$

表4.8列出了典型的纳米晶、非晶、铁氧体材料的磁性能。由表中可以看出，除具有高磁导率、低矫顽力等特点外，纳米晶软磁材料还有很低的铁芯损耗，表中所列的几种材料中纳米晶软磁材料的综合磁性能最佳。Finemet居里温度为570℃，远高于MnZn铁氧体和Co基非晶材料，其饱和磁化强度接近Fe基非晶材料，为MnZn铁氧体的3倍，饱和磁致伸缩系数仅为Fe基非晶材料的1/10，因此在高频段应用优于Fe基非晶态合金。

纳米晶合金可以替代钴基非晶合金、晶态坡莫合金和铁氧体，在高频电力电子和电子信息领域中获得广泛应用，达到减小体积、降低成本等目的。其典型应用有功率变压器、脉冲变压器、高频变压器、可饱和电抗器、互感器、磁感器、磁头、磁开关及传感器等。

表4.8 铁氧体、非晶材料与纳米微晶材料的特性对比

性能		铁氧体	非晶		纳米晶
		MnZn	铁基（FeMSiB）	钴基（CoFeMSiB）	FinemetFT-1KM FeCuNbSiB
μ	10kHz	5300	4500	90000	≥50000
	100kHz	5300	4500	18000	$16000 \pm 30\%$
B_S/T		0.44	1.56	0.53	1.35
$H_C/(A/m)$		8.0	5.0	0.32	1.3
B_r/B_S		0.23	0.65	0.50	0.60
$P_C/(kW/m^3)$		1200	2200	300	350

性能	铁氧体	非晶		纳米晶
	MnZn	铁基 （FeMSiB）	钴基 （CoFeMSiB）	FinemetFT-1KM FeCuNbSiB
$\lambda_S(\times 10^{-6})$		27	0	2.3
$T_C/℃$	150	415	180	570
$\rho/\Omega \cdot m$	0.20	1.4×10^{-6}	1.3×10^{-6}	1.1×10^{-6}
$d_S(\times 10^3 kg/m^3)$	4.85	7.18	7.7	7.4

4.3 铁氧体软磁材料

铁氧体软磁材料是指在弱磁场下，既易磁化又易退磁的铁氧体材料。它是由 Fe_2O_3 和二价金属氧化物组成的化合物。和金属软磁材料相比，软磁铁氧体最大的优势就是电阻率高。一般金属软磁材料的电阻率为 $10^{-6}\Omega \cdot cm$，而铁氧体的电阻率为 $10\sim10^8\Omega \cdot cm$，超过金属磁性材料的 $10^7\sim10^{14}$ 倍，因此铁氧体具有良好的高频特性。铁氧体的另外一个特点就是成本低廉，其原材料可以很廉价地获得，并能用不同成分和不同制造方法制备各种性能的材料，特别是可以用粉末冶金工艺制造形状复杂的元件。与金属软磁相比，铁氧体软磁材料的不足之处在于：饱和磁化强度偏低，一般只有纯铁的 $1/5\sim1/3$；居里温度较低，磁特性的温度稳定性一般也不及金属软磁材料。

铁氧体最早是从 20 世纪 30 年代开始研究的。随着高频无线电技术的发展，生产中迫切需要一种同时具有铁磁性和高电阻率的材料。1935 年，荷兰 Philips 实验室 Snoek 成功研制出了适于在高频下应用的铁氧体，实现了尖晶石型铁氧体的工业化基础，拉开了软磁铁氧体材料在工业中应用的序幕。20 世纪 40 年代人们借助以反铁磁性理论建立了亚铁磁性理论，实现了对铁氧体磁性从感性认识到理性认识的突破。50 年代人们开发出了石榴石型铁氧体、平面型超高频铁氧体等多种类别。60 年代人们详细研究铁氧体烧结的气氛、制备工艺、添加剂、成分等因素对各向异性常数 K_1、磁致伸缩系数 λ_S 等的影响。70 年代生产的铁氧体磁导率显著增大、损耗降低、频带变宽。80 年代至今，软磁铁氧体向着高频、宽带、高功率、低损耗的方向发展。

本节主要介绍 MnZn、NiZn 以及平面六角晶系三类软磁铁氧体。

4.3.1 锰锌铁氧体

锰锌铁氧体（MnZn 铁氧体）是应用最广、生产量最大的软磁铁氧体材料，也是低频性能最好的软磁铁氧体材料。MnZn 铁氧体是具有尖晶石结构的 $mMnFe_2O_4 \cdot nZnFe_2O_4$ 与少量 Fe_2O_3 组成的单相固溶体。$ZnFe_2O_4$ 是由 Fe_2O_3 和 ZnO 组成的铁氧体，为正型尖晶石结构。Zn^{2+} 离子为非磁性离子，$ZnFe_2O_4$ 的磁矩为零。但是，$ZnFe_2O_4$ 与 $MnFe_2O_4$、$NiFe_2O_4$ 和 $MgFe_2O_4$ 等复合时，Zn^{2+} 离子倾向占据 A 位，使其总磁矩增大，因此，$ZnFe_2O_4$ 被广泛地应用于制备复合铁氧体。

在低频段 MnZn 铁氧体应用极广，在 1MHz 频率以下较其他铁氧体具有更多的优点，如：磁滞损耗低，在相同高磁导率的情况下居里温度较 NiZn 高，起始磁导率 μ_i 高，最高

可达 10^5，且价格低廉。根据使用要求，MnZn 铁氧体可以分为很多类，其中最主要是高磁导率 μ_i 铁氧体和高频低损耗功率铁氧体等。

4.3.1.1　高磁导率铁氧体

高磁导率铁氧体在电子工业和电子技术中是一种应用广泛的功能材料，可以用作通信设备、测控仪器、家用电器及新型节能灯具中的宽频带变压器、微型低频变压器、小型环形脉冲变压器和微型电感元件等更新换代的电子产品。

高磁导率铁氧体最关键的参数是起始磁导率。提高铁氧体的磁导率主要依靠减少畴壁位移和磁畴转动的阻力。这首先需要采用高饱和磁通密度、低磁晶各向异性和低磁致伸缩系数的配方，保持低的杂质含量，并且保证烧结过程内应力得到释放、保持低的气孔率和缺陷密度。铁氧体晶粒尺寸应尽可能大，以降低晶界对畴壁位移的阻碍作用。一些低熔点的添加剂如 Bi_2O_3 和 V_2O_5 能够促进液相烧结，使得晶粒更容易长大。铁氧体成分要均匀，无论是从宏观上还是微观上，每个晶粒内部成分都应保持一致，否则不同晶粒之间会产生内应力以及磁晶各向异性常数的偏离。对 MnZn 铁氧体来说，采用富铁配方能够使铁氧体磁晶各向异性能够被富余的 Fe^{2+} 所抵消。

高磁导率 MnZn 铁氧体的组成大体上与 λ_s 和 K_1 值趋近于零的配比相符合，图 4.15 是 MnZn 铁氧体的 λ_s 和 K_1 值随组成的变化。高磁导率 MnZn 铁氧体一组典型组成为：52%（物质的量）的 Fe_2O_3，26%（物质的量）的 MnO，22%（物质的量）的 ZnO。添加元素、烧结温度、烧结气氛等因素，也会影响铁氧体的显微结构、晶界组成和离子价态。

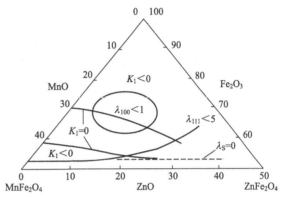

图 4.15　锰锌铁氧体 K_1、λ_S 与组成的关系

表 4.9 给出了高磁导率 MnZn 铁氧体部分产品的性能。

表 4.9　高磁导率铁氧体部分产品的性能

特性参数	单位	测试条件	TDK		FDK		Epcos			Ferroxcube		
			H5C3	H5C5	2H15	2H15B	T46	T56	T66	3E7	3E8	3E9
μ_i			15000 ±30%	30000 ±30%	15000 ±20%	10000 ±20%	15000 ±30%	20000 ±30%	13000 ±30%	15000 ±20%	18000 ±20%	20000 ±20%
$\tan\delta$ /μ_i	$\times 10^{-6}$	10kHz	<7	<15	<10	<10	<8	<10	<1	<10	<10	<10
B_s	mT	1194A/m	360	380	370	370	400	350	360	390	380	380
B_r	mT		105	120	50	50	/	/	/	/	/	/
H_C	A/m		4.4	4.2	2	2	7	6	8	/	/	/
T_C	℃		>105	>110	>100	>100	>130	>90	>100	>130	>100	>100
ρ_v	$\Omega \cdot m$	25℃	0.15	0.15	0.01	0.01	0.01	0.1	0.8	0.1	0.1	0.1

（表左侧 $\tan\delta/\mu_i$ 至 B_s 行测试条件合并为 25℃）

4.3.1.2 功率铁氧体

锰锌功率铁氧体的主要特征是在高频（几百 kHz）高磁通密度的条件下，仍旧保持很低的功耗，而且其功耗随磁芯温度的升高而下降，在 80℃ 左右达到最低点，从而形成良性循环。这类功率铁氧体满足了现今开关电源轻、小、薄，同时开关频率高的要求，发展迅速。功率铁氧体的主要用途是以各种开关电源变压器和彩色回扫变压器为代表的功率型电感器件，用途十分广泛。

我国发布的"软磁铁氧体材料分类"行业标准，把功率铁氧体材料分为 PW1～PW5 五类，其适用工作频率逐步提高。PW1 材料适用频率为 15～100kHz；PW2 材料适用频率为 25～200kHz；PW3 材料适用频率为 100～300kHz；PW4 材料适用频率为 300～1MHz；PW5 材料适用频率为 1～3MHz。

功率铁氧体相对于金属软磁材料，居里温度较低，而且工作在较高温度（80～100℃），因此温度稳定性非常重要。

表 4.10 中列出了锰锌功率铁氧体部分产品的性能指标。

表 4.10　功率铁氧体部分产品的性能

材料名称			PC50	R1.4K	3F4	3F5	7H10	7H20	N59
所属公司			TDK	UESTC	PHILIPS	PHILIPS	FDK	FDK	EPCOS
起始磁导率 μ_i			1400 ±20%	1400 ±20%	900 ±20%	650 ±20%	1500 ±20%	1000 ±20%	850 ±20%
功率损耗 P_L /(kW/m³)	500kHz 50mT	25℃	130	130					
		60℃	80	80			100	50	
		80℃					80	40	
		100℃	80	80			100	50	110
	1MHz30mT(100℃)				200				
	1MHz50mT(100℃)		450				500	250	510
	3MHz10mT(100℃)				320	100			
	3MHz30mT(100℃)					900			
饱和磁感应强度 B_S/mT ($H=1194A/m$)		25℃	510	480	350	380	480	480	460
剩磁 B_R/mT		25℃	190	190	150			150	
矫顽力 H_C/(A/m)		25℃	35	35	40			30	
居里温度 T_C/℃			230	230	220	300	200	200	240
表观密度 d/(g/cm³)			4.80	4.80	4.70	4.75	4.80	4.80	4.75
电阻率 ρ/Ω·m			10		10	10	5	5	26

4.3.2　镍锌铁氧体

NiZn 铁氧体软磁材料具有多孔性的尖晶石型晶体结构，是另外一类产量大、应用广泛的高频软磁材料。

NiZn 铁氧体的主要特性为以下几个方面。

（1）优良的高频特性　NiZn铁氧体材料的电阻率高，一般可达$10^8\Omega\cdot m$。易于生成细小的晶粒，呈多孔结构。因此，材料的应用频率高，高频损耗低。NiZn铁氧体在$1\sim300MHz$范围内应用最广。使用频率在1MHz以下时，其性能不如MnZn铁氧体，而在1MHz以上时，由于它具有多孔性及高电阻率，其性能大大优于MnZn铁氧体，非常适宜在高频使用。用NiZn铁氧体软磁材料做成的铁氧体宽频带器件，使用频率可以做到很宽，其下限频率可做到几千赫兹，上限频率可达几千兆赫兹，大大扩展了软磁材料的使用频率范围，其主要功能是在宽频带范围内实现射频信号的能量传输和阻抗变换。

（2）良好的温度稳定性　NiZn铁氧体的饱和磁通密度可达0.5T，居里温度T_C比MnZn铁氧体高，温度系数低，因此温度稳定性好。

（3）配方多样　NiZn铁氧体需使用大量的NiO，因此生产成本高。为降低成本，可以采用廉价的原材料，如MnO、CuO和MgO等替代部分NiO。现在已经开发出多种低成本的材料体系，如NiCuZn系、NiMnZn系和NiMgZn系，并得到广泛应用。

（4）大的非线性　NiZn铁氧体具有较大的非线性特性，可用于制备非线性器件。

（5）工艺简单　NiZn铁氧体的原材料在制备过程中没有粒子氧化问题，不需要特殊的气氛保护，可直接在空气中烧结，因此生产设备简单，工艺稳定。

由于NiZn铁氧体具有电阻率高、高频损耗低、频带宽、配方多样，工艺简单等特点而被广泛应用在电视、通讯、仪器仪表、自动控制、电子对抗等领域。

4.3.2.1　镍锌铁氧体

NiZn铁氧体的典型配方为：（50～70）％（物质的量）Fe_2O_3，（5～40）％（物质的量）ZnO以及（5～40）％（物质的量）NiO。NiZn铁氧体按照用途和特性可分为高频、高饱和磁通密度和高起始磁导率三大类。

高频NiZn铁氧体要求材料具有高的电阻率，则必须提高NiO的用量，降低Fe_2O_3和ZnO的用量，严格控制氧的含量，尽量不出现过量的Fe^{2+}。典型配方为：50％（物质的量）Fe_2O_3，（15～20）％（物质的量）ZnO以及（25～35）％（物质的量）NiO。一般使用频率越高，NiO的用量应越高，ZnO的含量应越低，而Fe_2O_3含量基本保持在50％左右。ZnO的含量与使用频率相关，频率越高，要求ZnO含量减少。

高饱和磁通密度NiZn铁氧体要求材料要具有较高的比饱和磁化强度、较高的密度和一定的ZnO含量。同时，由于高饱和磁通密度NiZn铁氧体主要用于大功率的高频磁场，因此也必须具有较高的NiO含量。典型配方为：50％（物质的量）Fe_2O_3，20％（物质的量）ZnO以及30％（物质的量）NiO。

高起始磁导率NiZn铁氧体要求提高材料Ms，同时降低磁晶各向异性常数K_1、磁致伸缩系数λ_s和内应力σ至最小值。增大配方中ZnO的含量，材料的M_s升高，同时K_1和λ_s降低。NiZn铁氧体的磁致伸缩系数和各向异性常数与组成的关系如图4.16所示。从图中可以

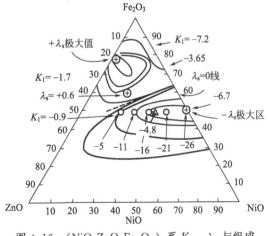

图4.16　（$NiO-ZnO-Fe_2O_3$）系K_1，λ_s与组成的关系（$\triangle-K_1$，$\circ-\lambda_s$）

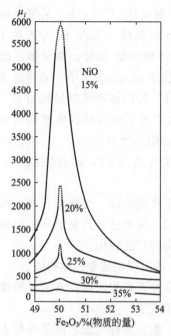

图 4.17　NiZn 铁氧体的初始磁导率
与组成的关系

看出 λ_s 和 K_1 无法同时为零。起始磁导率 μ_i 与组成的关系如图 4.17 所示，随着 Ni 含量减小 μ_i 增加，并且起始磁导率 μ_i 在 Fe_2O_3 含量为 50%（物质的量）时最高。当 Fe_2O_3 含量大于 50% 时，密度下降，μ_i 下降；当 Fe_2O_3 含量小于 50% 时，产生非磁性相，μ_i 下降。典型配方为：50%（物质的量）Fe_2O_3，35%（物质的量）ZnO 以及 15%（物质的量）NiO。

4.3.2.2　镍铜锌铁氧体

为满足片式电感低温烧结的要求，在镍锌铁氧体配方中加入 CuO，使得铁氧体在烧结初始阶段形成液相，促进了扩散和传质，从而降低了烧结温度，阻碍了银电极扩散到铁氧体晶格中，保证了磁性能。铜部分取代的镍锌铁氧体的致密度有一定程度提高，气孔减少，磁体内部退磁场降低，从而提高了起始磁导率，但是继续增加铜含量则会导致晶粒异常长大，密度反而会降低。在 $(Ni_{0.38}Cu_{0.12}Zn_{0.50})Fe_2O_4$ 铁氧体中加入合适的烧结助剂（如 Bi_2O_3）能够进一步降低烧结温度。表 4.11 反映了镍铜锌铁氧体的组分和性能对照。

表 4.11　镍铜锌铁氧体的组分和性能

组分%（物质的量）				磁导率 μ_i
Fe_2O_3	NiO	CuO	ZnO	
48.8	21.4	9.3	17.5	71
49.2	20.8	10	20	300
49.4	7.3	12.9	30.4	435

但是铜离子取代镍离子会造成铁氧体饱和磁化强度的降低。铜离子的电子排布为 3d9，原子磁矩为 $1\mu_B$，镍离子的电子排布为 3d8，原子磁矩为 $2\mu_B$，它们同时占据八面体间隙位，所以铜离子取代镍离子会造成总磁矩的减少。然而，研究人员发现在 $Ni_{0.8-x}Zn_{0.2}Cu_xFe_2O_4$ 中当铜离子取代原子比在 0.4 附近时会出现磁矩的少许回升，之后随着铜离子含量增加又逐渐下降。这是因为在一定量 Cu^{2+} 取代的情况下，B 位次晶格 B′ 和 B″ 之间的磁性相互作用发生改变，二者磁矩不再相互平行，从而与 A 位磁矩方向呈不完全反平行，总磁矩会有少许回升，如图 4.18 所示。

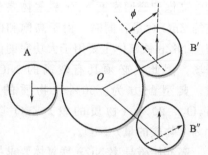

图 4.18　Cu^{2+} 对铁氧体晶格磁矩的影响

4.3.3　平面六角晶系铁氧体

Mn-Zn、Ni-Zn 系铁氧体由于其最高使用频率受到立方晶体结构的限制，只能工作在 300MHz 以下的频段，从而限制了该类铁氧体材料在高频段的应用，在数百兆赫以上应用的铁氧体主要是平面六角晶系铁氧体。六角晶系铁氧体主要有两大类型，一类是易磁化方向为六角晶系晶轴方向的主轴型，另一类即为易磁化方向处于垂直于晶轴方向的平面型。平面六角晶系的对称性低于立方尖晶石晶系，其磁晶各向异性常数远大于立方晶系，所以其截止频率在相同 μ_i 值的情况下较立方晶系高 5～10 倍。

六角铁氧体最早可追溯到 1938 年，人们制备了 $BaFe_{12}O_{19}$、$SrFe_{12}O_{19}$ 和 $PbFe_{12}O_{19}$ 三种氧化物，发现这类化合物与天然的磁铅石矿的晶体结构非常相似，即属于六角形结构。逐渐，六角铁氧体演变为一个通用术语，指的是具有磁铅石晶体结构的一类铁氧体。1952 年 Philips 实验室制成了以 Ba 为主要成分的 M 型永磁材料，之后研究者们又发现了其他五种具有类似结构的六角铁氧体，根据它们结构和化学式的不同分为 W、X、Y、Z 和 U 型。

六角晶系材料的磁晶各向异性要远大于尖晶石和石榴石的磁晶各向异性，这是由于六角晶系铁氧体材料的对称性低于立方晶系。通常认为，对称性越低，磁晶各向异性越大。立方晶系尖晶石铁氧体存在 Sno_ek 极限，起始磁导率 μ_i 和自然共振频率 f_0 的乘积为一定值：

$$(\mu_i - 1)f_0 = \frac{1}{3\pi}\gamma M_S$$

由 Sno_ek 极限可知，μ_i 和 f_0 的乘积决定于材料的内禀属性。对于饱和磁化强度确定的铁氧体来说，不能同时提高材料的磁导率和共振频率，所以尖晶石型铁氧体的使用频率范围被限制在 300MHz 以下。

而对于平面型六角晶系的铁氧体材料，其各向异性与立方晶系有很大的不同。对于单轴平面型铁氧体，把面外各向异性场标记为 H_θ，把面内各向异性场为 H_φ，如图 4.19 所示。平面六角晶系铁氧体的易磁化轴处于 c 面，在 c 平面内的各向异性很小，所以 H_φ 远小于 H_θ，其自然共振频率 f_0 可证明为：

$$f_0 = \frac{\gamma}{2\pi}\sqrt{H_\theta H_\varphi}$$

其共振频率 f_0 与磁导率 μ_i 乘积的表达式如下：

$$f_0(\mu_i - 1) = \frac{\gamma M_s}{4\pi}\sqrt{\frac{H_\theta}{H_\varphi}}$$

由于 $H_\theta \gg H_\varphi$，所以单轴平面型六角铁氧体与立方系尖晶石铁氧体相比，其共振频率 f_0 与磁导率 μ_i 的乘积要大得多。图 4.20 示出了 Co_2Z 和 $NiFe_2O_4$ 多晶的磁谱曲线，显然 Co_2Z 具有更优秀的高频磁性。

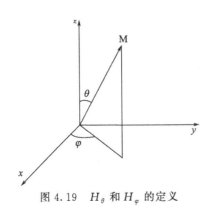

图 4.19 H_θ 和 H_φ 的定义　　图 4.20 Co_2Z 和 $NiFe_2O_4$ 多晶的磁谱曲线

平面六角铁氧体材料中，Y、Z型是甚高频用软磁材料。其中Co_2Y和Co_2Z是近年来高频用软磁铁氧体材料研究中的热点，具有高居里温度、高品质因数、良好的化学稳定性、高的截止频率以及高频下高起始磁导率等优良的软磁性能，从而使其在高频片式电感和超高频段抗电磁干扰（EMI）等应用场合极具潜力。

4.3.4 铁氧体软磁材料的制备

工业上铁氧体软磁材料最常采用氧化物法制备。氧化物法又叫烧结法或陶瓷法，是在陶瓷的制备工艺上演变而来的，是应用最早、发展最成熟的铁氧体软磁材料的制备方法。

氧化物法是以氧化物为原料，经过图4.21所示的工艺流程制成铁氧体。首先将原材料按照一定的化学计量比混合球磨，然后对球磨后的粉末进行预烧（900～1100℃）。预烧的目的是为了初步形成铁氧体的晶格，这个过程伴随着由于浓度梯度导致的氧化物的互扩散，铁氧体晶格开始在颗粒表面形成。但是由于浓度梯度的减小和扩散距离的增加，新相阻碍了氧化物之间的继续扩散，需要对这些颗粒重新破碎，使颗粒内部的氧化物重新暴露。预烧还有一个作用是能够减少最终烧结过程的缩孔。之后，对预烧过的粉末进行二次球磨，球磨之后的颗粒大小会影响最终烧结的均匀性和微观结构，最优的颗粒尺寸通常在$1\mu m$或者更小。把二次球磨后的粉末与黏结剂混合压型，然后在相应的气氛和温度下烧结就得到了铁氧体。

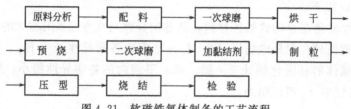

图4.21 软磁铁氧体制备的工艺流程

氧化物法原料便宜、工艺简单，是目前工业生产中的主要方法。但是由于原料活性差，反应不完全，产率不够高。为了改善烧结工艺，添加烧结助剂，如低熔点氧化物Bi_2O_3来实现低温液相烧结是常用的方法。

化学共沉淀法也常用来制备铁氧体软磁材料。化学共沉淀法是一种湿法生产铁氧体的制备方法，它与干法生产的主要区别在于粉料的制备，典型的制备方法是将铁及其他金属盐按比例配好，在溶液状态中均匀混合，再用碱（如NaOH，NH_4OH等）或$(NH_4)_2C_2O_4$，$(NH_4)_2CO_3$等盐类作沉淀剂，将所需要的多种金属离子共沉淀下来。沉淀剂的选择非常重要，早期采用NaOH为沉淀剂，但由于沉淀物呈胶体状，Na^+很难除去，而残留的对磁性影响又很大，导致密度、磁导率等降低。因此，目前大多数采用铵盐，如NH_4OH，$(NH_4)_2CO_3$等。

此外，水热法、溶胶-凝胶法和热分解法等也可以用来制备少量铁氧体软磁材料。尤其是在制备纳米颗粒铁氧体方面，具有独特的优势。

4.4 软磁复合材料

软磁复合材料是指由绝缘介质包覆的磁粉压制而成的软磁材料，在国内又称磁粉芯。相比于金属软磁材料和铁氧体，软磁复合材料在中国发展起步较晚，但是目前已经占据了很大的市场份额。

软磁复合材料的磁性能，结合了金属软磁材料和软磁铁氧体的优势。金属软磁材料饱和磁通密度高、磁导率高，可以满足小型化的需求，但是电阻率低，只有 $10^{-6}\sim10^{-9}\Omega\cdot cm$，在高频条件下使用，随着频率的升高涡流损耗会急剧增加；铁氧体电阻率高，高频下应用损耗低，但铁氧体是亚铁磁性材料，饱和磁通密度低，应用时体积大；软磁复合材料，因为有绝缘层的存在，电阻率较高，同时，由于其粉末采用的是铁磁性颗粒，饱和磁通密度高，所以，软磁复合材料可以同时满足高频（kHz～MHz）使用和体积小型化的需求。此外，软磁复合材料是由磁粉压制而成，可以加工成环形、E 型、U 型等，满足不同的应用场合。

近些年来，研究人员在软磁复合材料领域做了大量研发工作，取得了不少进展，软磁复合材料所占的市场份额也逐年增加。

4.4.1 软磁复合材料的分类

软磁复合材料通常是根据所采用的金属软磁粉末进行命名。随着金属软磁材料的发展，软磁复合材料的类型也越来越多。目前磁粉芯主要有以下几类：铁粉芯、羰基铁粉芯、铁硅铝磁粉芯、铁硅磁粉芯、Fe-Ni 高磁通磁粉芯、铁镍钼磁粉芯、非晶纳米晶磁粉芯。磁粉芯的性能如表 4.12 所示。

表 4.12 磁粉芯性能对照表

类型 参数	铁粉芯	羰基铁粉芯	铁硅铝磁粉芯	铁硅磁粉芯	高磁通磁粉芯	铁镍钼磁粉芯	非晶纳米晶磁粉芯
成分	100％铁粉	超细纯铁粉	85％铁 9％硅 6％铝	6.5％硅	50％镍 50％铁	81％镍 17％铁 2％	铁基
有效磁导率	10～100	9	26～160	26～90	14～160	14～550	26～90
损耗 /(mW/cm³) @50kHz,100mT	800～1000	—	200～300	300～500	260～300	120～200	200～310
损耗 /(mW/cm³) @100kHz,100mT	1300～1800	—	700～800	800～1000	800～1100	500～650	550～650
直流偏置特性 @100Oe(60μ)	40％	99％(9μ)	45％	74％	67％	54％	70％
居里温度/℃	750	—	500	700	500	460	400
饱和磁通密度/T	0.5～1.4	0.5	1.05	1.5	1.5	0.75	1.05
密度/(g/cm³)	3.3～7.2	5.1	6.15	7.5	7.6	8	6

铁粉芯是最早开发的磁粉芯。铁粉芯以纯铁粉为原料，表面经绝缘包覆后，采用有机黏合剂混合压制而成。铁粉芯是磁粉芯中价格最便宜的一种材料，被广泛应用于储能电感器、调光抗流器、EMI 噪音滤波器、DC 输出/输入滤波器等。由于铁粉电阻率较低，铁粉芯损耗偏高，所以适用频率相对较低。此外，铁粉芯也常被用于基础研究，尤其是在研究磁粉芯的绝缘包覆剂时，常以铁粉为研究对象。纯的铁粉中不含有或只有微量其他元素，有利于对绝缘剂的分析。

羰基铁粉芯由超细纯铁粉制成，具有优异的偏磁特性和很好的高频适应性，从表 4.12

也可以看出，羰基铁粉芯的直流偏置特性远优于其他磁粉芯。此外，羰基铁粉芯还具有较低的高频涡流损耗，可以应用在100kHz到100MHz很宽的频率范围内，是制造高频开关电路输出扼流圈、谐振电感及高频调谐磁芯体较为理想的材料。

铁硅铝磁粉芯是由85％Fe、9％Si、6％Al的合金粉末生产出来的一种软磁复合材料。铁硅铝磁合金最大的特点便是其磁致伸缩系数接近零。铁硅铝磁粉芯的磁导率分布在26～160，损耗较低，饱和磁通密度（1.05T）也相对较高。而且，铁硅铝磁粉芯也是性价比较高的一种材料，是目前应用较多的磁粉芯。铁硅铝磁粉芯适用于功率因数校正电路（PFC电感器）、脉冲回扫变压器和储能滤波电感器，也特别适用于消除在线噪音的滤波器。铁硅铝磁粉芯的不足之处，在于其直流偏置特性较差，磁导率在直流叠加磁场为100Oe时已衰减至45％。

铁硅磁粉芯是一类开发相对较晚的磁粉芯，由94％Fe和6％Si的合金粉末制成。铁硅磁粉芯具有高达1.5T的饱和磁通密度，有效磁导率范围26～90，直流偏置特性优异，磁芯损耗也比铁粉芯要低。铁硅磁粉芯适用于大电流下的抗流器、高储能的功率电感器、PFC电感器等，在太阳能、风能、混合动力汽车等新能源领域中被广泛使用。

高磁通磁粉芯是磁通密度最高的磁粉芯，饱和磁通密度可达1.5T。高磁通磁粉芯是由50％Fe和50％Ni的合金粉末制成的磁芯，具有优异的直流偏置特性、低损耗和高储能特性。高磁通磁粉芯非常适用于大功率、大直流偏置场合的应用，如调光电感器，回扫变压器、在线噪音滤波器、脉冲变压器和功率回数校正电感器等。

铁镍钼磁粉芯是由17％Fe、81％Ni和2％Mo的合金粉末制成的一种粉芯材料，也称钼铍莫合金磁粉芯。具有高磁导率、高电阻率、低磁滞和低涡流损耗的特性。在磁粉芯领域中，铁镍钼磁粉芯的损耗是最低的，同时也具有最佳的温度稳定性。适合用于回扫变压器、高Q滤波器、升压降压电感器、功率因校正电感器（PFC电感器）、滤波器等。铁镍钼磁粉芯和高磁通磁粉芯中都添加大量的Ni元素，成本较高。

非晶纳米晶磁粉芯是近几年才研究开发的磁粉芯产品。随着非晶纳米晶带材的发展应用，低损耗、高直流偏置特性的非晶纳米晶磁粉芯也逐渐问世。目前部分厂家已有产品问世，如浙江科达磁电已经有纳米晶磁粉芯的产品。非晶纳米晶磁粉芯一般采用非晶纳米晶带材为原料，破碎制成粉末来制备磁粉芯。非晶纳米晶带材的电阻率相对较高，而且直流偏置特性较好，所以，制成的磁粉芯也具有低损耗、高直流偏置的性能。

4.4.2　软磁复合材料的制备

磁粉芯的制备一般采用粉末冶金的方法，在磁粉表面包覆绝缘层后压制成型，退火后喷漆制成磁粉芯产品。图4.22是磁粉芯的制备流程，主要包括制备粉末、调配粒度、包覆、压型、退火处理和喷漆等流程，本书中将逐一详细介绍磁粉芯制备的步骤。

图4.22　磁粉芯的制备流程

4.4.2.1　粉末制备

磁粉芯所用的磁粉，粉末粒径一般要小于150μm甚至更低。磁粉的制备主要分为两种方法：机械破碎法，雾化法。

机械破碎法又可以分为两种，机械球磨和气流磨。球磨是利用磨球和磁粉之间的碰撞以降低磁粉的粒度，而气流磨则是利用粉末之间的碰撞达到破碎粉末的目的。机械球磨法是磁粉芯中最常采用的粉末制备方法。球磨制得的粉末，一般呈不规则的多边形，如图 4.23 所示。这种形貌利于粉末的压制成型，磁粉之间有啮合作用，可以提高磁粉芯的强度。

图 4.23　Fe-Si-Al 磁粉的表面形貌

粉末制备的另一种方法便是雾化法。雾化法包括气雾法和水雾法，一般磁粉的制备采用气雾法。图 4.24 是气雾化法得到的 Fe-Ni-Mo 磁粉的形貌图。气雾化法得到的磁粉接近球状，表面光滑，利于形成均匀的绝缘包覆。但是采用雾化法制备粉末效率较低，使其利用受限。

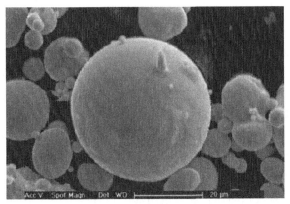

图 4.24　铁镍钼磁粉的电镜扫描

4.4.2.2　粒度配比

粒度配比是指在制备磁粉芯时，调配不同粒径磁粉所占的比例。

粒度配比和磁粉芯的致密度密切相关。在压制成型时，磁粉之间互相接触，产生空隙。选择合适的粒度配比后，小颗粒的磁粉就会填充到大颗粒之间的空隙，提高磁粉芯的密度，从而提高磁粉芯的有效磁导率。因此，合理的粒度配比可以减少磁粉之间的空隙，提高磁粉芯的密度，从而有效提高磁导率。

此外，粒度配比还会影响到磁粉芯的损耗。磁粉芯的涡流损耗包括颗粒内和颗粒间两种。在磁粉本身电阻率较低的体系中（如铁粉芯），如果颗粒大的铁粉较多，势必会增加颗粒内部的涡流损耗，从而导致磁粉芯整体的损耗较高。因此，合理选择粒度配比，也是制备磁粉芯的关键。

4.4.2.3　绝缘包覆

绝缘包覆是指在磁粉表面包覆绝缘层，以阻隔磁粉之间的接触，提高磁粉芯的电阻率，降低磁粉芯的涡流损耗。按照作用的不同，可以将包覆层分为两种，绝缘剂和黏结剂。

（1）绝缘剂　对磁粉的包覆首先就是要在其表面形成绝缘剂，绝缘剂本身要是绝缘或电阻率较高的物质。绝缘剂的种类很多，包括磷化液、铬酸、MgO、Al_2O_3、Fe_2O_3、有机高分子聚合物等，工业中应用较多的磷化液包覆。

绝缘剂可以通过化学的方法原位生成，一般无机盐的包覆便是采用原位生成的方法。如采用铬酸包覆制备铁镍钼磁粉芯，便可利用铬酸与磁粉之间反应生成的铬酸盐作为绝缘剂。磷化液的包覆也是如此。原位生成绝缘剂的方法不仅简单，而且绝缘剂与磁粉之间结合牢固，不易在之后的压制成型中剥落，是比较常用的方法。

绝缘剂也可以通过与磁粉混合直接包覆在磁粉表面，无机氧化物的包覆常采用直接包覆的方法。如中国计量大学采用铁氧体包覆制备磁粉芯时，绝缘剂铁氧体便是通过溶剂热法制备后，直接与磁粉混合进行包覆。直接包覆的方法中，绝缘剂预先制备好再与磁粉芯混合，绝缘剂与磁粉之间的结合性虽然没有原位生成的好，但是绝缘剂的类型不受限，种类较多。

（2）黏结剂　黏结剂主要是用来增加磁粉之间的黏合性能，便于磁粉压制成型。但是，黏结剂也有绝缘包覆的效果，有些情况下，磁粉芯制备时甚至可以不使用其他绝缘剂，只采用黏结剂包覆。如采用 SiO_2 作为黏结剂时，SiO_2 同时可以作为绝缘剂，可以不添加其他绝缘剂。

黏结剂大致分为三种，无机黏结剂、有机黏结剂、有机无机复合黏结剂，其中，有机黏结剂的应用最广。

常见的有机黏结剂一般是树脂类，如环氧树脂、酚醛树脂等。有机黏结剂黏合性强，压制成的磁环强度高，但是不耐高温。树脂类物质一般在 300℃ 就会发生分解，而磁环的退火温度则会达到将近 1000℃。因此在退火处理时，有机黏结剂会分解挥发，磁粉芯的强度便会降低，而且还会污染环境。

无机黏结剂有玻璃粉、二氧化硅、水玻璃、氧化硼等。无机黏结剂化学性质稳定，在高温处理时不会发生分解。

有机无机复合黏结剂是最新开发的一种黏结剂。复合黏结剂结合了有机黏结剂和无机黏结剂二者的优点，既具有较强的黏合性，也耐高温。现在应用较多的复合黏结剂有改性硅树脂等。

4.4.2.4　压制成型

压制成型是将绝缘处理后的磁粉压成磁环的过程。一般采用压机在空气中冷压即可。

在压型前，一般还需要加入少量的润滑剂，便于磁环脱模，同时可以减少对模具的损耗。常用的润滑剂有硬脂酸锌和硬脂酸钡。

磁粉压制成型的过程，是磁粉互相填充达到密实的过程，与之前述及的粒度配比密切相关。在压制磁粉芯时，不同的体系所需的压强不同，压强的选择与磁粉的形状、硬度等有关。一般而言，片状的磁粉较难成型，需要较高的压制压强。磁粉的硬度越高，越难成型，所需的压制压强也越高。例如，压制铁粉芯的压强一般不超过 1000MPa，而铁硅铝、铁硅硼磁粉芯成型所需要的压强则接近 2000MPa。

压制成型时，压制压强对磁粉芯的性能影响很大。压制压强太小时，磁粉之间并没有压实，磁粉芯的强度不高，而且磁粉芯的密度相对较低，磁导率也会偏低；压制压强太大时，磁粉之间的绝缘层会被戳破甚至开裂，导致磁粉与磁粉直接接触，涡流损耗会大大增加，此外，压强越大，磁粉芯的内应力也越高，磁滞损耗也会有所增加。因此，在压制磁粉芯时，选择合适的压强至关重要。

冷压之后必须进行高温热处理，而对于采取有机黏结剂的体系，高温退火会导致有机物的分解，使磁粉芯的密度和性能都有所下降。近年热压技术也应用到磁粉芯的制备中。热压采用的温度一般较低，而且不需要再进行热处理，非常有益于采用有机黏结剂的磁粉芯的制备，可以有效提高磁粉芯的密度。

4.4.2.5　退火处理

磁粉芯在压制成型后，需要进行进一步的退火以去除内应力，降低磁滞损耗。一般情况下，磁粉芯的退火温度在400～1000℃，退火时间约为1h。

磁粉芯压型过程中，磁粉发生变形，产生一定的内应力。软磁材料中，内应力与矫顽力关系密切，而矫顽力又决定了磁粉芯的磁滞损耗。因此，有效地去除内应力，可以降低矫顽力和磁滞损耗，从而降低磁粉芯总的损耗。此外，在使用无机黏结剂如低熔点玻璃粉时，退火处理也是黏结剂发生熔化均匀分布的过程。因此，磁粉芯的退火温度一般较高，在600℃以上，如铁硅铝磁粉芯的退火温度在700℃左右。但是，磁粉芯的退火温度也不是越高越好，虽然高温有利于去除内应力，但是高温下黏结剂容易分解挥发，会导致磁粉芯的强度下降。另外，对于有些体系而言，高温退火还可能导致性能恶化。如非晶纳米晶磁粉芯，高温退火时，会发生非晶晶化、纳米晶晶粒长大而使得磁粉的性能急剧下降，所以，非晶纳米晶磁粉芯的退火温度一般不超过600℃甚至更低。

4.4.2.6　喷漆

磁粉芯在退火处理就可以喷漆制成产品使用。有时，为了提高磁粉芯的强度，在喷漆之前，有时还会进行固化处理。特别是使用有机黏结剂时，由于有机物的分解挥发，磁粉芯强度会有所下降，固化处理尤为重要。固化处理就是将磁粉芯放入黏结剂溶液中加热一定时间，使黏结剂再次渗入到磁粉芯中，然后烘干，磁粉之间的结合强度便会有所提高。

4.4.3　研究及应用现状

软磁复合材料生产有一百多年的历史，但真正形成产业化是从20世纪80年代开始。随着逆变技术的快速发展和广泛应用，伴随着EMC的需求，磁粉芯得到了广泛的应用。进入21世纪后，随着逆变电路的高频、高功率密度化和EMC的更高要求，加上人们对磁粉芯材料认识的进一步加深，磁粉芯的产业化发展速度超过了其他任何软磁材料。

目前，软磁复合材料研究的重点主要有两个，一是磁粉成分的设计，二是绝缘剂的开发。软磁复合材料的磁性能与磁粉本身的性能有着直接的联系，对磁粉的基本要求是：饱和磁通密度高、矫顽力小、电阻率高，磁粉的成分设计目的是达到以上要求。而针对绝缘剂的开发，是研究者们比较关注的研究方向。软磁复合材料的低损耗特性与绝缘包覆直接相关，绝缘剂以及包覆效果决定了软磁复合材料损耗的大小。

软磁复合材料的最大缺点是磁导率偏低。金属磁粉被绝缘介质包覆，相当于在磁环内部存在大量气隙，因此软磁复合材料的自身结构特点导致磁导率低。中国计量大学对软磁复合材料的结构进行了重新设计：以片状磁粉为原材料，将片状磁粉沿磁环方向平行有序取向。

该结构大幅减少了磁环工作磁路方向的非磁性气隙，有效降低了磁路磁阻，提高了磁导率，降低了磁滞损耗，实现了高磁导率低损耗。

目前，磁粉芯的生产厂家主要集中在中国、韩国和美国等。表4.13列出了目前磁粉芯主要的制造商及其主要产品。从表中可以看出，国内生产磁粉芯的厂家较多，产品种类也比较丰富，而且也在不断地开发新的体系。

表 4.13　磁粉芯的主要制造商及其产品

制造商	主要产品
浙江科达磁电有限公司	铁粉芯,Sendust,MPP,HF,铁硅镍,铁硅,纳米晶
天通控股股份有限公司	Sendust,铁硅
横店东磁股份有限公司	铁粉芯,Sendust,MPP,HF,铁硅镍,铁硅
北京七星飞行电子有限公司	铁粉芯,羰基铁粉芯,Sendust,MPP,HF,铁硅
AMOGREENTECH(韩国)	非晶磁粉芯
Chang Sung Corporation(韩国)	Sendust,MPP,HF,铁硅
DONGBU FINE CHEMICALS CO. LTD(韩国)	Sendust,MPP,HF,铁硅
MAGNETICS(美国)	Sendust,MPP,HF,铁硅,非晶磁粉芯
MICROMETALS(美国)	铁粉芯

习　题

1. 软磁材料的直流磁特性参数有哪些，说明其含义。
2. 如何提高软磁材料的起始磁导率？
3. 非晶、纳米晶软磁合金分别有何特点？其根本原因是什么？
4. 简述软磁铁氧体的基本分类及磁性能。
5. 软磁复合材料有何特点？如何提高软磁复合材料的磁性能？

第5章 永磁材料

永磁材料是指被外加磁场磁化以后，除去外磁场，仍能保留较强磁性的一类材料。

永磁材料种类多、用途广。现在所应用的永磁材料主要有：金属永磁材料，主要包括铝镍钴（Al-Ni-Co）系和铁铬钴（Fe-Cr-Co）系两类永磁合金；铁氧体永磁材料，这是一类以 Fe_2O_3 为主要组元的复合氧化物强磁材料，其为本征亚铁磁性，饱和磁化强度偏低，但成本低，性价比高，应用广泛；稀土系永磁材料，这是一类以稀土族元素和铁族元素为主要成分的金属间化合物，包括 $SmCo_5$ 系、Sm_2Co_{17} 系以及 Nd-Fe-B 系永磁材料，其磁能积高，应用领域广阔。

1880 年左右，首先采用碳钢制成了永磁材料，其最大磁能积 $(BH)_{max}$ 约为 $1.6kJ/m^3$。紧接着，又出现了钨钢、钴钢等金属永磁材料。1931 年以来，相继开发出铝镍铁（MK 钢）和铝镍钴（Al-Ni-Co）系磁钢。经合金成分和工艺调整后，铝镍钴的 $(BH)_{max}$ 可达 $39.8kJ/m^3$。从此，铝镍钴磁钢在永磁材料中占据了主导地位，一直到 60 年代。

20 世纪 30 年代开发了铁氧体永磁材料，其原材料便宜，工艺简单，磁性能居中，$(BH)_{max}$ 可达 $31.8kJ/m^3$，价格低廉，因此得到迅速发展，其产量跃居第一位。与此同时，Fe-Cr-Co 永磁合金问世，改善了 Al-Ni-Co 合金机械性能差的缺点，受到广泛重视。

20 世纪 60 年代 Sm-Co 系稀土永磁材料问世，80 年代 Nd-Fe-B 系稀土永磁材料问世，这是永磁材料领域一次革命性的变革。Nd-Fe-B 永磁体磁能积高达 $460kJ/m^3$，因此有"磁王"的美誉。

20 世纪 80 年代至今，稀土永磁材料又出现一些新的发展，交换耦合作用机制的纳米双相永磁材料和 RE(稀土)-Fe-N 系永磁体的开发成为磁性材料领域的热门研究课题。

5.1 永磁材料特性参数

永磁材料的基本特点有：剩余磁通密度 B_r 高、矫顽力 H_C 高、最大磁能积 $(BH)_{max}$ 高以及稳定性好。

5.1.1 剩磁 B_r

磁性材料被磁化到饱和以后，当外磁场降为零时所剩的磁通密度称为剩余磁通密度，简称剩磁，用 B_r 表示。

对于提高永磁材料的剩磁 B_r，要求材料有高的饱和磁化强度 M_S，同时矩形比 B_r/B_S 应接近于 1。然而，饱和磁化强度 M_S 是物质的固有属性，由材料的成分决定，要想通过改变成分来大幅度地提高材料的 M_S 是不可能的。因此对于成分基本给定的永磁材料，如何提高矩形比 B_r/B_S 是提高 B_r 的关键。根据目前永磁体生产的实践来看，提高 B_r/B_S 的基本途径有以下几个。

5.1.1.1 定向结晶

在永磁合金经熔炼进行铸造时，设法控制铸件的冷却条件，冷却后可以得到不同的晶粒结构。冷却效果由冷却条件和材料两方面决定，一般说来，快冷时沿热流相反的方向会生长出柱状晶，缓冷时形成等轴晶。如果控制热流向某一方向流动，则可以获得沿该方向相反方向结晶长大的柱状晶组织。柱状晶的磁性能往往介于单晶材料和普通等轴晶材料之间。这是由于，柱状晶晶粒长大方向往往就是它的易磁化方向。

例如，铝镍钴永磁合金可以通过采用这种方法使合金剩磁提高。

5.1.1.2 塑性变形

多晶体金属材料经拔丝、轧板、挤压、压缩等塑性变形，由于晶粒转动等，晶粒的晶体学方位会发生一定程度的定向排列，称其为择优取向、织构等。这种由加工产生的定向排列组织称为加工组织或加工织构，加工织构由加工方法和材料双方决定。

例如，Fe-Cr-Co 系永磁合金在制作成薄板及细丝状永磁体时，可以通过塑性加工，使析出物产生变形织构而诱导磁各向异性。

5.1.1.3 磁场成型

在永磁体加工成型过程中，通过施加外部磁场，使磁性颗粒的易磁化轴沿磁场方向取向，经高温烧结及回火以后，可以改善永磁体的矩形比特性，得到较高的剩磁 B_r。

5.1.1.4 磁场处理

将材料放在外部磁场中进行热处理，可以控制热处理过程中铁磁性相颗粒的析出形态，并使磁矩沿磁场方向择优取向。

5.1.2 矫顽力 H_C

永磁材料的矫顽力 H_C 有两种定义：一个是使磁通密度 $B=0$ 所需的磁场值，常用 $_BH_C$ 表示；一个是使磁化强度 $M=0$ 所需的磁场值，常用 $_MH_C$ 表示。在比较不同永磁材料的磁性能或设计永磁磁路时不能混淆。根据退磁曲线特征和式（1.8）中的基本关系 $B=\mu_0(M+H)$ 可知，在磁滞回线的第二象限中，$B\text{-}H$ 退磁曲线位于 $\mu_0 M\text{-}H$ 退磁曲线下方，即有 $|_MH_C|>|_BH_C|$。两者之间的差别依赖于退磁曲线的特征。如果 $B_r\gg\mu_0 H_C$，两者将极为接近；如果 $B_r\approx\mu_0 H_C$，则两者可以相差很大。另外，由式（1.8）可知，当 $B=0$ 时，$_BH_C=-M\leqslant M_r$，即 $_BH_C\leqslant M_r$，或 $\mu_0\cdot {}_BH_C\leqslant B_r$。这就是说，$_BH_C$ 的最高值不可能超过材料的剩磁值。

永磁体在磁化过程中，经历可逆的畴壁移动、不可逆的畴壁移动，经磁化转动最后达到饱和。材料的矫顽力主要由畴壁的不可逆移动和不可逆磁畴转动形成的。永磁材料矫顽力的大小主要由各种因素（如磁各向异性、掺杂、晶界等）对畴壁不可逆位移和磁畴不可逆转动的阻滞作用的大小来决定的。

5.1.2.1 畴壁的不可逆位移

永磁材料的反磁化过程如果由畴壁的不可逆位移所控制，则一般有两种情况：一种是反磁化时材料内部存在着反磁化畴，一种是不存在这种反向畴。在永磁材料中，不可避免地会有各种晶体缺陷、杂质、晶界等存在，在这些区域内由于内应力或内退磁场的作用，磁化矢量很难改变取向，以至于当晶体中其他部分在外磁场饱和磁化以后，这部分的磁化方向仍沿着相反方向取向。因此，在反磁化时，它们就构成反磁化核。这些反磁化核在反磁场作用下将长大成反磁化畴，为畴壁位移准备了条件。在此情况下，要想得到高矫顽力，关键在于反向磁场必须大于大多数畴壁出现不可逆位移的临界磁场，而临界磁场的大小则依赖于各种因素对畴壁移动的阻滞。如果永磁体在反磁化开始时，根本不存在反磁化核，那么千方百计地阻止反磁化核的出现也是提高矫顽力的重要途径。

在早期发展起来的传统永磁材料中，对畴壁的不可逆位移产生阻滞的因素，主要有内应力起伏、颗粒状或片状掺杂，以及晶界等。为了提高矫顽力，最好是适当增大非磁性掺杂含量并控制其形状（最好是片状掺杂）和弥散度（使掺杂尺寸和畴壁宽度相近），同时应选择高磁晶各向异性的材料；或是增加材料中内应力的起伏，同时选择高磁致伸缩材料。

在新近发展起来的一些高矫顽力永磁合金如钕铁硼合金中，强烈的畴壁钉扎效应是造成高矫顽力的重要原因之一。所谓畴壁钉扎，是指在材料反磁化过程中，当反向磁场低于某一钉扎场时，畴壁基本上固定不动，只有当反向磁场超过钉扎场时，畴壁才能挣脱束缚，开始发生不可逆位移。因此，钉扎场就是畴壁突然离开钉扎位置而发生不可逆位移的反向磁场。晶体中各种点缺陷、位错、晶界、堆垛层错、相界等有关的局域性交换作用和局域各向异性起伏都可以是畴壁钉扎点的重要来源。因此，如何设法使材料中出现有效的钉扎中心，即形成合适的晶体缺陷，是在由畴壁钉扎控制矫顽力的材料中提高矫顽力的重要方向。

5.1.2.2 磁畴的不可逆转动

有一些永磁材料是由许多铁磁性的微细颗粒和将这些颗粒彼此分隔开的非磁性或弱磁性基体组成的，这些铁磁性颗粒是如此之细小，以至于每一颗粒内部只包含一个磁畴，这种可以称为单畴颗粒。单畴颗粒得以存在的条件是其半径必须小于某一临界半径 r_c。对于单一磁化轴晶体，其临界半径 r_c 为：

$$r_c = \frac{9\gamma}{2\mu_0 M_S^2} \tag{5.1}$$

式中，γ 为材料内的畴壁能密度。

由于单畴颗粒不具有畴壁，因此磁化机制仅考虑磁畴旋转即可。磁畴内的磁化矢量要从一种取向转动到另一种取向，必须克服来自各种磁各向异性对转动的阻滞。在永磁合金中，常见的磁各向异性主要有三种，即磁晶各向异性、形状各向异性和应力各向异性。如果在由单畴颗粒所组成的大块永磁合金材料中，各单畴颗粒之间没有任何相互作用，而且磁畴内磁化矢量的转动属于一致转动，则材料的总矫顽力可以表示为：

$$H_C \approx a\frac{K_1}{\mu_0 M_S} + b(N_\perp - N_\parallel)M_S + c\frac{\lambda_S \sigma}{\mu_0 M_S} \tag{5.2}$$

式中，右边的三项依次分别为磁晶各向异性、形状各向异性和应力各向异性的贡献；$N_\perp$ 和 $N_\parallel$ 是具有形状各向异性的颗粒沿短轴和长轴所对应的退磁因子；a、b、c 是和晶体结构颗粒取向分布有关的系数。从式(5.2)可以看出，对于高 M_S 的单畴材料，最好是通过形状各向异性来提高矫顽力，这时希望离子的细长比越大越好，以增大（$N_\perp - N_\parallel$）值。对于具有高 K_1 和 λ_S 的材料，应该利用磁晶各向异性和应力各向异性来提高矫顽力。在单畴材料中，各单畴颗粒取向是否一致直接影响着 H_C 的大小，这一因素反映在系数 a、b、c 中。例如，当单畴颗粒取向完全一致时，$a=2$，$c=1$；而当单畴颗粒的取向呈混乱分布时，

$a=0.64$（对于立方晶体，$K_1>1$）或 $a=0.96$（单轴晶体），$c=0.48$。由此可知，在大块单畴材料中，当所有单畴颗粒的易磁化方向（长轴）完全平行排列时，材料永磁性能最高。

由单磁畴微粒子的磁各向异性产生高矫顽力的重要永磁材料中，属于形状磁各向异性机制的有：铝镍钴合金、Fe-Cr-Co 合金（析出型）；属于晶体磁晶各向异性机制的有 $Nd_2Fe_{14}B$、钡铁氧体等。

5.1.3 最大磁能积 $(BH)_{max}$

图 5.1 表示退磁曲线及该曲线对应的 B_d 和 H_d 的乘积曲线。当 $H_d=0$ 时，$B_dH_d=0$；同样，在曲线与 H 轴的交点，$B_d=0$，也有 $B_dH_d=0$。在这两点之间 B_dH_d 存在最大值，称其为最大磁能积 $(BH)_{max}$。如果永磁体的尺寸比取 $(BH)_{max}$ 的形状，则能保证该永磁体单位体积的磁场能为最大。这样，就可以根据 $(BH)_{max}$ 确定各种永磁体的最佳形状。在最佳形状下，再根据能获得磁场的大小来比较不同永磁体的强度。$(BH)_{max}$ 越高的永磁体，产生同样的磁场所需的体积越小；在相同体积下，$(BH)_{max}$ 越高的永磁体获得的磁场越强。因此，$(BH)_{max}$ 是评价永磁体强度的最主要指标。

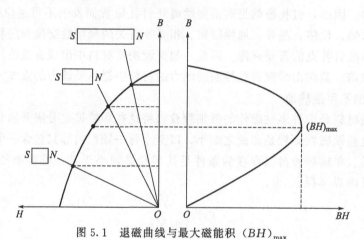

图 5.1 退磁曲线与最大磁能积 $(BH)_{max}$

在矩形磁滞回线中，若矫顽力 $_MH_C$ 充分大，$(BH)_{max}$ 在数值上等于 $\mu_0 M_S$ 的 1/2 与其对应的磁场强度的乘积，即

$$(BH)_{max}=\frac{\mu_0 M_S}{2}\cdot\frac{M_S}{2}=\frac{\mu_0 M_S^2}{4} \tag{5.3}$$

式(5.3) 描述的是理想条件下的永磁体，必须满足下面两个条件：

① 剩余磁化强度 $M_r=M_S$，也就是说在永磁体内不能有空洞和其他非磁性相存在，而且永磁体的易磁化轴与所加外磁场方向完全一致；

② 内禀矫顽力 $_MH_C\geqslant M_S/2$。

由式(5.3) 可知，一种永磁材料只有具备足够高的内禀矫顽力 $_MH_C$ 和尽可能高的饱和磁化强度 M_S，才能使 $(BH)_{max}$ 最大限度地接近其理论值。同时提高材料的内禀矫顽力和饱和磁化强度是提高永磁材料最大磁能积的最有效途径。

5.1.4 稳定性

永磁体的稳定性是指它的有关磁性能在长时间使用过程中或受到温度、外磁场、冲击、振动等外界因素影响时保持不变的能力。材料稳定性的好坏直接关系到永磁体工作的可靠性，永磁材料的稳定性主要包括时间稳定性和温度稳定性。

永磁材料的时间稳定性是指在室温下放置引起的长期时效，它和永磁体材料自身的矫顽力和外形尺寸密切相关。一般来说，永磁材料的矫顽力越大，尺寸越大，时间稳定性就越高。

永磁材料的温度稳定性是用来描述材料在外界温度变化下，仍能保持磁性能的能力。永磁材料的应用温度区间较宽，在某些特殊的环境条件下，永磁材料往往需要在$-20\sim500℃$温度范围内工作。在设计磁路时，必须考虑到磁铁磁性能随着温度的变化量。

材料的稳定性主要受材料的成分、外形尺寸、所处工作环境等多种因素的共同影响，其中最主要的材料本身的物理化学性质。寻找化学成分稳定，物理性能优良的永磁材料对设计和制备高性能、高稳定性的永磁材料至关重要。

5.2 金属永磁材料

5.2.1 金属永磁材料分类

永磁材料区别于其他磁性材料一个重要的特征是矫顽力相对较高。根据矫顽力机理的不同，可将金属永磁材料分为以下几类：淬火硬化型磁钢、析出硬化型磁钢、时效硬化型永磁、有序硬化型永磁。

5.2.1.1 淬火硬化型磁钢

淬火硬化型磁钢主要包括碳钢、钨钢、铬钢、钴钢和铝钢等。该类磁钢的矫顽力主要是通过高温淬火手段，把已经加工过的零件中的原始奥氏体组织转变为马氏体组织来获得。淬火硬化型磁钢矫顽力和磁能积都比较低。现在，这类永磁体已很少使用。

5.2.1.2 析出硬化型磁钢

析出硬化型磁钢大致有以下三类：Fe-Cu系合金，主要用于铁簧继电器等方面；Fe-Co系合金，主要用于半固定装置的存储元件；还有一类就是AlNiCo系合金。这其中又以铝镍钴永磁合金最为著名，它是金属永磁材料中最主要、应用最广泛的一类。

5.2.1.3 时效硬化型永磁合金

时效硬化型永磁合金的矫顽力通过淬火、塑性变形和时效硬化的工艺获得。该类合金机械性能较好，可以通过冲压、轧制、车削等手段加工成各种带材、片材和板材等。

时效硬化型永磁合金可以分为以下几种。

① α-铁基合金，包括钴钼、铁钨钴和铁钼钴合金，其磁能积较低，一般用在电话接收机上。

② 铁锰钛和铁钴钒合金。铁锰钛合金的磁性能相当于低钴钢，但不需要战略资源钴，经冷轧、回火处理后可进行切削、弯曲和冲压等加工，主要用于指南针和仪表零件等。

铁钴钒硬磁合金的成分范围为$50\%\sim52\%Co$，$10\%\sim15\%V$，剩余为Fe。它是时效硬化永磁合金中性能较高的一种，磁能积大约在$24\sim33kJ/m^3$。铁钴钒永磁合金可用于制造微型电机和录音机磁性零件。

③ 铜基合金，主要有铜镍铁（60%Cu-20%Ni-Fe）和铜镍钴（50%Cu-20%Ni-2.5%Co-Fe）两种。其磁能积约为$6\sim15kJ/m^3$，可用于测速仪和转速计。

④ Fe-Cr-Co系永磁合金，是20世纪70年代发展起来的一种永磁材料，是当今主要应用的另一类金属硬磁合金。其基本成分为：$20\%\sim33\%Cr$，$3\%\sim25\%Co$，其余为铁。通过

改变组分含量，特别是 Co 含量，或添加其他元素如 Ti 等，可改善其永磁性能。通常添加的元素有 Mo、Si、V、Nb、Ti、W 和 Cu 等。

5.2.1.4 有序硬化型永磁合金

有序硬化型永磁合金包括银锰铝、钴铂、铁铂、锰铝和锰铝碳合金。这类合金的显著特点是在高温下处于无序状态，经过适当的淬火和回火后，由无序相中析出弥散分布的有序相，从而提高了合金矫顽力。

这类合金一般用来制造磁性弹簧，小型仪表元件和小型磁力马达的磁系统等。另外，铁铂合金具有强烈的耐腐蚀性，因而可用于化学工业的测量及调解腐蚀性液体的仪表中。

5.2.1.5 单畴微粉型永磁合金

单畴微粉型永磁合金主要是尺寸细小的铁粉或者铁钴粉、MnBi 合金粉以及 MnAl 合金粉等。微粉一般是球状或者针状，尺寸大概在 $0.01 \sim 1\mu m$。其高的矫顽力主要是由单畴颗粒磁矩的转动决定。

不同金属永磁各自有不同的特点，如磁性能、机械加工性能、稳定性等。得到充分研究和发展和研究的主要包括：性能优异 Al-Ni-Co 系铸造合金，易于加工的 Fe-Cr-Co 系合金、耐蚀的 Fe-Pt 系合金以及 MnBi 合金等。下面将分别介绍这几类金属永磁材料。

5.2.2 Al-Ni-Co 永磁合金

AlNiCo 系金属永磁是在 AlNiFe 系合金的基础上发展起来的。Fe_2AlNi 合金经过长期的成分和工艺的改善，磁性能得到了大幅度的提高，逐渐形成了铝镍钴系永磁合金。在很长的一段时间里（20 世纪 70 年代），它几乎成了永磁体的代名词。即使在今日，面对廉价的铁氧体永磁材料，高性能的稀土永磁材料（如钴基稀土永磁和钕铁硼永磁）的强大挑战，凭借着自身高的温度稳定性，仍然有着很重要的应用领域。

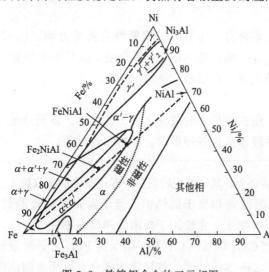

图 5.2 铁镍铝合金的三元相图

铝镍钴的合金相图与铁镍铝合金相图类似，但是各相存在的温度范围有所不同。图 5.2 为铁镍铝的三元合金室温相图。它是从 1300℃ 将合金以 10℃/h 的速率缓慢冷却到室温测得。图中 α 是结构为体心立方的固溶体，是富铁的强磁相，α′ 是以 NiAl 为基的面心立方固溶体，呈现弱磁性。此外，图中各个相区的大小和合金的冷却速度有关。

同样，AlNiCo 合金相图可以参考上图。由于钴的影响，高温 α 相转变 $\alpha_1 + \alpha_2$ 的分解温度有所不同。在铝镍钴合金中会添加少量的其他金属元素，α_1 相的主要成分是铁和钴，只含有少量的铜、铝、钛等元素；α_2 则主要是由镍、铝、钛组成，因此，前者是铁磁性相，后者是弱磁性相或者非磁性相。

高性能的铝镍钴合金主要是由上述的 α_1 和 α_2 两个晶格常数和成分不同的体心立方相组成。这种显微组织是通过热处理过程中，Spinodal 分解形成的。

$$\text{高温}\ \alpha(\text{Al-Ni-Co}) \leftrightarrow \alpha_1(\text{FeCo}) + \alpha_2(\text{NiAl}) \tag{5.4}$$

式中，$\alpha_1(\text{FeCo})$ 为富集 Fe、Co 的强磁性相，而 $\alpha_2(\text{NiAl})$ 为富集 Ni、Al、Ti 的非磁性相。

Spinodal 分解的产物是细微而又分布均匀的两相，它们在空间成周期性排列。如果在分解过程中外加磁场，从而可以改变磁性相的析出形态，有利于形成细长的单畴颗粒，这种具有形状各向异性的单畴颗粒对于提高永磁体的磁性能，尤其是矫顽力具有重要作用。

铝镍钴虽然是多元合金，但一般可以认为它是固态下具有可混间隙的伪二元合金。图 5.3 为这种伪二元合金的相关系，左侧是 FeCo 侧，右侧是 NiAl 侧。图中同时表明了合金居里温度 T_C 随着成分变化的趋势，此外，图中实线为溶解度曲线，虚线为 Spinodal 曲线。高温 α 相冷却到实线以下时，开始析出 α_1 和 α_2 两相。合金在溶解度曲线和 Spinodal 曲线之间的区域退火时，新相的析出是通过形核长大过程进行的；合金在 Spinodal 曲线以下区域退火时，新相是经过 Spinodal 分解实现的。由形核长大过程形成的 α_1 相是一些大小不一和随机分布的微小颗粒，而由 Spinodal 分解形成得到的 α_1 相则是规则分布的棒状析出物。

根据生产工艺不同分为烧结铝镍钴和铸造铝镍钴。

烧结铝镍钴是运用粉末冶金的方法制备 AlNiCo 合金。

铝镍钴合金的硬度高，很难加工，因此多以铸造磁钢制品的形式出现。铝镍钴合金制品基本上都由熔化铸造工艺制取，熔化采用高频感应炉。在铝镍钴的铸造工艺中采用热流控制的定向凝固技术，可以得到晶粒轴沿 [100] 方向的柱状晶，而该方向正好与立方点阵金属的易磁化轴相一致。铸造后的铝镍钴系磁钢，在 1000~1300℃ 温度，经数十分钟固溶处理，使合金元素均匀化。经固溶处理后，形成单相固溶体（α）相。再经过适当的磁场热处理，如式（5.4）所示，单相 α 固溶体

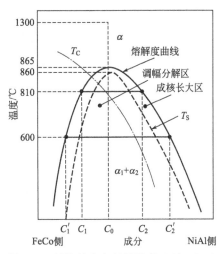

图 5.3　铝镍钴合金相图示意（AlNiCo8）

会分解出 α_1（体心立方铁磁性相）和 α_2（体心立方非磁性相）。由于外加磁场的存在，使具有形状各向异性的铁磁性单畴粒子沿磁场方向在非磁性 α_2 相中整齐排列。若再经 600℃，10h 小时的时效处理，两相间的化学成分浓度差会进一步增加。图 5.4 为各向异性铝镍钴合金制备工艺简图。

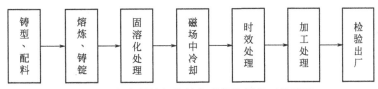

图 5.4　各向异性铝镍钴永磁体的制备工艺简图

铸造工艺可以加工生产不同的尺寸和形状的产品；与铸造工艺相比，烧结产品局限于小的尺寸，其生产出来的毛坯尺寸公差比铸造产品毛坯要好，磁性能要略低于铸造产品，但可

加工性要好。

铝镍钴系磁铁的优点是：剩磁高、温度系数低。在剩磁温度系数为$-0.02\%/℃$时，最高使用温度可达550℃左右。缺点是：矫顽力非常低（通常小于160kA/m），退磁曲线非线性。因此铝镍钴磁铁虽然容易被磁化，同样也容易退磁。

表5.1和表5.2给出了典型铸造AlNiCo和烧结AlNiCo永磁合金的主要性能。

表5.1 铸造铝镍钴永磁合金的磁性能

MMPA 分类	剩磁 B_r /(mT/Gs)	矫顽力 $_BH_C$ /(kA/m/Oe)	最大磁能积$(BH)_{max}$ /(kJ/m³/MGOe)	居里温度 T_C/℃	工作温度 T_w/℃	剩磁温度 系数 /(%/℃)
	典型值	典型值	典型值	典型值	典型值	典型值
ALNICO3	600/6000	40/500	10/1.25	750	550	-0.02
	600/6000	44/550	10/1.25	750	550	-0.02
ALNICO2	700/7000	44/550	12/1.50	800~850	550	-0.02
	680/6800	48/600	13/1.63	800~850	550	-0.02
ALNICO4	800/8000	48/600	16/2.00	800~850	550	-0.02
	900/9000	48/600	18/2.25	800~850	550	-0.02
ALNICO5	1200/12000	48/600	37/4.63	800~850	550	-0.02
	1230/12300	48/600	40/5.00	800~850	550	-0.02
	1250/12500	52/650	44/5.50	800~850	550	-0.02
ALNICO5DG	1280/12800	56/700	48/6.00	800~850	550	-0.02
	1300/13000	56/700	52/6.50	800~850	550	-0.02
ALNICO5-7	1300/13000	58/720	56/7.00	800~850	550	-0.02
	1330/13300	60/750	60/7.50	800~850	550	-0.02
ALNICO6	1000/10000	56/700	28/3.50	800~850	550	-0.02
	1100/11000	56/700	30/3.75	800~850	550	-0.02
	580/5800	80/1000	18/2.25	800~850	550	-0.02
ALNICO8	800/8000	100/1250	32/4.00	800~850	550	-0.02
	800/8000	110/1380	38/4.75	800~850	550	-0.02
	850/8500	115/1450	44/5.50	800~850	550	-0.02
ALNICO8HE	900/9000	120/1500	48/6.00	800~850	550	-0.02
	900/9000	110/1380	60/7.50	800~850	550	-0.02
ALNICO9	1050/10500	112/1400	72/9.00	800~850	550	-0.02
	1080/10800	120/1500	80/10.00	800~850	550	-0.02
	1100/11000	115/1450	88/11.00	800~850	550	-0.02
	1150/11500	118/1480	96/12.00	800~850	550	-0.02
ALNICO8HC	700/7000	140/1750	36/4.50	800~850	550	-0.02
	800/8000	145/1820	48/6.00	800~850	550	-0.02
	850/8500	140/1750	52/6.50	800~850	550	-0.02

表 5.2　烧结铝镍钴永磁合金的磁性能

MMPA 分类	剩磁 B_r /(mT/Gs)	矫顽力 $_BH_C$ /(kA/m/Oe)	最大磁能积$(BH)_{max}$ /(kJ/m³/MGOe)	居里温度 T_C/℃	工作温度 T_w/℃	剩磁温度系数 /(%/℃)
	典型值	典型值	典型值	典型值	典型值	典型值
S. ALNICO3	500/5000	40/500	8/1.00	760	450	−0.022
S. ALNICO2	700/7000	48/600	12/1.50	810	450	−0.014
S. ALNICO7	600/6000	90/1130	18/2.20	860	450	−0.02
S. ALNICO5	1200/12000	48/600	34/4.25	890	450	−0.016
S. ALNICO6	1050/10500	56/700	28/3.50	850	450	−0.02
S. ALNICO8	800/8000	120/1500	38/4.75	850	450	−0.02
S. ALNICO8	880/8800	120/1500	42/5.25	820	450	−0.02
S. ALNICO8HC	700/7000	140/1750	33/4.13	850	450	−0.025

5.2.3　Fe-Cr-Co 永磁合金

　　Fe-Cr-Co 合金是根据 Spinodal 分解理论在 Fe-Cr 二元合金的基础上加 Co 发展起来的。其永磁性能相当于中等性能的 Al-Ni-Co 系合金，但是机械性能较好，易于加工。在一些特定的应用场合，Fe-Cr-Co 永磁合金具有其他磁性材料不可替代的地位。一般来说，Fe-Cr-Co 合金的基本成分为：3%～25%（原子）Co，20%～33%（原子）Cr，其余为铁，并添加 Mo、Si、V、Nb、Ti、W、Cu 等元素。

　　铁铬钴三元合金靠 FeCr 的一侧的成分在高温下有一均匀的 α 单相区（α 为体心立方相）。当合金从高温 α 相区淬火到室温时，便可以形成均匀的过饱和固溶体 α。和铝镍钴永磁合金一样，如果将这种合金进行适当的热处理，便可以通过 Spinodal 分解使得 α 相转变为周期性排列的 $α_1$ 相和 $α_2$ 相。其中 $α_1$ 是富 Fe、Co 相，是强磁性相，而 $α_2$ 是富 Cr 相，是非磁性或者弱磁性相。在磁场作用下，也可以使 $α_1$ 相成为细长形状的颗粒。Fe-Cr-Co 的矫顽力正是来源于这些单畴颗粒的形状各向异性以及畴壁的钉扎作用。

　　如图 5.5 为含钴量为 15% 的 Fe-Cr-Co 合金相图的垂直截面图。可以看出，如果合金热处理不当，将会在合金的室温组织中出现 γ 相和 σ 相。实践证明，这两相的存在将会严重影响到合金磁性的提高，特别是 σ 相，它的存在不仅会影响合金的磁性能，更会使得合金的加工性能恶化。在制造含钴量为 23% 左右的铁铬钴合金时，为了避免合金中出现 σ 相而影响加工，热轧必须在 1050～1300℃ 的温度区域内进行，冷轧后必须将合金加热到 1300℃ 以上进行固溶处理，随后淬入冰水中。此外，发现 Fe-Cr-Co 合金的相图对少量添加元素，如 V、Ti、Mo、Zr、Nb 等十分敏感，并可以通过调整成分来避免 σ 相和 γ 相的出现。

　　Fe-Cr-Co 合金的制备工艺流程如图 5.6 所示。合金感应或者电弧熔炼并浇注成铸锭，随后冷轧或

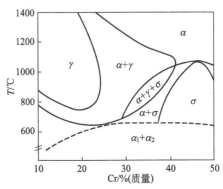

图 5.5　含 15%（质量）Co 的 Fe-Cr-Co 合金相图的垂直截面

121

者热轧成需要的形状，然后在900～1300℃固溶处理。固溶处理的温度选择要根据合金的成分确定，特别是当Co含量较高时，固溶温度相应要提高。固溶处理后，淬火到室温。最后通过形变时效或者磁场时效制备各向异性的磁体。

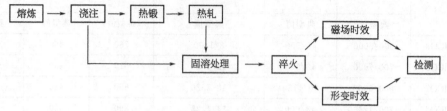

图5.6　Fe-Cr-Co合金制备工艺流程

铁铬钴有永磁中的"变形金刚"之称，容易金属加工，特别是拉丝和拉管，这是其他永磁材料所相比的优势。虽然铁铬钴磁性能仅与中等性能的Al-Ni-Co系合金相当，但其居里温度较高（$Tc≈680℃$），使用温度较高（可达400℃），可逆温度系数很小。磁体可平面多极充磁，特别适宜制作尺寸要求高形状复杂的细小、微薄永磁元件。磁体可用于电话机、转速仪、微电机、微型继电器、扬声器等。

表5.3列举了一些不同成分的Fe-Cr-Co合金磁性能。

表5.3　不同成分铁铬钴合金的磁性能

成分/[%（质量），余为铁]					B_r/T	H_c /($\times 10^4$A/m)	$(BH)_{max}$ /(kJ/m^3)	工艺特点
Cr	Co	Mo	Ti	Cu				
32	3	—	—	—	1.29	3.57	32	磁场处理，回火
30	5	—	—	—	1.34	4.20	42	磁场处理，回火
26	10	—	1.5	—	1.44	4.70	54	磁场处理，回火
33	11.5	—	—	2	1.15	6.05	50	形变时效
22	15	—	1.5	—	1.56	5.09	66	磁场处理，回火
33	16	—	—	—	1.29	7.00	65	形变时效
24	15	3	1.0	—	1.54	6.68	76	柱状晶，磁场处理，回火
33	23	—	—	2	1.30	8.60	78	形变时效

5.2.4　Fe-Pt永磁合金

图5.7是Fe-Pt二元合金的平衡相图。从图中可以看出，Fe、Pt能够形成Fe_3Pt、FePt和$FePt_3$三种化合物。当Fe/Pt原子比在1:3左右时，形成的$FePt_3$在有序状态时为反铁磁性，无序状态时为铁磁性。当Fe/Pt原子比在1:1左右时，形成的FePt高温下为无序的A_1-FePt相（面心立方结构，fcc），Fe原子和Pt原子随机占据fcc晶格格点，晶格参数为$a=0.3877nm$；低温下为有序的$L1_0$-FePt相（面心四方结构，fct），Fe原子和Pt原子依次占据（001）面的晶格格点，晶格参数为$a=0.3905nm$，$c=0.3735nm$。当Fe/Pt原子比在3:1左右时，形成有序$L1_2$-Fe_3Pt相，该相表现出铁磁性，具有高饱和磁化强度。

无序、有序FePt晶体结构示意如图5.8所示。$L1_0$-FePt相磁晶各向异性常数非常高，为单轴易磁化，其易磁化方向为c轴[001]方向。在这种有序结构中，Pt原子中的5d电子轨道和Fe原子中处于高极化态的3d电子轨道发生很强的杂化，晶格场的对称性和自旋-

轨道耦合作用决定了其具有大的磁晶各向异性能（$K_u \approx 7 \times 10^7 \, \text{erg/cm}^3$）。此外，$L1_0$ 相 FePt 合金还具有高饱和磁化强度（约 $1140 \, \text{emu/cm}^3$）、高磁晶各向异性场（约 116kOe）、极小的超顺磁极限颗粒尺寸（它允许的最小晶粒尺寸为 3nm 左右，约为 Co 基合金的 1/3）、较高的居里温度（$Tc = 480℃$）以及优异的化学稳定性等优点。综合上述优点，FePt 纳米颗粒可能成为最理想的超高密度的信息存储材料。

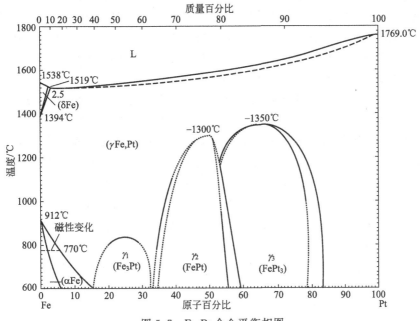

图 5.7　Fe-Pt 合金平衡相图

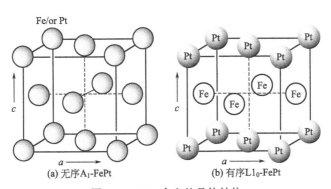

图 5.8　FePt 合金的晶体结构

Fe-Pt 合金永磁材料的制备目前主要集中在块体和薄膜材料两个方向。

在块体材料方面，由于 Fe-Pt 合金具有良好的永磁性能，非常优良的耐磨性以及耐腐蚀性，使得其在微电机械和医疗器械领域具有良好的应用前景。块体 Fe-Pt 合金采用高纯度的铁和铂（纯度不低于 99.9%）作为原料，为了防止被氧化，气作为保护气体在真空电弧炉内进行熔炼，然后将熔炼所得的液态合金浇铸成适当形状的块体合金。浇铸合金在氩气保护下再进行高温均匀化处理，其温度一般在 1373～1598K 之间，之后以水为介质淬火。最后试样在一定温度下低温退火，退火温度根据不同需要选定，一般在 773～1073K 之间。

在薄膜方面，Fe-Pt 合金饱和磁性强度高、磁晶各向异性强、抗氧化性强，因此是一种极具发展前景的永磁薄膜材料。Fe-Pt 合金薄膜的主要制备方法有磁控溅射法、真空电弧离子法、机械冷变形法和化学合成法等。

5.2.5 Mn-Bi 永磁合金

Mn-Bi 合金是非磁性元素锰和铋按一定比例合成的铁磁性物质。一般情况下，Mn-Bi 合金包含 Bi 相和 Mn-Bi 低温相。其中 Mn-Bi 低温相是铁磁性的，是 Mn-Bi 合金磁特性的来源。Mn-Bi 合金的低温相具有良好的单轴磁晶各向异性，而高温淬火相具有优异的磁光特性，在永磁材料和磁记录材料方面具有很好的应用前景。Nd-Fe-B 和 Sm-Fe-N 都具有较大的负矫顽力温度系数，限制了磁体在较高温度的应用。而 Mn-Bi 低温相具有正的矫顽力温度系数以及较好的磁性能，尤其在高温领域其磁性能超过了 NdFeB。但由于锰铋合金的磁性随温度的变化很大，而且制造工艺又较复杂，因此 Mn-Bi 合金未得广泛的大规模生产。

Mn-Bi 合金的相图如图 5.9 所示。由图可见，Mn-Bi 合金共晶成分为 Bi-0.72%（质量）Mn，共晶点温度为 262℃。Mn-Bi 合金反应过程中，若反应温度在 355℃ 以下，固态的 Mn 元素和 Bi 熔体直接反应生成低温相（low temperature phase，简称 LTP），Liq.＋(Mn)s→MnBi；若反应温度在 355℃ 以上，含有 21%Mn 固态和 Bi 金属熔体首先在 446℃ 通过包晶反应形成 $Mn_{1.08}Bi$，称为高温相（high temperature phase，简称 HTP），Liq.＋(αMn)s→$Mn_{1.08}Bi$；合金冷却到 340℃ 时，$Mn_{1.08}Bi$ 相发生顺磁-铁磁转变，同时成分发生微小变化，形成热力学稳定的金属间化合物 Mn-Bi 低温相，$Mn_{1.08}Bi$→MnBi＋Mn；如果 $Mn_{1.08}Bi$ 相淬火，则不形成铁磁性 Mn-Bi 低温相，而是形成一种亚稳态的高温淬火相，经过适当的热处理可以转变为稳定的 Mn-Bi 低温相；当合金由室温加热至 355℃ 时，MnBi 低温相发生铁磁-顺磁转变，同时成分发生微小变化，形成 $Mn_{1.08}Bi$ 高温相，MnBi→$Mn_{1.08}Bi$＋Bi。

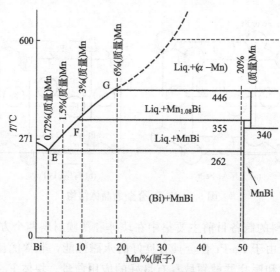

图 5.9　Mn-Bi 合金的部分相图

Mn-Bi 合金可以呈现不同的相结构，不同相的晶体结构和性能参数如表 5.4 所示。从表中可看出，在室温下只有低温相（LTP）和高温淬火相（QHTP）具有铁磁性，因此，这两相长期以来倍受人们关注。

表 5.4　Mn-Bi 合金中不同相的晶体结构和性能参数

晶体相	晶体结构	晶格常数/×10^{-10}m			T_C/K
		a	b	c	
LTP	hex. P63/mmc	4.29		6.126	628(355℃) 铁磁
HTP	hex. P63/mmc	4.28		6.00	460(187℃) 顺磁
QHTP	ortho. P2221 or P63/mmc	4.344 4.34	7.505	5.959 5.97	440(167℃) 铁磁
NP(or HC)	hex. P63/mmc	4.32		5.83	240(−33℃) 铁磁
Mn$_3$Bi	hex. $\overline{R}$3m	4.49		19.97	—

　　制备 Mn-Bi 永磁体的方法虽有很多,但直到目前仍没有获得纯低温相的单相合金的简单又有效的办法。由 Mn-Bi 二元合金相结构可知,低温相(LTP)与高温相(HTP)和"新相(NP)"十分接近,这使形成单相合金的难度增加。制备低温相 MnBi 永磁合金难度大还因为该相是经包晶反应而形成的,总有其他相的存在,极难制备单相合金。Mn、Bi 的熔点分布是 1519K 和 544K,两者熔点差别大。另外,MnBi 合金的包晶反应温度为 719K,在此温度 Mn 容易偏析出来。MnBi 永磁合金的制备方法主要包括:混合烧结法、定向凝固法、磁场取向凝固法和机械合金化法等。

　　混合烧结法是 MnBi 合金的传统制备方法。该方法将 Mn、Bi 单质颗粒混合(一般是按分子式 MnBi 配料,原子比为 1∶1),在低于包晶反应的某个温度下进行烧结,以获得永磁 MnBi 合金。该方法最后得到的合金中低温相的含量很低,而且其中还含有许多的起始原料 Mn 和 Bi 相,因此样品磁性能不佳。这主要是因为在 MnBi 合金中 Mn 的扩散速度很慢,致使一开始反应时在 MnBi 界面最先形成的 MnBi 合金阻碍了此反应的继续进行。

　　通过采用定向凝固技术并控制 Bi/MnBi 共晶合金的凝固过程,使磁性相呈纤维状定向均匀分布于 Bi 基体中。高度弥散的 Mn-Bi 纤维的生长方向与其易磁化轴方向一致,满足了各向异性永磁材料中磁性相的晶体学择优生长方向必须与易磁化轴方向一致的基本条件,从而使该材料具有较好的各向异性和磁性。

　　磁场对材料结晶凝固组织有影响,利用磁场可控制材料的结晶凝固过程,形成结构和性能具有各向异性的材料。MnBi 化合物在 355℃发生铁磁-顺磁转变,在 446℃完全分解。为提高 MnBi 低温相的含量,相关研究多采用过共晶成分的 MnBi 合金。将 MnBi 过共晶合金加热至液固两相区内低于 MnBi 的居里温度,此时铁磁性的 MnBi 晶体被已熔化的 Bi/MnBi 共晶合金液体包围,很容易在磁场中取向,获得具有织构的 MnBi 合金,从而提高合金的永磁性能。

　　机械合金化高能球磨技术可用来制备出常规条件下难于合成的许多新型亚稳态材料,如非晶、准晶、纳米晶和过饱和固溶体等。高能球磨在合金粉末中引入大量的应变、缺陷等,使得合金化过程不同于普通的固态反应过程,有望提高低温相的含量。将 Mn 粉和 Bi 粉按照 MnBi 配料并且在氩气保护条件下球磨,球磨一定时间后,混合粉末的饱和磁化强度会很快增大并达到最大值。

5.3 铁氧体永磁材料

铁氧体永磁材料是一类具有亚铁磁性的金属氧化物，磁化后不容易退磁，能较长时间保留其磁性，同时也不容易被腐蚀。

在铁氧体磁性材料中，磁铅石型的钡（锶）铁氧体（$BaO \cdot 6Fe_2O_3$，$SrO \cdot 6Fe_2O_3$），称为 M 型钡锶铁氧体材料，是铁氧体永磁材料的典型代表。钡铁氧体最早于 1952 年成功制备，由于它不含镍、钴等战略物资，且具有较高的磁能积，获得广泛应用。此外，具有尖晶石结构的钴铁氧体（$CoFe_2O_4$）由于含有钴，成本高，且磁能积也不是很大，因此目前它的应用不如钡（锶）铁氧体广泛。如无特殊说明，人们通常所说的铁氧体永磁就是指钡（锶）铁氧体。

永磁铁氧体按模压成型时是否需要磁场取向，可分为各向异性和各向同性永磁铁氧体；按成品是否进行烧结处理，永磁铁氧体可分为烧结永磁铁氧体和粘接永磁铁氧体。粘接永磁铁氧体按其成型方法的不同，可分为挤出成型、压延成型和注射成型永磁铁氧体；按成型所用料的含水率的多少，将永磁铁氧体分为干压成型和湿压成型永磁铁氧体。

铁氧体永磁材料主要用作各种扬声器和助听器等电声电讯器件、各种电子仪表控制器件、微型电机的永磁体和微波铁氧体器件。

5.3.1 铁氧体永磁材料的晶体结构

磁铅石型钡铁氧体和尖晶石型钴铁氧体都属于亚铁磁性物质，它们晶体中的磁性离子之间的交换作用是通过隔在中间的非磁性离子 O 为媒介来实现的。

钡铁氧体为六角晶系的磁铅石型铁氧体，晶体结构如图 3.24 所示。一个晶胞内含有 2 个 $BaFe_{12}O_{19}$ 分子。一个晶胞中共有 10 个氧离子密堆积层，其中两个密堆层中各含有一个占据氧位置的 Ba 离子，还包括两个各含四个氧密堆积层的尖晶石块。通常将 Ba 层称为 B_1，尖晶石块称为 S_4。$BaFe_{12}O_{19}$ 晶胞就是按照 $B_1S_4B_1S_4$ 的顺序堆拓而成。S_4 中有 9 个 Fe^{3+} 离子，7 个占据氧八面体间隙，2 个占据氧四面体间隙。B_1 中有 3 个 Fe^{3+} 离子，2 个占据氧八面体间隙，1 个占据三角形双锥间隙。Fe^{3+} 离子总共有 5 种不同的晶格位分布，分别是：2a、2b、12k、$4f_1$、$4f_2$。$4f_2$、2a、12k 是八面体间隙位置，$4f_1$ 是四面体间隙位置，2b 是三角形双锥间隙位置。2a、2b、12k 的磁矩方向相同，$4f_1$、$4f_2$ 磁矩的方向与 2a、2b、12k 的磁矩方向相反。

钴铁氧体具有尖晶石型结构，属于立方晶系，它的一个晶胞拥有 56 个离子，相当于 8 个 $CoFe_2O_4$，其中金属离子为 24 个，氧离子为 32 个，晶体结构如图 3.20 所示。钴铁氧体的一个晶胞拥有 64 个四面体间隙，32 个八面体间隙。而能够被金属离子填充的只有 8 个 A 位，16 个 B 位。因此，样品的磁性能与 A 位和 B 位上离子的数量和种类密切相关。$CoFe_2O_4$ 可以表示成 $(Co_x^{2+}Fe_{1-x}^{3+})[Co_{1-x}^{2+}Fe_{1+x}^{3+}]O_4$，（）和［］分别表示晶体中四面体的 A 位和八面体的 B 位。它的磁性质主要由两个晶格之间的阳离子分布和磁相互作用决定。理论上，磁矩可以用公式 $M_{cal} = M_B - M_A$ 来计算，M_A 和 M_B 分别代表 A 位和 B 位的总磁矩。在实验中，$CoFe_2O_4$ 的磁化强度变化范围很大，这通常归因于晶粒大小、颗粒大小和形貌的变化。

5.3.2 铁氧体永磁材料的磁性能

与金属永磁材料相比，铁氧体永磁材料的优点在于：a.矫顽力 H_c 大；b.质量轻，密度为 $(4.6\sim5.1)\times10^3\,kg/m^3$；c.原材料来源丰富，成本低，耐氧化，耐腐蚀；d.磁晶各向异性常数大；e.退磁曲线近似为直线。铁氧体永磁材料的缺点则是剩余磁化强度较低，温度系数大，脆而易碎。

磁铅石型铁氧体是目前应用最广的铁氧体永磁材料。它具有以下特性：晶体结构为磁铅石型，呈六角状，易磁化轴为 C 轴；其组分为 $MO\cdot6Fe_2O_3$，$M=Ba$、Sr、Pb、Ca、La等；磁化强度来源为非补偿的亚铁磁性；矫顽力主要起因是磁晶各向异性；饱和磁化强度为 $320\sim380\,kA/m$，居里温度为 $450\sim460\,℃$，使用温度范围在 $-40\sim85\,℃$。典型铁氧体永磁材料在室温下的基本性能如表 5.5 所示。

表 5.5　典型铁氧体永磁材料在室温下的基本性能

基本特性参数	BaM	PbM	SrM
$M_S/(kA/m)$	380	320	370
$K/J\cdot m^{-3}$,20℃	3.3×10^5	3.2×10^5	3.7×10^5
$d/g\cdot cm^{-3}$	5.3	5.6	5.1
$T_C/℃$	450	452	460
$(BH)_{max}/(kJ\cdot m^{-3})$	43	35.8	41.4
$_MH_C/(kA/m)$（理论）	549	429	644
$\sigma_s/A\cdot m^2\cdot kg^{-1}$	71.7	58.2	72.5

钴铁氧体 $CoFe_2O_4$ 具有高的居里温度（523℃）、大的磁晶各向异性常数（$2.7\times10^5\,J\cdot m^{-3}$）、高矫顽力、硬度大、化学性质稳定、适中的饱和磁化强度和高频下的低损耗等独特性能，因此具有广阔的应用前景，如：高密度磁存储领域、电磁微波吸收、磁流体、催化剂、药物靶向、磁选、磁共振和气体传感器等。

5.3.3 铁氧体永磁材料的制备

铁氧体永磁材料的制备过程可分为铁氧体粉料制造阶段、成型阶段、烧结阶段和加工分析阶段，并且每个阶段都有若干过程和方法。其工艺流程图如图 5.10 所示。

铁氧体永磁粉料的制造方法有多种，比如氧化物固相反应法、溶胶-凝胶法、共沉淀法、溶盐合成法等。其中氧化物固相反应法是大规模工业生产的方法，而其他方法是为了制造特殊要求的铁氧体，或是为了得到具有特定颗粒形状铁氧体粉料所采用的手段。

用氧化物固相反应法制备铁氧体粉料的工艺流程（以钡/锶铁氧体为例）：铁的氧化物和钡或锶的氧化物按一定比例混合→预烧→破碎→二次球磨→烘干→钡/锶铁氧体粉料。

原料的混合通常是通过把称量好的各种原材料放在一起并加入液体、钢球到球磨机来实现。目的是使各原料互相混合均匀，以增大不同原料颗粒间的接触面。

预烧的目的是使原材料颗粒之间发生固相反应，使原材料大部分变为铁氧体。预烧的作用主要包括：降低化学不均匀性；使烧成产品的收缩率变小，减少产品变形的可能性；使铁氧体粉料更容易造粒和成型；提高产品密度；提供产品性能的一致性。

粉碎一方面可将包在反应层内部的原料暴露出来，并且让不同原料颗粒间接触，以利于

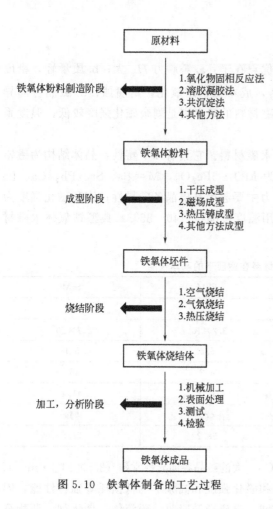

图 5.10 铁氧体制备的工艺过程

固相反应的进行，另一方面，由于粉碎可使颗粒变细，细颗粒粉料具有更高的烧结活性，可有利于产品的致密化和晶粒生长。

永磁铁氧体的成型方法有很多种，如干压成型、磁场成型、热压铸成型、冲压成型、强挤压成型和浇铸成型。

铁氧体的烧结过程是指在铁氧体制造过程中，将成型后的铁氧体坯件经过一定的处理后置于高温烧结炉中加热烧结，并在烧结温度下保温一段时间，然后冷却下来的过程。铁氧体烧结的目的在于：使铁氧体反应完全；控制铁氧体的内部组织结构以达到所要求的电、磁和其他物理性质；满足技术条件上所规定的产品形状，尺寸和外观等要求。永磁铁氧体的烧结方法主要有空气烧结、气氛烧结和热压烧结。空气烧结是指不通其他任何气体，在空气条件下进行烧结。而对于永磁钡铁氧体来说，在烧结过程中，如果缺氧，则钡铁氧体会被还原，体系中形成 Fe^{2+}，最终可能使其磁性能和机械性能变坏，甚至一敲即碎。因此为获得磁性能优异的永磁钡铁氧体，通常采用氧气烧结。这样，即使在高温烧结过程中形成了 Fe^{2+}，但在降温冷却过程中，向炉膛内通氧气，使周围气氛中的氧分压增大，又会使 Fe^{2+} 氧化成 Fe^{3+}，从而可保证钡铁氧体优异的磁性能。热压烧结是指将铁氧体粉料或坯件装在热压模具内置于热压高温烧结炉内加热，当温度升到预定温度时，对铁氧体粉料或坯件施以一定的压力烧结。采用热压烧结的意义在于：降低气孔率，提高铁氧体密度；降低烧结温度，缩短烧结时间；控制铁氧体的显微结构。

烧成后的铁氧体产品，需根据技术条件的要求进行机械加工。铁氧体是由许多晶粒和气孔组成的，其机械性能硬而脆，因此它不适于像金属材料那些用车、铣、刨等方法进行机械加工，而主要是通过磨削、切割、研磨抛光，有时还利用超声波钻孔等方法，以满足尺寸精度、形位公差和粗糙度的要求。

5.4 稀土永磁材料

5.4.1 稀土永磁材料概述

稀土永磁材料是一种有重要影响力的功能材料，已广泛应用于交通、能源、机械、计算机、家用电器、微波通讯、仪表技术、电机工程、自动化技术、汽车工业、石油化工、生物工程等领域，其用量与成为衡量一个国家综合国力和国民经济发展的重要标志之一，是现在信息产业的基础之一。中国稀土资源十分丰富，其储量居世界第一，近几十年来，尤其是稀土铁基永磁材料的问世以来，中国稀土永磁材料的科研、生产和应用得到了迅速的发展。

稀土系永磁材料是稀土元素 RE（Sm、Nd、Pr 等）与过渡金属 TM（Fe、Co 等）所形成的一类高性能永磁材料。在元素周期表里，稀土元素是 15 个镧系元素的总称，它们依次是镧（La）、铈（Ce）、镨（Pr）、钕（Nd）、钷（Pm）、钐（Sm）、铕（Eu）、钆（Gd）、铽（Tb）、镝（Dy）、钬（Ho）、铒（Er）、铥（Tm）、镱（Yb）和镥（Lu）。其中，排列次序位于钆之前的 7 个元素称为轻稀土元素，其他则称为重稀土元素。需要指出的是，人们常把第Ⅲ副族元素钪（Sc，原子序数 21）和钇（Y，原子序数 39）也列入稀土元素之中。

稀土元素未满电子壳层为 4f，由于受到 5s，5p，6s 电子层的屏蔽，受晶体场的影响小，其轨道磁矩未被"冻结"，因而原子磁矩大。由于轨道磁矩的存在，自旋磁矩与轨道磁矩间的耦合作用很强，表现在稀土永磁合金的磁晶各向异性能和磁弹性能很大，即 K 和 λ_S 很大。同时，稀土永磁合金的晶体结构为六角晶系和四方晶系，因此具有强烈的单轴各向异性，这是稀土永磁获得高矫顽力的基础。

对于纯稀土合金，4f 电子层受到屏蔽，因此稀土原子间 4f-4f 电子云交换作用较弱，交换积分常数 A 较小，故合金居里温度低。纯稀土合金的居里温度大部分在室温以下，因此很难获得实用的永磁材料。铁钴镍一类过渡族金属在室温下具有很强的铁磁性，同时具有高居里温度。那么，稀土族金属和铁、钴等过渡族金属能否组成合金，从而提高稀土族金属的居里温度，获得性能优良的磁性材料呢？于是，从 50 年代起人们开始对稀土——过渡族合金的磁性能进行了一系列深入的研究，并很快获得突破性进展。

20 世纪 60 年代开发的以 $SmCo_5$ 为代表的第一代稀土永磁材料和 70 年代开发的以 Sm_2Co_{17} 为代表的第二代稀土永磁材料都具有良好的永磁性能，其最大磁能积 $(BH)_{max}$ 分别达到 147.3kJ/m^3 和 238.8kJ/m^3。但是 Sm-Co 永磁含有战略物资金属钴和储量较少的稀土元素钐，存在原材料价格和供应问题，发展受到很大影响和制约。1983 年开发出了具有单轴各向异性的金属间化合物 $Nd_2Fe_{14}B$（四方晶结构），并制成了 $(BH)_{max}$ 达 446.4kJ/m^3 的高磁能积 Nd-Fe-B 磁体，开创了第三代稀土永磁材料。钕铁硼磁体兼具高剩磁、高矫顽力、高磁能积、低膨胀系数等诸多优点，最大磁能积理论值高达 512kJ/m^3（64MGOe）。与前两代稀土永磁不同，Nd-Fe-B 磁体为铁基稀土永磁，不用昂贵和稀缺的金属钴，而且钕在稀土中含量也比钐丰富 5～10 倍，因而原料相对丰富，更重要的是，它以创纪录的磁能积为一系列技术创新开辟了道路。随后，人们一直在努力探索，试图发现性能更加优异的第四代稀土永磁材料。以 Sm-Fe-N 为代表的新型结构稀土永磁材料和双相纳米晶复合永磁材料是比较有开发潜力的稀土永磁材料，但目前综合磁性能仍然不如第三代 Nd-Fe-B 磁体。

图 5.11 中列出了三代稀土永磁材料最大磁能积随时间的进展情况。可以看出稀土系永磁材料的永磁性能其具有优异的磁性能，而稀土永磁材料中又以 Nd-Fe-B 系永磁体为最。与其他永磁材料相比，产生相同磁场，需要烧结钕铁硼磁体的体积是马氏体磁钢的 1/60，AlNiCo 磁体的 1/5，$SmCo_5$ 磁体的 2/3～1/3。Nd-Fe-B 永磁材料具有如下特点：①磁性能高；②居里点低，温度稳定性较差，化学稳定性也欠佳。第四个特点可以通过调整化学成分和采取其他措施来改善。总之，Nd-Fe-B 是一种性能优异的永磁材料，特别有利于仪器仪表的小型化、轻量化和薄型化发展。30 多年来，人们对 Nd-Fe-B 永磁材料的基础研究、产品开发都取得了很大的进展。烧结钕铁硼材料已在计算机、航空航天、核磁共振、磁悬浮等高

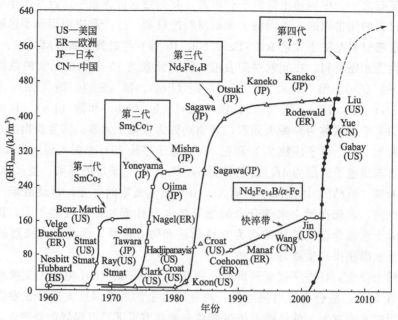

图 5.11　稀土永磁材料的磁能积随年代的变化关系

新技术领域得到了广泛应用，随着科技的进步和社会的发展，烧结钕铁硼磁体的社会需求逐年增加。我国稀土资源十分丰富，稀土储量占世界总储量的 80％，大力开发及应用 Nd-Fe-B 永磁材料具有广阔的前景。

5.4.2　稀土钴系永磁材料

钴基稀土永磁材料包括 Sm-Co 系、Pr-Co 系和 Ce-Co 系等几种永磁系列。不同的稀土元素构成的钴基化合物永磁材料具有不同的磁性能。其中以 Sm-Co 系稀土永磁材料最具有代表意义，它是永磁材料发展史上的里程碑。

图 5.12 为 Sm-Co 二元合金相图。从相图中可以看出，Sm-Co 可形成一系列金属间化合物。在这一系列稀土钴金属间化合物中，以 $SmCo_5$ 和 Sm_2Co_{17} 的饱和磁化强度和居里温度为最高。下面分别介绍作为第一代稀土永磁材料的 $SmCo_5$ 和第二代稀土永磁材料的 Sm_2Co_{17}。

5.4.2.1　$SmCo_5$ 永磁体

$SmCo_5$ 合金具有 $CaCu_5$ 型晶体结构，这是一种六角结构，如图 5.13 所示。它由两种不同的原子层所组成，一层是呈六角形排列的钴原子，另一层由稀土原子和钴原子以 1∶2 的比例排列而成。晶格常数 $a=5.004\text{Å}$，$c=3.971\text{Å}$。这种低对称性的六角结构使 $SmCo_5$ 化合物有较高的磁晶各向异性，沿 c 轴是易磁化方向。

$SmCo_5$ 永磁体的发现，标志着稀土永磁时代的到来。$SmCo_5$ 的内禀矫顽力 $_MH_C$ 高达 $1200\sim2000\text{kA/m}$，磁晶各向异性强，$K_U=15\sim19\times10^3\text{kJ/m}^3$，饱和磁化强度 $M_S=890\text{kA/m}$，其理论磁能积达 244.9kJ/m^3，居里温度 $T_C=740℃$。$SmCo_5$ 磁体的缺点是含有较多的战略金属钴和储藏较少的稀土金属 Sm。原材料价格昂贵，其发展前景受到资源和价格的限制。表 5.6 给出了 $SmCo_5$ 系列烧结钐钴永磁材料性能。

$SmCo_5$ 稀土永磁材料的制备一般采用的粉末冶金法和还原扩散法。

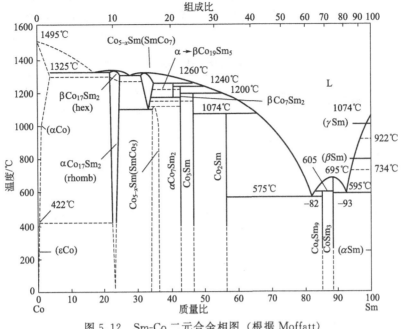

图 5.12　Sm-Co 二元合金相图（根据 Moffatt）

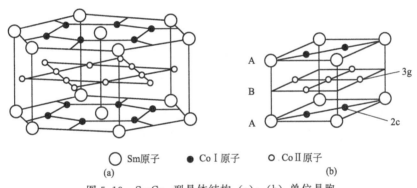

○ Sm原子　● CoⅠ原子　○ CoⅡ原子

图 5.13　SmCo₅ 型晶体结构 (a)；(b) 单位晶胞

　　粉末冶金有以下几个步骤：熔炼→制粉→磁场下成型→烧结。$SmCo_5$ 合金熔炼采用真空感应电炉，由于稀土元素化学活性较强，易于氧化且熔炼中高温下易挥发，所以需要在惰性气体（如氩气）氛围中加热熔炼。抽真空后升温到 1300～1400℃保温 1～2h，降温时在 900℃保温 1h，目的是促进成分均匀化，提高合金的矫顽力。制粉阶段主要经过粗破碎、中破碎和细磨得到 3～5μm 的粉末然后在磁场取向条件下压制成型。$SmCo_5$ 采用液相烧结，将两种不同稀土含量的合金按照一定比例混合后在氩气中于 1120～1140℃烧结 1～1.5h，再缓冷到 1095～1100℃保温 15～40min，在充足氩气的保护下，缓冷到 840～920℃保温 0.5～1h 后急冷到室温。

　　还原扩散法制备稀土永磁材料的工艺过程：原材料准备→按配方称料→混料→还原扩散→除去 Ca 和 CaO→磨粉→粉末干燥→磁场中取向成型→高温烧结→热处理→磨加工→检测→产品。用还原扩散法制备稀土永磁材料基本原理是用金属钙还原稀土氧化物，使之变成纯稀土金属，再通过稀土金属与 Co 或 Fe 等过渡性金属原子的相互扩散，直接得到稀土永磁材料粉末。和粉末冶金工艺相比，简化了工艺流程，减少了纯稀土金属的制取环节，同时降低了材料生产成本。还原扩散法的优点是：①粉末很细、可直接送往细磨，免去预破碎工艺；②合金成分调整方便；③使用比稀土金属廉价的稀土氧化物，可降低成本。

表 5.6 SmCo₅ 系列烧结钐钴永磁材料性能

材料牌号		剩磁 B_r		磁感应矫顽力$_BH_C$	内禀矫顽力$_MH_C$	最大磁能积 $(BH)_{max}$		居里温度 T_C	工作温度 T_w	剩磁温度系数 $\alpha(Br)$	内禀矫顽力温度系数 $\alpha/(_MH_C)$
		典型值	最小值	最小值	最小值	典型值	最小值		最大值	典型值	典型值
		T	T	kA/m	kA/m	kJ/m³		℃	℃	%/℃	%/℃
		kGs	kGs	kOe	kOe	MGOe					
RECo5 119/127	SmCo16	0.83	0.81	620	1274	127	119	750	250	−0.04	−0.3
		8.3	8.1	7.8	16	16	15				
RECo5 135/127	SmCo18	0.87	0.84	645	1274	143	135	750	250	−0.04	−0.3
		8.7	8.4	8.1	16	18	17				
RECo5 151/127	SmCo20	0.92	0.89	680	1274	159	151	750	250	−0.04	−0.3
		9.2	8.9	8.5	16	20	19				
RECo5 159/127	SmCo22	0.95	0.93	710	1274	167	159	750	250	−0.04	−0.3
		9.5	9.3	8.9	16	21	20				
RECo5 175/119	SmCo24	0.98	0.96	730	1194	183	175	750	250	−0.04	−0.3
		9.8	9.6	9.2	15	23	22				

5.4.2.2 Sm₂Co₁₇ 永磁体

Sm_2Co_{17} 合金在高温下是稳定的 Th_2Ni_{17} 型六角结构，在低温下为 Th_2Zn_{17} 型的菱方结构，这是在三个 $SmCo_5$ 型晶胞基础上用两个钴原子去取代一个稀土原子，并在基面上经滑移而成的。室温下结构的晶格常数为 $a=8.395$Å，$c=12.216$Å。图 5.14 给出了 Sm_2Co_{17} 合金高温六角结构与低温菱方结构。

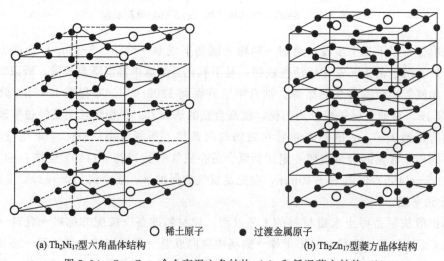

○ 稀土原子 ● 过渡金属原子

(a) Th₂Ni₁₇型六角晶体结构　　　　　(b) Th₂Zn₁₇型菱方晶体结构

图 5.14　Sm₂Co₁₇ 合金高温六角结构（a）和低温菱方结构（b）

磁性材料与磁测量

Sm_2Co_{17} 具有高的内禀饱和磁化强度 $\mu_0 M_S = 1.2T$，易磁化轴为 C 轴居里温度 T_C 也很高，$T_C = 926℃$，所以是很理想的永磁材料。用 Fe 部分取代 Sm_2Co_{17} 化合物中的 Co，所形成的 $Sm_2(Co_{1-x}Fe_x)_{17}$ 合金的内禀饱和磁化强度可进一步提高。当 $x = 0.7$ 时，$Sm_2(Co_{0.3}Fe_{0.7})_{17}$ 合金的 $\mu_0 M_S$ 可高达 1.63T，其理论最大磁能积可高到 $525.4kJ/m^3$。

虽然 Sm_2Co_{17} 二元合金是易 c 轴的，但它的矫顽力仍然偏低，很难成为实用的永磁材料。于是，人们通常采用多元素添加的方式来发展 2∶17 型稀土钴永磁材料。目前实用性较好的有三个系列，即①Sm-Co-Cu 系；②Sm-Co-Cu-Fe 系；③Sm-Co-Cu-Fe-M 系（M＝Zr、Ti、Hf、Ni 等）。目前在工业上广泛应用的是 Sm-Co-Cu-Fe-M 系 2∶17 型永磁体，即第二代稀土永磁体。在稀土永磁材料中，2∶17 型 $Sm_2(Co,Cu,Fe,M)_{17}$ 永磁材料是磁性稳定性最好的一类。该类永磁体抗氧化能力强，磁性能随温度变化较小。例如，$Sm_2(CoFeCuZr)_{17}$ 合金在 25～400℃ 的很宽的温度范围内，磁感可逆温度系数也仅有 $-0.034\%/℃$，矫顽力可逆温度系数也相当低，约为 $-0.148\%/℃$。

$Sm_2(Co,Cu,Fe,M)_{17}$ 型稀土永磁材料，经固溶处理，并在 850℃ 以下时效处理后，磁体内形成微细菱形胞状组织，胞内为具有菱方结构的 2∶17 相，胞壁为具有六方结构的 1∶5 相。这两相是共格的，2∶17 相中由于 Co 和 Fe 富集而具有铁磁性，1∶5 相中由于 Cu 的富集而成为弱磁性或非磁性。目前普遍认为，$Sm_2(Co,Cu,Fe,M)_{17}$ 型稀土永磁材料的矫顽力是沉淀相对畴壁的钉扎来决定的。

$Sm_2(Co,Cu,Fe,M)_{17}$ 型稀土永磁材料和 $SmCo_5$ 永磁材料相比有下述优点：①配方中的 Co 含量与 Sm 的含量比 $SmCo_5$ 永磁材料低；②磁感温度系数低更，可以在更宽的温度范围工作；③居里点高。但 2∶17 型稀土永磁材料，制造工艺上复杂，为了提高矫顽力必须多段时效，因此工艺费用比 $SmCo_5$ 要高。

Sm_2Co_{17} 永磁体的主要方法是烧结法。其工艺流程如下：原料准备→合金熔炼→破碎→磁场取向与成型→高温烧结→热处理→磨加工→检测。工艺过程中的关键技术是热处理，这是提高磁体矫顽力的关键。以 $Sm_2(Co,Cu,Fe,M)_{17}$ 型稀土永磁材料为例，高温烧结温度一般在 1220～1185℃ 之间，保温 1～2h；后续的热处理采用多级等温时效的制度：700～750℃，1～1.5h；550～650℃，1.5～2h；450～550℃，3.5～4.5h。

表 5.7 给出了 Sm_2Co_{17} 系列烧结钐钴永磁材料性能。

表 5.7 Sm_2Co_{17} 系列烧结钐钴永磁材料性能

材料牌号		剩磁 B_r		磁感应矫顽力 $_BH_C$	内禀矫顽力 $_MH_C$	最大磁能积 $(BH)_{max}$		居里温度 T_C	工作温度 T_w	剩磁温度系数 $/\alpha(B_r)$	内禀矫顽力温度系数 $\alpha(_MH_C)$
		典型值	最小值	最小值	最小值	典型值	最小值		最大值	典型值	典型值
		T	T	kA/m	kA/m	kJ/m³		℃	℃	%/℃	%/℃
		kGs	kGs	kOe	kOe	MGOe					
RE2Co17 175/199	SmCo 24H	0.99	0.96	692	1990	183	175	820	350	-0.03	-0.2
		9.9	9.6	8.7	25	23	22				
RE2Co17 175/143	SmCo 24	0.99	0.96	692	1433	183	175	820	300	-0.03	-0.2
		9.9	9.6	8.7	18	23	22				

133

材料牌号		剩磁 B_r		磁感应矫顽力 $_BH_C$	内禀矫顽力 $_MH_C$	最大磁能积 $(BH)_{max}$		居里温度 T_C	工作温度 T_w	剩磁温度系数 $/\alpha(B_r)$	内禀矫顽力温度系数 $\alpha(_MH_C)$
		典型值	最小值	最小值	最小值	典型值	最小值		最大值	典型值	典型值
		T	T	kA/m	kA/m	kJ/m³		℃	℃	%/℃	%/℃
		kGs	kGs	kOe	kOe	MGOe					
RE2Co17 191/199	SmCo 26H	1.04	1.02	750	1990	199	191	820	350	−0.03	−0.2
		10.4	10.2	9.4	25	25	24				
RE2Co17 191/143	SmCo 26	1.04	1.02	750	1433	199	191	820	300	−0.03	−0.2
		10.4	10.2	9.4	18	25	24				
RE2Co17 191/80	SmCo 26M	1.04	1.02	676	796～1273	199	191	820	300	−0.03	−0.2
		10.4	10.2	8.5	10～16	25	24				
RE2Co17 191/44	SmCo 26L	1.04	1.02	413	438～796	199	191	820	250	−0.03	−0.2
		10.4	10.2	5.2	5.5～10	25	24				
RE2Co17 207/199	SmCo 28H	1.07	1.04	756	1990	215	207	820	350	−0.03	−0.2
		10.7	10.4	9.5	25	27	26				
RE2Co17 207/143	SmCo 28	1.07	1.04	756	1433	215	207	820	300	−0.03	−0.2
		10.7	10.4	9.5	18	27	26				
RE2Co17 207/80	SmCo 28M	1.07	1.04	676	796～1273	215	207	820	300	−0.03	−0.2
		10.7	10.4	8.5	10～16	27	26				
RE2Co17 207/44	SmCo 28L	1.07	1.04	413	438～796	215	207	820	250	−0.03	−0.2
		10.7	10.4	5.2	5.5～10	27	26				
RE2Co17 222/199	SmCo 30H	1.1	1.08	788	1990	239	222	820	350	−0.03	−0.2
		11.0	10.8	9.9	25	30	28				
RE2Co17 222/143	SmCo 30	1.1	1.08	788	1433	239	222	820	300	−0.03	−0.2
		11.0	10.8	9.9	18	30	28				
RE2Co17 222/80	SmCo 30M	1.1	1.08	676	796～1273	239	222	820	300	−0.03	−0.2
		11.0	10.8	8.5	10～16	30	28				
RE2Co17 222/44	SmCo 30L	1.1	1.08	413	438～796	239	222	820	250	−0.03	−0.2
		11.0	10.8	5.2	5.5～10	30	28				
RE2Co17 239/143	SmCo 32	1.12	1.1	796	1433	255	230	820	300	−0.03	−0.2
		11.2	11.0	10	18	32	29				
RE2Co17 239/80	SmCo 32M	1.12	1.1	676	796～1273	255	230	820	300	−0.03	−0.2
		11.2	11.0	8.5	10～16	32	29				
RE2Co17 239/44	SmCo 32L	1.12	1.1	413	438～796	255	230	820	250	−0.03	−0.2
		11.2	11.0	5.2	5.5～10	32	29				

5.4.3　Nd-Fe-B 稀土永磁材料

Nd-Fe-B 合金一经面世，便以其创纪录的磁能积，获得"磁王"的美誉，被称为第三代稀土永磁材料。Nd-Fe-B 稀土永磁材料诞生后，迅速地发展出一系列稀土铁基永磁材料的品种。按照材料组成大致包括 Nd-Fe-B 三元系、Pr-Fe-B 三元系、其他 RE-Fe-B 三元系、Nd-FeM-B 四元系、Nd-FeM$_1$M$_2$-B 五元系等（M，M$_1$，M$_2$ 代表其他金属元素，特别是过渡族金属元素）。在这一系列稀土铁基永磁材料中 Nd-Fe-B 合金最具有代表性，因此本节重点介绍 Nd-Fe-B 稀土永磁材料。

5.4.3.1　Nd-Fe-B 合金的相组成

Nd-Fe-B 合金一般具有三个相组成：Nd$_2$Fe$_{14}$B 相、富 Nd 相和富 B 相。Nd$_2$Fe$_{14}$B 相为磁性相，Nd-Fe-B 合金的磁性由该相提供，因其为合金的最主要组成部分，又称为主相。富 Nd 相和富 B 相均为非磁性相，但要想得到优异的磁性能，合金中必须含有适量的富 Nd 相和少量的富 B 相。下面重点介绍 Nd$_2$Fe$_{14}$B 主相的晶体结构与磁性能。

Nd$_2$Fe$_{14}$B 相属于四角晶体（或简称四方相），空间群 P42/mnm，晶格常数 $a=0.882$nm，$c=1.224$nm，具有单轴各向异性，单胞结构如图 5.15 所示。每个单胞由 4 个 Nd$_2$Fe$_{14}$B 分子组成，共 68 个原子，其中有 8 个 Nd 原子，56 个 Fe 原子，4 个 B 原子。这些原子分布在 9 个晶位上：Nd 原子占据 4f、4g 两个晶位，B 原子占据 4g 晶位，Fe 原子占据 6 个不同的晶位，即 16k$_1$、16k$_2$、8j$_1$、8j$_2$、4e 和 4c 晶位。其中 8j$_2$ 晶位上的 Fe 原子处于其他 Fe 原子组成的六棱锥的顶点，其最近邻 Fe 原子数最多，对磁性有很大影响。4e 和 16k$_1$ 晶位上的 Fe 原子组成三棱柱，B 原子正好处于棱柱的中央，通过棱柱的 3 个侧面与最近邻的 3 个 Nd 原子相连，这个三棱柱使 Nd、Fe、B 这 3 种原子组成晶格的框架，具有连接 Nd-B 原子层上下方 Fe 原子的作用。

Nd$_2$Fe$_{14}$B 相结构决定了其内禀磁特性：居里温度 T_C、各向异性场 H_a 和饱和磁化强度 M_S。

Nd$_2$Fe$_{14}$B 相的居里温度 T_C 由不同晶位上的 Fe-Fe 原子对、Fe-Nd 原子对和 Nd-Nd 原子对间的交换作用确定。Nd 原子的磁矩起源于 4f 态电子。4f 态电子壳层的半径约为 0.03nm，而在 Nd$_2$Fe$_{14}$B 相中，Nd-Nd 或 Nd-Fe 原子间距

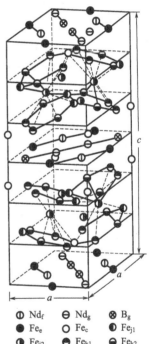

① Nd$_f$	⊖ Nd$_g$	⊗ B$_g$
● Fe$_e$	○ Fe$_c$	① Fe$_{j1}$
① Fe$_{j2}$	● Fe$_{k1}$	⊖ Fe$_{k2}$

图 5.15　Nd$_2$Fe$_{14}$B 单胞结构

（0.3nm）比 4f 半径大了一个数量级，因此 Nd-Nd 间的相互作用较弱，可以忽略。Fe 原子的磁矩起源于 3d 电子。3d 电子半径约 0.125nm，当 Fe 原子间距大于 0.25nm 时，存在正的交换作用；当 Fe 原子间距小于 0.25nm 时，3d 电子云有重叠，存在负的交换作用。所以 Nd$_2$Fe$_{14}$B 相中，Fe-Fe 原子对之间的相互作用是最主要的。不同晶位上的 Fe-Fe 原子对的间距变化范围从 0.239nm（8j$_1$－16j$_2$）～0.282nm(4e－4e)，它们之间的交换作用有些为正，有些负。正负相互作用部分抵消，使 Nd$_2$Fe$_{14}$B 硬磁性的居里温度较低。

Nd$_2$Fe$_{14}$B 相在室温条件下具有单轴各向异性，c 轴为易磁化轴。Nd$_2$Fe$_{14}$B 相的各向异性是由 Nd 亚点阵和 Fe 亚点阵所贡献的，两者分别由 4f 和 3d 电子轨道磁矩与晶格场相互作

用引起，其中 4f 电子轨道与晶格场相互作用是主要的。在 $Nd_2Fe_{14}B$ 晶体中，Nd 原子所在晶位处的晶格场是不对称的，由于晶格场的不对称性，使 4f 电子云的形状发生不对称性变化，从而产生各向异性。3d 和 4f 电子存在很强的交换作用，因此在较宽的温度区间，3d 和 4f 的各向异性具有相同的方向。所以晶体结构的不对称性分布致使 $Nd_2Fe_{14}B$ 具有很强的单轴磁晶各向异性。

$Nd_2Fe_{14}B$ 晶粒的饱和磁化强度主要是由 Fe 原子磁矩决定。Nd 原子是轻稀土原子，其磁矩与 Fe 原子磁矩平行取向，属于铁磁性耦合，对饱和磁极化强度也有一定的贡献。$Nd_2Fe_{14}B$ 晶粒中，不同晶位的 Fe 原子磁矩是不同的，这与不同晶位 Fe 原子所处的局域环境有关。从总体上看 $8j_2$ 晶位上的 Fe 原子磁矩最高，为 $2.80\mu_B$，$4c$ 晶位上的 Fe 原子磁矩较低，为 $1.95\mu_B$，平均为 $2.10\mu_B$。

综合以上，$Nd_2Fe_{14}B$ 硬磁性相的内禀磁性参数是：居里温度 $T_C \approx 585K$；室温各向异性常数 $K_1 = 4.2MJ/m^3$，$K_2 = 0.7MJ/m^3$，各向异性场 $\mu_0 H_a = 6.7T$；室温饱和磁极化强度 $J_S = 1.61T$。$Nd_2Fe_{14}B$ 硬磁性晶粒的基本磁畴结构参数为：畴壁能量密度 $\gamma \approx 3.5 \times 10^{-2}J/m^2$，畴壁厚度 $\delta_B \approx 5nm$，单畴临界尺寸为 $d \approx 0.3\mu m$。

各类 Nd-Fe-B 磁体主要成分都是硬磁性的 $Nd_2Fe_{14}B$ 相，其体积分数大约占到 98%。除此之外，Nd-Fe-B 磁体还包括富 Nd 相和富 B 相，还有一些 Nd 氧化物和 α-Fe、FeB、FeNd 等软磁性相。Nd-Fe-B 磁体的磁性主要是由硬磁性相 $Nd_2Fe_{14}B$ 决定。弱磁性相及非磁性相的存在具有隔离或减弱主相磁性耦合的作用，可提高磁体的矫顽力，但降低了饱和磁化强度和剩磁。

富 Nd 相是非磁性相，沿 $Nd_2Fe_{14}B$ 晶粒边界分布或者呈块状存在于晶界交界处，也可能呈颗粒状分布在主相晶粒内，如图 5.16 所示。富 Nd 相成分复杂，晶界和晶界连接处的富 Nd 相通常为面心立方（fcc）结构，$a = 0.56nm$，Nd 和 Fe 的含量分别为 $75\% \sim 80\%$（原子）和 $20\% \sim 25\%$（原子）；晶内富 Nd 相多为双六方（dhcp）结构，$a = 0.365nm$，$c = 1.180nm$，Nd/Fe 原子比例约为 95/5。富 Nd 相通常含有一定量的氧，因为氧在制备中是无法完全排除的。

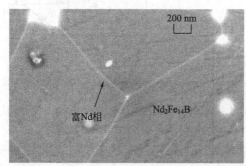

图 5.16 富 Nd 相的在烧结 Nd-Fe-B 磁体中的分布

富 Nd 相的形态和分布显著地影响着磁体的磁性能。富 Nd 相的存在，有两个重要的作用：第一是少量的富 Nd 相沿晶粒边界均匀分布，并包围每一个 2:14:1 相晶粒，其厚度为 $2 \sim 3nm$，便可把相邻 2:14:1 相晶粒的磁绝缘起来，起到去交换耦合作用，实现磁硬化。如果 Nd-Fe-B 永磁材料中没有少量的富 Nd 相，就不可能有高矫顽力；第二是起烧结助剂的作用。因为富 Nd 相在 650℃左右就熔化。当 Nd-Fe-B 永磁材料在烧结时，富 Nd 相已熔化成液体，起到液相烧结的作用，为制造致密的 Nd-Fe-B 永磁材料打下基础。富 Nd 相在平衡状态时，稀土金属含量大于 95%，Fe 含量小于 5%，它具有双六方结构。在非平衡状态，富 Nd 相中的 Fe 和 Nd 的比例存在很大的变化范围，形成 Fe 和 Nd 的二元系合金，很容易氧化，形成 Nd-Fe-O 三元系，此时它具有面心立方的晶体结构。面心立方的 Nd-Fe-O 三元系富 Nd 相与 2:14:1 主相的润湿性较好，便于它沿 2:14:1 相晶界分布，起到磁硬化与助液相烧结的作用。

富 Nd 相有多种形态，主要有三种。第一种是在主相晶粒边界以薄层的形式存在，这是最佳存在形式。第二种是在晶界耦合处或其他地方以团块状存在，这会降低磁性能，稀磁作用明显。第三种是晶粒内部颗粒沉淀的形态，这也不是好的形态。富 Nd 相的含量就要控制到薄层 2～3nm，以把所有主相晶粒包围起来即可。过多的富 Nd 相会导致两个结果：主相晶粒的富 Nd 相包覆层的厚度过大；或是富 Nd 相以孤立的团块状存在，这些都会恶化磁性能。表 5.8 给出了烧结 Nd-Fe-B 组成相的成分与特征。

表 5.8 Nd-Fe-B 磁体中各组成相的成分与特征

组成相	成分	各相形貌、分布与取向特征
$Nd_2Fe_{14}B$	2：14：1	多边形,尺寸不同(一般 5～20μm)取向不同
富 B 相	1：4：4	大块或细小颗粒沉淀,存在于晶界或交隔处或晶粒内
富 Nd 相	Fe：Nd=1：1.2～1.4 Fe：Nd=1：2～2.3 Fe：Nd=1：3.5～4.4 Fe：Nd>1：7	薄层状或颗粒状,沿晶界分布或处于晶界交隔处或镶嵌在晶粒内部
Nd 的氧化物	Nd_2O_3	大颗粒或小颗粒沉淀,存在于晶界
富 Fe 相	Nd-Fe 化合物或 α-Fe	沉淀,存在于晶粒或晶界
其他外来相	氯化物[NdCl、Nd(OH)Cl 或 Fe-P-S 相]	颗粒状

为了增大剩磁 B_r，Nd-Fe-B 永磁材料的成分应与 $Nd_2Fe_{14}B$ 分子式相近。实验结果表明，若按 $Nd_2Fe_{14}B$ 成分配比，虽然可以得到单相的 $Nd_2Fe_{14}B$ 化合物，但磁体的永磁性能很低。这是因为，此时液相（富 Nd 相）减少或消失，对磁体产生了两个不利的影响：一是液相烧结不充分，烧结体密度下降，不利于提高 B_r；二是液相不足就不能形成足够的晶界相，不利于提高 H_C。实际上只有永磁合金的 Nd 和 B 的含量分别比 $Nd_2Fe_{14}B$ 化合物的 Nd 和 B 的含量多时，才能获得较好的永磁性能。保持 B 的含量不变逐步增加 Nd 的含量时，发现：在 Nd 的含量为 13%～15% 时，磁体获得最高的 B_r 值；继续增大 Nd 含量可以提高磁体的矫顽力，却导致了材料 B_r 的下降。保持 Nd 含量不变逐步增加 B 含量时，发现：B 是促进 $Nd_2Fe_{14}B$ 四方相形成的关键因素，增加 B 的含量有助于 $Nd_2Fe_{14}B$ 相的形成。在 B 的原子分数为 6%～8% 时，磁体的 B_r 和 H_C 都达到最佳值。所以，在 Nd-Fe-B 永磁材料的成分设计时应考虑如下原则：①为获得高矫顽力的 Nd-Fe-B 永磁体，除 B 含量应适当外，可适当提高 Nd 含量。②为获得高磁能积的合金，应尽可能使 B 和 Nd 的含量向 $Nd_2Fe_{14}B$ 四方相的成分靠近，尽可能地提高合金的 Fe 含量。③控制稀土金属总量和氧含量，降低磁体中非磁性相掺杂物的体积分数，提高主相的量。

Nd-Fe-B 磁体的矫顽力远低于 $Nd_2Fe_{14}B$ 硬磁性相各向异性场的理论值，仅为理论值的 1/3～1/5，这是由于材料的微观结构和缺陷造成的。磁体的微观结构，包括晶粒尺寸、取向及其分布、晶粒界面缺陷及耦合状况等。根据理论计算，晶粒间的长程静磁相互作用会使理想取向的晶粒的矫顽力比孤立粒子的矫顽力低 20%；而偏离取向的晶粒间的短程交换作用会使矫顽力降低到理想成核场的 30%～40%。因此，在理想状况下，主相晶粒应被非磁性的晶界相完全分隔开，隔断晶粒间的磁相互作用。这就要求磁体中要含有足够的富 Nd 相。磁体中晶粒边界层和表面结构缺陷既是晶粒内部反磁化的成核区域，又是阻碍畴壁运动的钉扎部位，所以对磁体的矫顽力有着决定性的影响。

5.4.3.2 Nd-Fe-B 永磁体磁性能

我们知道，近邻原子之间的交换相互作用是物质磁性的来源。因此，物质结构各层次之间的相互作用与材料磁性能密切相关。稀土（RE）-过渡族金属（TM）化合物中，RE 亚晶格与 TM 亚晶格之间的交换相互作用影响各向异性和磁化行为。此外，晶粒之间的相互作用影响磁体的矫顽力、剩磁和磁能积等宏观磁性。因此，凡是影响 Nd-Fe-B 中各晶粒之间的相互作用以及 $Nd_2Fe_{14}B$ 晶粒中 RE 和 TM 两种亚晶格之间的相互作用的因素都会对 Nd-Fe-B 磁体的性能产生影响。Nd-Fe-B 永磁体磁性能受到添加元素、磁粉和晶粒尺寸、取向度以及氧含量等因素的影响，这里主要讨论添加元素的影响。

添加元素既可以影响主相的内禀特性，又可以影响磁体的微结构，因此可望改善磁体的 B_r、$_MH_C$、T_C 等指标。一般来说，添加元素可分为以下两类。

（1）置换元素　其主要作用是改善主相的内禀特性，又包括以下两种。

① 置换主相中的 Fe。Fe 的近邻元素 Co、Cr、Ni、Mn 能够进入 $Nd_2Fe_{14}B$ 主相置换 Fe。Co 可以全部替代 Fe，Cr、Ni、Mn 部分置换 Fe。Co 优先占据 $16k_1$ 和 $8j_2$ 晶位；Ni 优先占据 $16k_2$ 和 $8j_2$ 晶位；Cr、Mn 优先占据 $8j_2$ 晶位。这些元素置换 Fe，会减小晶格中 $16k_2$-$8j_1$ 和 $16k_1$-$8j_2$ 之间负的交换作用，增强 3d-3d 原子交换作用，提高磁体的居里温度 T_C，降低剩磁的温度系数；同时也对磁体的其他磁性能产生影响。成分设计置换 Fe 的主要目的是：提高磁体的居里温度，提高磁体的工作温度和温度稳定性。Fe 的替代元素中 Co 的作用效果最明显最常用。

Co 元素影响烧结 Nd-Fe-B 磁体的磁性能和居里温度。研究表明：$Nd_2(Fe_{1-x}Co_x)_{14}B$ 的居里温度 T_C 随 Co 含量增加而增大；磁晶各向异性场 H_a 却一直减小；饱和磁化强度 M_S 先增大后减小，在 $x=0.1$ 时达最大值。Co 不仅改变了磁体的内禀性能，还影响其微观结构。Co 替代 Fe 对磁性能的影响，与 Co 含量和其分布状况有关。含量低时，Co 分布在 $Nd_2Fe_{14}B$ 主相中；含量多时，部分 Co 进入晶界区域。例如，在掺 Co 的 $Nd_{15}Fe_{77}B_8$ 烧结磁体中，Co 含量高于 10%（原子）时，在磁体的晶界区域可以发现 Co 的存在。在晶界区域 Co 可与 Nd、Fe 反应形成 $NdCo_2$、$Nd(Fe,Co)_2$、$Nd(Co,Fe)_3$、$Nd(Fe,Co)_4B$ 等软磁相，并引起主相晶粒粗化。大量的 Co 会恶化磁体的磁性能，一般情况下，Co 含量应控制在 10%（原子）以内。

熔炼合金化时，少量或微量的 Al、Ga、Mg、Sn、Si 也可能进入主相替代 Fe，对磁体的内禀性能产生影响。Ga、Mg、Si 能提高磁晶各向异性场 H_a，Ga、Sn、Si 有利于改善居里温度 T_C，但却降低了 $Nd_2Fe_{14}B$ 主相的饱和磁化强度 M_S，有磁稀释作用，不利于磁性能的改善，因此应尽量避免或减少 Al、Ga、Mg、Sn、Si 向主相中扩散。

② 置换主相中的 Nd。Nd 之外的其他稀土元素 RE（La、Ce、Pr、Sm……）都可以与 Fe 和 B 形成 $RE_2Fe_{14}B$ 化合物。向烧结 Nd-Fe-B 磁体中添加其他稀土元素，可以形成含多元稀土元素的磁体。其他稀土元素的作用取决于 $RE_2Fe_{14}B$ 的内禀磁性能（表 5.9）。$RE_2Fe_{14}B$ 化合物中 $Nd_2Fe_{14}B$ 的饱和磁极化强度 J_S 最大；除 Pr、Sm、Tb、Dy、Ho 外，其他稀土元素与 Fe 和 B 形成 $RE_2Fe_{14}B$ 的磁晶各向异性场小于 $Nd_2Fe_{14}B$ 的磁晶各向异性场 H_a；$RE_2Fe_{14}B$（RE=Sm、Gd、Tb、Dy）的居里温度大于 $Nd_2Fe_{14}B$ 的 T_C。这表明置换 Nd 不能提高磁体 B_r；Pr、Sm、Tb、Dy、Ho 取代 Nd 可以提高主相的磁晶各向异性场 H_a，能提高磁体矫顽力；Sm、Gd、Tb、Dy 置换 Nd 能提高磁体的居里温度 T_C。可见，

成分设计时用其他稀土元素置换 Nd 的主要目的是提高磁体的矫顽力。

表 5.9　$RE_2Fe_{14}B$ 化合物在 295K 的内禀性能

成分	J_S/T	$H_a/(kA/m)$	T_C/K
$La_2Fe_{14}B$	1.38	1592	530
$Ce_2Fe_{14}B$	1.17	2070	424
$Pr_2Fe_{14}B$	1.56	5970	565
$Nd_2Fe_{14}B$	1.60	5810	585
$Sm_2Fe_{14}B$	1.52	12000	616
$Gd_2Fe_{14}B$	0.89	1910	661
$Tb_2Fe_{14}B$	0.70	17512	620
$Dy_2Fe_{14}B$	0.71	11940	598
$Ho_2Fe_{14}B$	0.81	5970	573
$Er_2Fe_{14}B$	0.90	637	554
$Tm_2Fe_{14}B$	1.15	637	541
$Yb_2Fe_{14}B$	1.20	—	524
$Lu_2Fe_{14}B$	1.17	2070	535
$Y_2Fe_{14}B$	1.41	2070	565
$Th_2Fe_{14}B$	1.41	2070	481

（2）**掺杂元素**　其主要作用是调整磁体内部的微观结构，包括以下两种 Mg。

① **低熔点元素的掺杂 M1（Cu，Al，Ga，Mg，Sn，Ge，Zn）。** Al、Ga、Cu、Zn、Sn 是低熔点元素，高温时在主相中有一定的溶解度，对烧结 Nd-Fe-B 磁性能有害。但是它们也分布于晶界区域，烧结时有利于提高富 Nd 液相沿主相颗粒的润湿性，回火时改善磁体晶界的显微结构，使富 Nd 相沿晶界分布更均匀，晶界变得更平直；它们还可与 Nd、Fe 反应，形成M1-Nd、M1-Fe-Nd 晶界相，改变晶界相的物化性质。研究表明，适量添加低熔点元素能提高磁体的内禀矫顽力、最大磁能积和稳定性，其中 Al 和 Cu 是工业磁体中最常用的掺杂元素。

Cu 在主相 $Nd_2Fe_{14}B$ 中的溶解度为 5%，少量添加时 Cu 不进入 $Nd_2Fe_{14}B$ 主相内，分布在晶界富 Nd 相内，有利于提高富 Nd 晶界液相在烧结过程中的流动性，促进磁体致密化，也有利于富 Nd 相沿晶界分布。另外，Cu 与晶界区域的 Nd、Fe 反应，可能形成 Nd_3Cu、$NdCu$、$NdCu_2$、$Nd_6Fe_{13}Cu$ 低熔点相。在高于含 Cu 相熔点以上温度进行回火扩散处理时，有 Nd-Cu 液相生成。晶界交隅处的 Nd-Cu 液相通过吸管张力作用，向主相颗粒间的晶界区域扩散，增加了晶界区域 Nd 的数量，使晶界变得清晰。同时 Nd-Cu 液相能够溶解主相颗粒边界的凸起，使晶界变得光滑、平直。上述优化的晶界结构能够减弱相邻主相晶粒间的磁交换耦合作用，减小退磁场，提高反磁化畴的形核场，因此适量掺 Cu 能够有效提高磁体的矫顽力。Cu 对磁体性能的影响与其含量和热处理工艺密切相关。一般情况下，Cu 含量控制在1%（质量）以内，回火处理温度控制在约 500℃。

与 Cu 相比，Al 易于向主相中扩散，会降低饱和磁化强度、居里温度等内禀性能，但也能促进磁体烧结致密化过程，有效地优化磁体的晶界结构，尤其是改善富 Nd 晶界相的分布状况。综合 Al 对烧结 Nd-Fe-B 磁性内禀性能和结构的作用，Al 的有益影响主要与其改善磁

139

体显微结构有关，适量掺 Al 能提高磁体的磁性能。Ga、Zn、Mg、Sn 改善 Nd-Fe-B 磁性能的机制，与 Cu、Al 影响机理类似，适量添加也能改善磁体晶界微结构，提高磁性能。

多元素共同掺杂可以提高烧结 Nd-Fe-B 磁体磁性能。结果表明，对于 Cu、Co 共掺的烧结（Nd,Dy)-Fe-B 磁体组，Cu 含量仅为 0.005％时，磁体 B_r 未降反升，$_MH_C$ 显著地增大，Cu 和 Co 共掺避免了 Co 单元掺杂对矫顽力的不利影响；同时，Co 有益于提高磁体温度稳定性的作用也得到了充分发挥。同样，(Co、Al)、(W、Al)、(Ti、Al)、(Ti、Cu)、(Dy、Co、Nb)、(Dy、Co、Mo)、(Dy、Al、Ga、Nb、Zr) 等多元共掺与单组元添加相比，更有利于磁体性能指标的全面提高。随着人们对合金化机理认识的深化，为获得优良的磁性能，现在工业生产中烧结 Nd-Fe-B 基本上采用多元合金化方法。一般情况下，烧结 Nd-Fe-B 磁体由七种或更多种组元构成。

② 高熔点元素的掺杂 M2(Nb,Mo,V,W,Cr,Zr,Ti)。Nb、Zr、Ti、Mo、V、W 是高熔点掺杂元素，它们与 B、Fe 反应，可形成 M2-B、M2-Fe-B(MII＝Nb、Zr、Ti、Mo、V、W) 相，分布在烧结磁体晶内或晶界区域，起到细化晶粒和钉扎畴壁的作用，提高了磁体的磁性能。其中 Nb 和 Zr 在 Nd-Fe-B 磁体的生产中较为常用。

微量掺杂 Nb 和 Zr 能有效细化 $Nd_2Fe_{14}B$ 主相晶粒，使其更加规整，有利于提高磁体的矫顽力和温度稳定性，改善磁体的退磁曲线方形度，也有利于提高磁体的最大磁能积。晶粒细化机制与晶界区域形成 ZrB_2、$FeNbB$、Fe_2Nb 相有关。析出相能钉扎晶界，抑制晶界迁移，阻止了烧结时主相晶粒长大。这些析出相为非磁性相，在晶界区域与富 Nd 相一起，还能起到磁隔离作用，有利于提高磁体矫顽力。掺 Nb(Zr) 磁体矫顽力的提高，可能与主相颗粒内部析出富 Nb(Zr) 共格沉淀相有关，沉淀相尺寸约为 20～50nm，与畴壁宽度相尺寸相当，能钉扎畴壁，阻止畴壁运动，因此适量掺 Nb、Zr 能提高磁体的 $_MH_C$。但过量添加可导致 Nd_2Fe_{17} 软磁相析出，使磁体的 $_MH_C$ 急剧下降。Ti、Mo、V、W 与 Nb、Zr 对烧结 Nd-Fe-B 磁性能的影响机理相似，掺杂时也要控制其含量。

表 5.10 中总结出了各种添加元素所起的作用及其作用机理。表 5.11 给出了各种添加元素对 Nd-Fe-B 磁体内禀磁性的影响。

表 5.10　各种添加元素所起的作用及作用机理

添加元素	正面效果	机理	负面效果	机理
Co 置换 Fe	$T_C\uparrow$ $\alpha_{B_r}\downarrow$ 抗蚀性↑	Co 的 T_C 比 Fe 的高；新的 Nd_3Co 晶界相替代了原来易腐蚀的富 Nd 相	$B_r\downarrow$ $_MH_C\downarrow$	Co 的 M_S 比 Fe 的低；新的晶界相 Nd_3Co 是软磁性相，不起磁去耦作用
Dy、Tb 置换 Nd	$_MH_C\uparrow$	Dy 起主相晶粒细化作用；$Dy_2Fe_{14}B$ 的 H_a 比 $Nd_2Fe_{14}B$ 的高	$B_r\downarrow$ $(BH)_{max}\downarrow$	Dy 与 Fe 的原子磁矩呈亚铁磁性耦合，使主相的 M_S 下降
晶界改进元素 M_1	$_MH_C\uparrow$ 抗蚀性↑	形成非磁性晶界相，使主相去磁耦合，同时还抑制主相晶粒长大；替代原来易腐蚀的富 Nd 相	$B_r\downarrow$ $(BH)_{max}\downarrow$	非磁性元素 M1 局部替代 Fe，使主相 M_S 下降
难溶元素 M_2	$_MH_C\uparrow$ 抗蚀性↑	抑制软磁性 α-Fe、$Nd(Fe,Co)_2$ 相生成，从而增强去磁耦合，同时抑制主相晶粒长大	$B_r\downarrow$ $(BH)_{max}\downarrow$	在晶界或晶粒内生成非磁性硼化物相，使主相体积分数下降

表 5.11　添加元素对 T_C、M_S 和 H_a 的影响

元素	择优晶位	ΔT_C	ΔM_S	ΔH_a
Ti		−	−	−
V		−	−	−
Cr	$8j_2$	−	−	−
Mn	$8j_2$	−	−	−
Co	$16k_2,8j_1$	+	−	−
Ni	$16k_2,8j_2$	+	−	−
Cu		+	−	−
Zr				
Nb		−		+
Mo		/		
Ru		−	/	−
W		/	/	/
Al	$8j_2,16k_2$		−	+
Ga	$8j_1,4c,16k_2$	+	−	+
Si	$4c(16k_2)$	+	−	+

晶粒之间的耦合程度，晶粒形状、大小及其取向分布状态影响晶粒之间的相互作用，从而影响磁体的宏观磁性。理想的 Nd-Fe-B 磁体应当由具有单畴粒子尺寸（约 $0.26\mu m$）且大小均匀的椭球状晶粒构成，硬磁性晶粒结构完整，无缺陷，磁矩完全平行取向，晶粒之间被非磁性相隔离，彼此之间无相互作用。这种磁体的磁性能够达到理想化的理论值。实际上，对于采用各种工艺制备的不同成分的磁体，其晶粒的大小、形状及其取向各不相同。对于烧结磁体，各向异性晶粒的取向程度随磁粉压型时的取向磁场强度而变化，晶粒尺寸一般为 $5\sim 10\mu m$，在热处理状态下一般呈多畴结构。对于采用快淬工艺制成的黏结磁体，晶粒一般为各向同性，各晶粒磁矩混乱分布，晶粒尺寸一般为 $10\sim 500nm$，其小晶粒为单畴粒子，大晶粒可能为多畴结构。晶粒形状随工艺过程而变化，并且远非椭球状，可能有突出的棱和尖角。硬磁性晶粒之间部分被非磁性层间隔，有的晶粒界面直接耦合。这些都会直接影响到磁体的宏观磁性能。

Nd-Fe-B 永磁材料的抗腐蚀性能差。由于主相与晶界相的电位差较大，因此 Nd-Fe-B 永磁材料存在抗蚀性差的缺点，这已成为制约其广泛应用的因素之一。Nd-Fe-B 永磁材料的腐蚀机理主要分为电化学机理和化学机理，一般情况下，这两种腐蚀机理很难截然分开，都对磁体的腐蚀破坏起作用，但在特定的环境条件下，可能是以某种腐蚀机制为主。腐蚀过程如图 5.17 所示。

烧结 Nd-Fe-B 中富 Nd 晶界活泼、电极电位低的特点，导致了磁体易晶间腐蚀。只有提高晶界相的化学稳定性，改善晶界相的分布，才能提高磁体的抗蚀性。根据合金腐蚀理论，向烧结 Nd-Fe-B 中掺合金元素能降低晶界相的活性，提高富 Nd 相的腐蚀电位，缩小晶界相与主相间的电位差，减小磁体腐蚀的动力。合金化是提高烧结钕铁硼抗蚀性的重要途径，其中元素掺杂有两种方式：一是磁体组元熔炼时添加（熔炼添加）；二是混粉添加合金元素（晶界添加）。

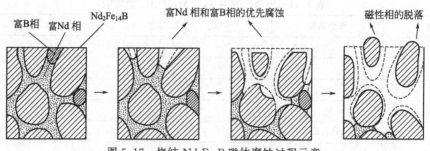

图 5.17 烧结 Nd-Fe-B 磁体腐蚀过程示意

5.4.3.3 Nd-Fe-B 磁体的制备技术

按制造方法不同,Nd-Fe-B 永磁体主要分为两类:一类是黏结永磁体,主要用于电子、电气设备的小型化领域;另一类是烧结永磁体,多为块体状,主要满足高矫顽力、高磁能积的要求。另外,热压/热变形工艺在电机用辐向磁环制备中具有独特的优势,因此也得到一定的发展和应用。

5.4.3.4 黏结 Nd-Fe-B 磁体

(1)磁粉的制备　磁粉的制备是加工 Nd-Fe-B 磁体的关键工序,磁粉磁性能的好坏直接影响到磁体的磁性能。制备 Nd-Fe-B 磁粉的方法有机械破碎法、熔体快淬法、HDDR 法、气体喷雾法以及机械合金化法等。

① 熔体快淬法。用溶体快淬法生产快淬磁粉首先由美国 GM 公司研制开发。这种方法的核心技术是熔体快淬制造快淬薄带,薄带破碎成磁粉后便可以用于磁体的制备。首先采用真空感应熔炼母合金,然后在真空快淬设备中,并用惰性气体作保护,于石英管中将母合金熔化,在氩气压力的作用下,母合金经石英管底部的喷嘴喷射到高速旋转的铜辊的表面上,以约 $10^5 \sim 10^6$ K/s 的冷却速度快速凝固。通过调节旋转辊的表面线速度,可以调节甩带产物的晶体结构,使其从非晶到数微米的晶粒尺寸范围内变化。快淬法存在一最佳快淬速度,在该速度下制备的永磁体具有最佳的磁性能,如图 5.18 所示。在最佳快淬速度条件下的薄带由很细的、随机取向的 $Nd_2Fe_{14}B$ 晶粒组成,平均直径为 30nm,它被平均宽度为 2nm 的 $Nd_{0.70}Fe_{0.30}$ 共晶相包围,这种薄带的磁性能最好。但实际上最佳淬火的工艺窗口很窄,因此一般是在过快淬速度条件下得到非晶态的合金薄带,然后通过热处理(晶化处理)提高磁粉的矫顽力。这种方法制备的薄带较脆,将其粉末化以后可到磁粉。由于其原始晶粒较小,粉末化过程中造成的磁性能劣化并不明显。

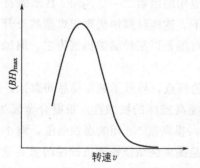

图 5.18　Nd-Fe-B 磁体性能与转速的关

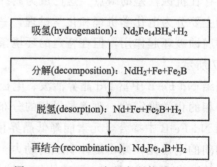

图 5.19　HDDR 流程中所伴随的反应

② HDDR 法。HDDR 法是通过吸氢（hydrogenation）-分解（decomposition）-脱氢（desorption）-再结合（recombination）的过程制备高性能稀土永磁粉的一种工艺。首先把合金破碎成粗粉，装入真空炉内，在一定温度下晶化处理，合金吸氢并发生歧化反应，然后将氢气抽出，使之再化合成具有细小晶粒的稀土永磁粉末。这种方法可以得到平均粒径为 $0.3\mu m$ 的细小晶粒，从而获得具有高矫顽力的磁粉。HDDR 流程中所发生的反应如图 5.19 所示。

HDDR 磁粉的主相晶粒尺寸和脱氢温度和时间有关，正常条件下得到的晶粒尺寸约为 $0.3\mu m$，矫顽力为 800kA/m。在接近化学计量成分的 HDDR 磁粉中，几乎观察不到晶界第二相的存在。在 Nd 含量较高的情况下，则出现富 Nd 相，并且均匀地分布在数十个主相晶粒组成的晶团周围以及晶团内的一些晶粒交界处。如果脱氢重组不完全，磁粉中还会存在一些残留的歧化产物，如 α-Fe。

通过合适的工艺设计，还可以通过 HDDR 法制备出具有各向异性的 Nd-Fe-B 磁粉。某些合金元素可使磁粉微弱的各向异性增强，将这些元素如 Zr、Nb 等加入合金中也可以使磁粉形成各向异性。

③ 气体喷雾法。气体喷雾法的工作过程是，当 Nd-Fe-B 溶液流经一个高速喷嘴时，被高压氩气气流雾化成为细小的金属液滴，射向粉碎盘，最终获得极细的非晶和微晶粉末。气体雾化法是一种快速凝固法，它可直接生产出晶粒细小、成分均匀的粉末。在保护气氛中生产出来的粉末，含氧量低，颗粒外形为球形，粉末流动性较好，填充密度高，采用注射成形时，可获得填充率较高的粘结 Nd-Fe-B 磁体。雾化法可以用来制取多种金属粉末，也可以制取各种合金粉末。从能量消耗来说，雾化法是一种简便经济的粉末生产方法。雾化 Nd-Fe-B 粉末的磁性能随粒度的减小而增加，因此细化粉末是改善磁性能的一条重要途径。雾化粉是一种快速凝固粉，其冷却速率在铸锭-破碎粉和快淬粉之间，粉越细，晶粒也越细。晶粒小于单畴粒子的临界尺寸 $0.26\mu m$ 的细粉，是理想的黏结各向同性磁体的原料。

④ 机械合金化法。机械合金化是先将 Nd-Fe-B 合金铸锭破碎成粗粉，然后对粗粉进行长时间的高能球磨，再将产物在适当条件下进行退火处理，这样也可以得到与快淬法相同的微观组织。机械合金化法和快淬法有异曲同工之妙，但其成本较低，也是一种有前途的制备方法。

（2）磁体的制备　黏结磁体是由永磁体粉末与可挠性好的橡胶或质硬量轻的塑料、橡胶等黏结材料相混合，按用户需求直接成型为各种形状的永磁部件。但同时由于黏结剂的加入，永磁体的最大磁能积和磁化强度等出现一定程度的下降。图 5.20 给出了黏结磁体的制备工艺流程。黏结磁体的磁粉通常通过熔体快淬的方法制备。

磁粉粒度、黏结剂的添加量、成形压力和固化温度等，都是影响磁体最终性能的重要因素。由于黏结剂是无磁性的，因此黏结磁体的磁性能主要取决于永磁粉的磁性能，但黏结剂的性能（包括黏结剂的黏结强度、固化温度、软化温度等）对黏结磁体的性能亦有不可忽视的影响。黏结剂的基本作用是增加磁性粉末颗粒的流动性和它们之间的结合强度。黏结剂的种类很多，选择黏结剂的原则是：结合力大、黏结强度高，吸水性低、尺寸稳定性好、固化时尺寸收缩小，使得黏结磁体的产品尺寸精度高、热稳定性好。黏结磁体可采用压延成型、挤出成型、注射成型和模压成型四种方法来制造，目前用的最多的方法是最后两种。

5.4.3.5 烧结 Nd-Fe-B 磁体

（1）单合金工艺 制备烧结磁体磁粉的传统方法是采用"合金熔铸→粗破碎→细破碎→烧结和热处理"的单合金工艺。图 5.21 给出了烧结磁体的制备单合金工艺流程。近些年，稀土永磁体的强劲需求促进磁体的制造工艺技术和生产设备获得了极大的改进和创新，发展出了一系列新工艺。现今烧结磁体磁粉的制备多采用"熔炼甩带→氢爆→气流磨→烧结和热处理"工艺。这些新工艺的采用对提高磁体的性能有很重要的作用。其中，利用熔炼甩带工艺可以有效抑制 α-Fe 的产生，并且可以细化合金晶粒，更有利于磁粉粒度的细化和均匀性；而氢爆工艺可以有效防止破碎过程的氧化并提高破碎效率；气流磨工艺替代传统的机械破碎制粉技术，可以使粉末颗粒的尺寸分布更加集中。

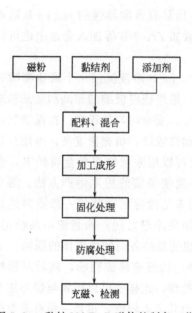

图 5.20 黏结 Nd-Fe-B 磁体的制备工艺

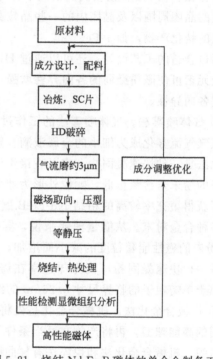

图 5.21 烧结 Nd-Fe-B 磁体的单合金制备工艺

（2）双合金工艺 高性能烧结 Nd-Fe-B 磁体目前采用新型双合金工艺制备。相比较于单合金工艺，双合金工艺需要熔炼两种合金，具有改善晶界润湿性和优化磁体微观结构的优点，进而获得高矫顽力和高磁能积磁体。双合金工艺的关键在于合理的选择两种合金的成分，一般把使用量较多的合金粉末称为主合金，而使用量较少的称为辅合金。还可以采用多合金工艺制备烧结 Nd-Fe-B 磁体的工艺。多合金工艺中可以存在多个主合金或者多个辅合金，根据具体材料的性能和结构要求来选择，其机理与双合金工艺类似。

为了获得高性能磁体，双合金工艺应符合以下原则：a. 主合金成分通常接近 2∶14∶1 主相，在磁体中主要起到提供高剩磁的作用，因此稀土元素的含量要低，同时尽可能的减少重稀土、Zr、Co、Cu 和 Al 等元素的添加；b. 辅合金成分通常为富稀土相，在磁体中主要起到优化晶界结构、增强晶粒间去磁耦合、提高矫顽力的作用；同时，尽可能地细化合金粉末，改善辅合金在磁体晶界处的分布状态；c. 控制磁体中主合金和辅合金的相对含量，一般而言，随着辅合金含量的增加，磁体剩磁降低，但矫顽力增大；通过控制主合金与辅合金的复合比例，可以连续调整磁体的成分与磁性能。

（3）热压/热变形 Nd-Fe-B 磁体的制备技术　热压/热变形技术是制备全密度各向异性 Nd-Fe-B 磁体的重要技术手段之一。该方法通常以纳米晶 Nd-Fe-B 永磁粉末为原料，首先利用热压技术将磁粉在一定条件下致密化，得到全密度的纳米晶磁体，其磁性能表现为各向同性，磁体沿压力方向与垂直压力方向的退磁曲线几乎相同；然后在此基础上，进一步进行二次热压变形处理，得到具有强磁各向异性的全密度 Nd-Fe-B 磁体。图 5.22 给出了各向同性热压磁体和各向异性热变形磁体的典型结构。

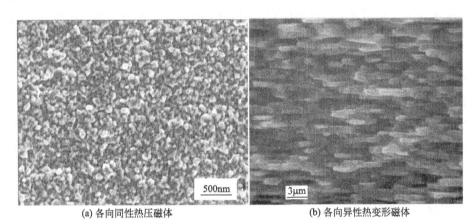

(a) 各向同性热压磁体　　　　　　　　(b) 各向异性热变形磁体

图 5.22　各向同性热压磁体和各向异性热变形磁体的典型结构

从制备工艺看，热压/热变形磁体的最大特点是不需要磁场取向就可以获得各向异性晶体结构与磁各向异性，这与传统的粉末冶金工艺制备各向异性烧结永磁体完全不同。热压/热变形制备纳米晶 Nd-Fe-B 磁体的工艺特点也决定了该方法特别适合于制备相对较复杂的辐射取向环形永磁体，这种辐向永磁体环恰恰是传统的烧结和充磁工艺难以实现的。一般认为，热压/热变形技术的优势在于：①工艺流程简短；②净尺寸成形技术或近净尺寸成形技术，最终产品不需要加工或仅需要很少量的磨削加工；③非常适合于径向取向磁体，如：瓦形磁体和环形磁体。

Nd-Fe-B 磁体的主相 $Nd_2Fe_{14}B$ 具有四方晶体结构，而四方结构的 $Nd_2Fe_{14}B$ 具有力学各向异性，沿 c 轴（易磁化轴）方向的弹性模量要小于 a、b 轴。因此，各向同性的纳米晶 Nd-Fe-B 磁体在高温高压的热变形过程中，$Nd_2Fe_{14}B$ 四方相可通过晶面滑移和晶粒转动实现择优生长，形成 c 轴平行压力方向的织构，这是纳米晶 Nd-Fe-B 磁体热变形取向的基本原理，也是 Nd-Fe-B 磁体磁各向异性的来源。

一般认为，热变形过程中的晶粒择优生长和晶界滑移是磁体获得晶体学织构和磁取向的主要机制，而晶粒尺寸越细小在技术上就越容易实现有效的热变形取向，因此，热压/热变形工艺所采用的磁粉原料通常晶粒细小，一般晶粒尺寸为 30～80nm。这种均匀的纳米晶结构使热压/热变形磁体的耐腐蚀性能远优于烧结磁体。

与烧结 Nd-Fe-B 磁体类似，热压/热变形 Nd-Fe-B 磁体也需要过量的 B 和 Nd 元素。一般来说，过量的 B 元素可以避免磁体中单质 Fe 的存在，而过量的 Nd 元素则是富稀土晶界相产生的必要条件。在热压/热变形工艺中，富稀土晶界相的关键作用主要表现在以下几个方面。①高温下富稀土相为液态，有利于磁体的致密化，类似于烧结永磁体的高温液相烧结过程；②富稀土液相促使晶粒在压力作用下产生择优生长或转动，进而获得良好的织构；

③富稀土相为非磁性相，可以实现主相晶粒的磁隔离，进而获得较高的矫顽力。但总体上，热压/热变形 Nd-Fe-B 磁体的稀土含量较烧结 Nd-Fe-B 磁体低，这对降低稀土用量、节约稀土资源十分有利。

5.4.4 双相纳米晶复合永磁材料

5.4.4.1 双相纳米晶复合永磁材料的特点

硬磁性相 $Nd_2Fe_{14}B$ 的高磁晶各向异性使得各种烧结 Nd-Fe-B 磁体和单相黏结 Nd-Fe-B 磁体在高退磁场环境中得到了广泛的应用。而 α-Fe 的低磁晶各向异性、高饱和磁极化强度使其成为一种性能超群的软磁材料。人们自然会想到，能否得到一种磁体，使其既具有硬磁性相的高内禀矫顽力又具有软磁性相的饱和磁化强度高、易充磁的优点。

永磁材料只有具备足够高的内禀矫顽力 $_MH_C$ 和尽可能高的饱和磁化强度 M_S，才能使 $(BH)_{max}$ 最大限度地接近其理论值。表 5.12 是几种常见的硬磁相和软磁相的各项磁性能。由表可见，硬磁相和软磁相在磁晶各向异性和饱和磁化强度两方面各有所长。硬磁相的 M_S 小于软磁相，但其 K_1 却具有 2～3 个数量级的明显优势。另外，综合性能较好的硬磁相均含有相当数量的稀土元素，如在 $Nd_2Fe_{14}B$ 相中，Nd 含量为 26.7%（质量），$SmCo_5$ 相中 Sm 达到了 33.7%（质量）。这使得材料的成本上升，化学稳定性不好，易腐蚀。

表 5.12　几种常见的硬磁相和软磁相的磁性能

	磁性相	居里温度 /(T_C/℃)	磁晶各向异性 /($K_1/10^6$J·m^{-3})	饱和磁极化强度 /($\mu_0 M_S$/T)
软磁相	α-Fe	760	0.047	2.13
	Fe_3B	425	0.01	1.70
硬磁相	$BaO \cdot 6Fe_2O_3$	450	0.32	0.47
	$Nd_2Fe_{14}B$	310	4.2	1.57
	$SmCo_5$	730	11.9	1.05

对于硬磁相和软磁相性能的综合考虑，导致了制备"多相复合磁体"思路的产生。如果在硬磁相基体中均匀分布有软磁相颗粒，则这种"多相复合磁体"就会集硬磁相和软磁相的优点于一身，硬磁相提供足够高的磁晶各向异性，软磁相提供尽可能高的饱和磁化强度。正是在这一思路的指引下，双相纳米晶复合永磁材料蓬勃发展起来。

双相纳米晶复合永磁材料应具备以下基本特征：硬磁性相和软磁性相颗粒尺寸都在纳米级尺度，双相高度弥散均匀分布，彼此在纳米级范围内复合；为了获得更好的永磁性能，硬磁性相应具有尽可能高的磁晶各向异性，软磁性相应具有尽可能高的饱和磁化强度；两相界面存在磁交换耦合作用，虽然软硬磁性相的磁晶各向异性常数差异巨大，但受磁交换耦合机制影响，在外场作用下软磁性相的磁矩随着硬磁性相的磁矩同步转动，因此磁体的磁滞回线呈现铁磁性特征。

因此，双相纳米晶复合永磁材料是通过相邻原子磁矩交换耦合作用，将具有高磁晶各向异性的稀土永磁相与具有高饱和磁化强度的软磁相复合而形成的一类新型永磁材料。

5.4.4.2 交换耦合作用

如果复合磁体仅仅是硬磁相颗粒和软磁相颗粒的简单堆积组合，则剩余磁化强度 M_r 和饱和磁化强度 M_S 的关系应满足 Stoner-Wohlfarth 理论。该理论描述了单轴晶系多晶永磁体的磁学性质。假设多晶永磁体内各个晶粒都具有单易磁化轴，且未经过特殊的织构化处理，整个永磁体并不显示出单轴各向异性的特点。各个晶粒的易磁化轴在空间随机均匀分布，如图 5.23 所示。当外加磁场 H 沿磁体的任一方向磁化至饱和状态后，在剩磁状态下，多晶体内的磁极化强度分布在外磁场方向的正半球内，从 0° 到 180° 均匀分布，则剩余磁化强度 M_r 为：

$$M_r = M_S \overline{\cos\theta} = M_S \frac{1}{2\pi} \int_0^{2\pi} 2\pi \sin\theta \cos\theta \, \mathrm{d}\theta = \frac{M_S}{2} \tag{5.5}$$

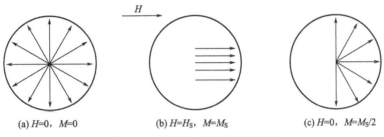

(a) $H=0$，$M=0$ (b) $H=H_S$，$M=M_S$ (c) $H=0$，$M=M_S/2$

图 5.23 单轴晶系多晶体的剩磁

1988 年，Clemette 在 Nd-Fe-B-Si 系合金中得到了与上述理论不符的结果。成分为 $Nd_{12.2}Fe_{81.9}B_{5.4}Si_{0.5}$ 的非晶态薄带，在最佳条件下进行晶化处理，其磁性能为：$(BH)_{max} = 18.8MGOe$，$B_r = 9.25kGs$，$B_S = 15.3kGs$，$_MH_C = 11.69kOe$，$Nd_2Fe_{14}B$ 相晶粒大小为 19nm，$B_r/B_S = 0.6$，超过了 Stoner-Wohlfarth 理论所预言的 0.5。Clemette 以此结果为基础，提出了一个重要的概念"交换耦合作用"。交换耦合作用认为：在永磁体晶粒内部，磁极化强度受各向异性能的影响平行于易磁化轴，而在晶粒的边界处有一层"交换耦合区域"，在该区域内磁极化强度受到周围晶粒的影响偏离了易磁化轴，呈现磁紊乱状态。在剩磁状态下，必然会有一些晶粒的易磁化轴与原外加磁场方向一致，这些晶粒中的磁极化强度会使得周围晶粒中交换耦合区域内的磁极化强度也大致停留在剩磁方向上，从而使得剩余磁极化强度有了明显的提高。

交换耦合长度可以用 l_{ex} 表示，有

$$l_{ex} = \sqrt{\frac{A}{\mu_0 M_S^2}} \tag{5.6}$$

式中，A 为交换积分。表 5.13 给出了几种常见材料的特征参数。

在有些文献中，l_{ex} 定义为

$$l_{ex} = \sqrt{\frac{2A}{\mu_0 M_S^2}} \tag{5.7}$$

或

$$l_{ex} = \sqrt{\frac{A}{K_{eff}}} \tag{5.8}$$

表 5.13　几种常见材料的特征参数（单位：纳米）

特征长度	表达式	Fe	Co	Ni	NiFe	Fe$_{90}$Ni$_{10}$B$_{20}$	CoPt	Nd$_2$Fe$_{14}$B
κ	$\sqrt{\lvert K_1\rvert/\mu_0 M_s^2}$	0.12	0.45	0.13	0.01	0.01	2.47	1.54
l_{ex}	$\sqrt{\lvert A\rvert/\mu_0 M_s^2}$	2.4	3.4	5.1	3.4	2.5	3.5	1.9
R_{coh}	$\sqrt{24}\,l_{ex}$	12	17	25	17	12	17	9.7
δ_w	$\pi l_{ex}/\kappa$	64	24	125	800	900	4.5	3.9
R_{sd}	$36\kappa l_{ex}$	10	56	24	1.6	0.7	310	110
R_{eq}	$(3\kappa_B T/4\pi BM)$	0.8	0.8	1.2	1.0	0.9	1.0	0.9
R_b	$(6\kappa_B T/K_1)^{1/3}$	8	4	17	55	63	1.7	1.7

特征长度	表达式	SmCo$_5$	Sm$_2$Fe$_{17}$N$_3$	CrO$_2$	Fe$_3$O$_4$	CoFe$_2$O$_4$	BaFe$_{12}$O$_{17}$
κ	$\sqrt{\lvert K_1\rvert/\mu_0 M_s^2}$	4.30	2.13	0.36	0.21	0.84	1.35
l_{ex}	$\sqrt{\lvert A\rvert/\mu_0 M_s^2}$	3.6	2.5	4.4	4.9	5.2	5.8
R_{coh}	$\sqrt{24 l_{ex}}$	18	12	21	24	26	28
δ_w	$\sqrt{24 l_{ex}}$	2.6	3.7	44	73	20	14
R_{sd}	$36\kappa l_{ex}$	560	190	48	38	160	280
R_{eq}	$(36\kappa l_B T/4\pi BM)$	1.0	0.9	1.3	1.2	1.2	1.3
R_b	$(6\kappa l_B T/K_1)^{1/3}$	1.1	1.4	11	13	5	4

注：κ—硬磁参数；l_{ex}—交换耦合长度；R_{coh}—实现一致转动的最大粒径；δ_w—布洛赫壁宽度；R_{sd}—单畴临界尺寸；R_{eq}—1T 磁场和 300K 温度时满足 $mB=k_B T$ 条件的颗粒半径；R_b—300K 时的超顺磁阻隔半径。

在双相复合磁体中，有三种交换耦合作用，即硬磁相与硬磁相之间的作用、硬磁相与软磁相之间的作用和软磁相与软磁相之间的作用。其中，以硬磁相与软磁相之间的作用最为重要。以 Nd$_2$Fe$_{14}$B 和 α-Fe 为例，这种交换耦合作用在 Nd$_2$Fe$_{14}$B 相中的有效范围 L 与 180°布洛赫壁厚度 δ 相当。在晶界两侧的交换耦合区域内，两相的磁极化强度会逐渐趋于一致。当 α-Fe 晶粒尺寸在 10nm 以下时，几乎整个晶粒都受交换耦合作用的影响，这时就会形成交换磁硬化，α-Fe 晶粒中的磁极化强度处于周围 Nd$_2$Fe$_{14}$B 晶粒的平均磁极化强度方向上。在外磁场作用下，α-Fe 相中的磁极化强度随 Nd$_2$Fe$_{14}$B 相中的磁极化强度一起转动，在退磁过程中也表现出与单一硬磁相一样的性质。因为 α-Fe 的饱和磁极化强度远高于 Nd$_2$Fe$_{14}$B 相，所以可以推测，由 α-Fe 和 Nd$_2$Fe$_{14}$B 相所组成的复合磁体，其剩磁会达到前所未有的高水平，这一点在实验上也得到了充分的验证。剩磁增强效应和光滑的退磁曲线既是双相复合磁体的两个基本特征，也是判断交换耦合作用强弱的重要依据。

很多学者运用微磁学理论结合有限元方法分别研究了这种纳米双相复合磁体的一维模型、二维各向同性模型、三维各向同性和各向异性模型。高性能的纳米双相磁体必须是高取向的各向异性磁体，下面简单介绍基于交换耦合的各向异性三维模型。

1993 年，Skomski 和 Coey 建立了取向的各向异性模型，如图 5.24 所示。球形的软磁相高度弥散分布在理想取向的硬磁相内。假定复合体系磁化与反磁化由形核场 H_N 控制。当以球坐标表示时，在特定的边界条件下，可以得到形核场 H_N 与球状软磁性颗粒直径 d 之间的依赖关系。软磁相存在一个临界尺寸 d_c，其大小与 180°布洛赫壁厚度 δ 相当；当 $d<d_c$ 时，软磁相与硬磁相为完全的磁交换耦合，复合永磁体具有最大的矫顽力，其大小等于硬磁相的各向异性场；当 $d>d_c$ 时，其矫顽力按照 $1/D^2$ 的规律下降。

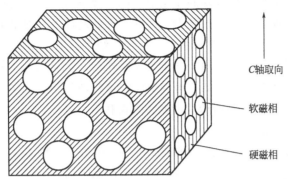

图 5.24 取向的硬磁相与球状弥散软磁相纳米晶复合磁体交换耦合模型

在完全磁耦合状态下，双相复合磁体的剩磁可以表示为：

$$M_r = f_h M_h + f_s M_s \qquad (5.9)$$

式中，f_h 和 f_s 分别为磁体中硬磁相和软磁相的所占的体积分数，且满足 $f_h + f_s = 1$；M_h 和 M_s 分别为硬磁相和软磁相的饱和磁化强度，$M_s > M_h$。此时的形核场可以表示为：

$$H_N = 2 \frac{f_s K_s + f_h K_h}{\mu_0 (f_s M_s + f_h M_h)} \qquad (5.10)$$

式中，K_h 和 K_s 分别为硬磁相和软磁相的磁晶各向异性常数，由于软磁相的磁晶各向异性常数远小于硬磁相，可以近似认为 $K_s \approx 0$。

于是，在形核场足够大的情况下，双相复合永磁体的最大磁能积为：

$$(BH)_{max} = \frac{1}{4} \mu_0 M_s^2 \left[1 - \frac{\mu_0 (M_s - M_h) M_s}{2 K_h} \right] \qquad (5.11)$$

由于 K_h 值很大，因此式(5.11)中括号内的第二项数值相当小，可以忽略不计，于是该体系的最大磁能积约为 $\frac{1}{4} \mu_0 M_s^2$。与此相对应，硬磁相的体积分数近似为：

$$f_h = \frac{\mu_0 M_s^2}{4 K_h} \qquad (5.12)$$

如果选取 $Sm_2 Fe_{17} N_3 / \alpha\text{-}Fe$ 双相纳米晶复合永磁材料体系，取 $\mu_0 M_s = 2.15T$，$\mu_0 M_h = 1.55T$，$K_h = 12MJ/m^3$，则在 $f_h = 7\%$ 时，该复合永磁体的理论磁能积可以达到 $(BH)_{max} = 880kJ/m^3$。

如果选取 $Sm_2 Fe_{17} N_3 / Fe_{65} Co_{35}$ 双相纳米晶复合永磁材料体系，取 $\mu_0 M_s = 2.43T$，$\mu_0 M_h = 1.55T$，$K_h = 12MJ/m^3$，则在 $f_h = 9\%$ 时，该复合永磁体的理论磁能积可以达到 $(BH)_{max} = 1090kJ/m^3$。

虽然该模型可以在较低的硬磁相含量的情况下获得超高的磁能积，但要实现本模型的结构却是非常困难，主要集中在两个方面的难

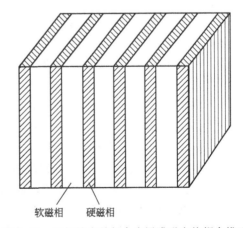

软磁相　硬磁相

图 5.25　双相纳米晶复合多层膜磁交换耦合模型

149

点：如何获得纳米硬磁相沿易磁化轴的完全取向的一致排列；如何获得如此微细的软磁相尺寸分布，进而使体系获得足够大的矫顽力。因此，在此基础上发展出了纳米晶双相复合永磁材料的多层膜结构模型，如图 5.25 所示。这种双相纳米晶复合永磁体系中，软磁相的厚度若小于等于硬磁相的畴壁宽度，则两相完全磁交换耦合。同样考察 $Sm_2Fe_{17}N_3/Fe_{65}Co_{35}$ 双相纳米晶复合永磁材料体系，选取适当薄膜厚度，这种纳米相复合多层膜的 $(BH)_{max}$ 可以高达兆焦耳（$10^6 J/m^3$），这就是所谓的"兆焦耳磁体"。

5.4.4.3 磁体的制备和磁性能

（1）各向同性双相纳米晶复合磁体的制备 各向同性双相纳米晶复合磁体通常是采用与粉末冶金的方式来制备，包括磁粉的制备、黏结或高温烧结。

为了使双相纳米晶复合永磁粉末具有优异的磁性能，要求磁粉内两相界面处共格，两相要从同一母相中产生出来。因此双相纳米晶复合永磁粉末可用快淬法、HDDR 法、机械合金化法或薄膜技术来制造。其中快淬法、HDDR 法和机械合金化法已经在 5.4.3 节中介绍，这里简要介绍用于薄膜制备的磁控溅射法。磁控溅射是制备交换耦合 $Nd_2Fe_{14}B/\alpha$-Fe 多层膜所通常采用的一种方法。近年来交换耦合 $Nd_2Fe_{14}B/\alpha$-Fe 多层膜技术受到广泛重视，它可以人为控制软硬磁相膜层的厚度，如通过调整工艺参数使磁体内各相呈取向生长，则有可能制备出性能极高的各向异性纳米晶复合永磁材料。采用磁控溅射法制备交换耦合多层膜的工艺如下：分别用纯 Fe 靶和化学计量的 $Nd_2Fe_{14}B$ 合金靶作阴极，用玻璃等材料作基底，在高压下，使磁控溅射室内的氩气发生电离，形成氩离子和电子组成的等离子体，其中氩离子在高压电场的作用下，高速轰击 Fe 靶或 $Nd_2Fe_{14}B$ 合金靶，使靶材溅射到基体上，形成纳米晶薄膜或非晶薄膜，然后晶化成纳米晶薄膜。

双相纳米晶复合永磁粉末在制成块状磁体时，却遇到了新的困难。传统的稀土合金磁体，通常含有少量低熔点的富稀土相。富稀土相在烧结过程中形成液相烧结，促进磁体的致密化。而在双相纳米晶复合永磁粉末中，如 $Nd_2Fe_{14}B/\alpha$-Fe，并不存在富稀土相，这就导致难以采用传统的致密化技术来制备接近全密度的磁体。另一方面，在采用传统方法的高温烧结时会造成晶粒异常长大，从而破坏了磁交换耦合所需的纳米晶结构。因此双相纳米晶块状复合磁体的制备通常采用一些新型热处理工艺，如快速感应热压技术、高压晶化技术、温压成型工艺、放电等离子烧结工艺、微波烧结工艺、激光退火工艺以及磁场退火工艺等。这些制备工艺的相似之处在于在成型过程中采用快速或者低温热处理，避免了热处理过程中的晶粒异常长大，同时在热处理过程中辅以其他手段加速磁体致密化。

上述由双相纳米晶复合永磁粉末辅以新型热处理工艺制备块状磁体的方法虽然可以制备块状磁体，但工艺复杂，对设备要求较高。因此，双相纳米晶复合永磁粉末经常用来制备粘接磁体。将双相纳米晶复合永磁的快淬薄带与黏结剂混合压制固化，制备成黏结磁体，是最简单最经济的方法。这种方法有许多优点，如磁体尺寸精度高，表面粗糙度低，磁体尺寸与质量不受限制，可制造形状复杂的磁体，有足够高的强度、刚性和韧性。但黏结磁体存在明显的缺点，即黏结剂是非磁性材料，因此会使制备出的磁体会损失一部分磁性能，大约降低 $20\%\sim50\%$，因此不适合制备高性能永磁体。目前，以麦格昆磁（Magnequench，简称 MQ）公司生产的 $Nd_2Fe_{14}B/\alpha$-Fe 快淬磁粉为代表的纳米复合磁体已经广泛应用于黏结磁体中。但由于其为各向同性的多晶磁粉，商业磁粉的最大磁能积通常在 16MGOe 以下，添加非磁性黏结剂以后制成的黏结磁体性能更低。

相比较采用磁粉为原材料通过粘接或烧结手段制备磁体的工艺，如果可以改变制造工艺，直接将合金熔液铸造成型且又能维持良好的磁性能，便可大幅简化制作过程并且降低制造成本，使其更具有商业价值。近年来，国内外不少学者尝试在 Nd-Fe-B 基、Pr-Fe-B 基等多种体系中用铜模铸造法制备块状纳米复合永磁体的研究。采用铜模铸造法可以将熔融合金直接喷铸或吸铸成块状纳米复合磁体，或是通过非晶前驱体结合后续热处理获得块状纳米复合磁体。这为双相纳米晶复合永磁材料的制备提供了一种新方法。这种制备工艺对于获得微型磁器件，包括磁传感器、磁阀等都非常有优势。表 5.14 给出了采用铜模喷铸法制备的块体纳米复合磁体的临界尺寸及磁性能。

表 5.14　采用铜模喷铸法制备的块体纳米复合磁体的临界尺寸及磁性能

年份	合金成分	尺寸（直径）	磁性能		
			B_r/T	$_iHC$ /(kA/m)	$(BH)_{max}$ /(kJ/m³)
2002	$Fe_{66.5}Co_{10}Pr_{3.5}B_{20}$	0.5mm	1.23	225	95.9
2002	$Fe_{67}Co_{9.4}Nd_{3.1}Dy_{0.5}B_{20}$	0.5mm	1.19	244	92.7
2003	$Fe_{61}Co_{13.5}Pr_{3.5}Dy_1Zr_1B_{20}$	3.0mm tube(0.2mm thickness)	1.40	144	22.7
2004	$Pr_3Dy_1Fe_{66}Co_{10}B_{20}$	0.5mm	0.92	287	58.0
2005	$Nd_3Dy_1Fe_{66}Co_{10}B_{10}$	0.6mm	0.86	296	74.0
2007	$Fe_{64.32}B_{22.08}Nd_{9.6}Nb_4$	1.5mm	0.44	1100	33.0
2007	$Fe_{68}Zr_2Y_4B_{21}Nd_5$	0.8×10×50mm³ sheet	0.49	380	43.0
2008	$Nd_6Fe_{52}Co_{20}B_{22}$	1.0mm	0.80	358	47.8
2008	$Pr_{9.5}Fe_{71.5}Nb_4B_{15}$	0.7mm	0.57	1296	56.8
2008	$Nd_{9.5}Fe_{72.5}Ti_3B_{15}$	0.7mm	0.65	820	69.3
2009	$Nd_{9.5}Fe_{72.5}Ti_{2.5}Zr_{0.5}B_{15}$	0.9mm	0.66	764	65.3
2010	$Nd_{9.5}Fe_{71.5}Ti_{2.5}Zr_{0.5}Cr_1B_{14.5}C_{0.5}$	1.1mm	0.59	653	57.3
2011	$Nd_{9.5}Fe_{71.5}Ti_{2.5}Zr_{0.5}Cr_1B_{14.5}C_{0.5}$	1.3mm	0.59	613	54.9
2012	$Nd_9Fe_{65}B_{22}Mo_4$	1×5×40mm³	0.56	921	50.2
2013	$Nd_5Fe_{64}B_{23}Mo_4Y_4$	2mm	0.6	764	57.3
2014	$Nd_7Fe_{67}B_{22}Mo_3Zr_1$	≈3mm	0.53	1110	49.5

（2）各向异性双相纳米晶复合磁体的制备　传统的各向异性永磁体通常是采用强磁场取向磁粉工艺来实现的。但该方法并不能用来制备各向异性双相纳米晶复合磁体。与传统的磁粉不同，纳米复合磁粉虽然在宏观尺寸上为微米级，但每个磁粉中都含有大量的纳米晶粒。这些纳米晶粒无规则随机分布，所以不可能在磁场中被取向。而宏观磁各向异性是获得高性能永磁体的必要条件，因此如何制备高性能各向异性双相纳米晶复合磁体成了新的挑战。

热压/热变形技术被认为是制备块体全密度各向异性双相纳米晶复合磁体的有效手段。通常来说，由于四方结构 $Nd_2Fe_{14}B$ 晶粒弹性模量和应变能的各向异性，使其在热压/热变形工艺下的各向异性晶体结构成为可能。

富稀土相是热压/热变形工艺制备各向异性永磁体的重要条件。研究发现，$Nd_2Fe_{14}B/Fe_3B$，$Nd_2Fe_{14}B/\alpha$-Fe 这类双相纳米晶磁粉中根本不存在富稀土相，难以在热变形过程中形成各向异性磁体所需的晶粒取向，或者取向度较低，导致永磁性能偏低。为了改善这种状况，研究人员采用富稀土快淬粉和贫稀土快淬粉相混合的方式制备纳米晶复合磁体。例如，富稀土快淬粉是含有少量富 Nd 相的 Nd-Fe-B 粉，而贫稀土快淬粉为贫 Nd 而含有 α-Fe 相的 Nd-Fe-B 粉。混合以后，整体上 Nd 含量仍低于化学当量的 $Nd_2Fe_{14}B$。采用该方法制备的双相纳米晶复合磁体的磁性能比之前单一贫稀土磁粉制备的磁体性能有很大改善，最大磁能积可高达 45MGOe。如果将这种制备技术中的贫稀土快淬磁粉替换为 α-Fe 或 Fe-Co 粉，磁体中将不在含有各向同性的组分，晶粒取向得到显著改善，磁性能将进一步提高，磁能积可提升至 50MGOe。在此基础上进一步衍生出了在富稀土磁粉表面镀 α-Fe 或 Fe-Co 软磁层，再进行热压/热变形制备双相纳米晶复合磁体的技术。

5.4.5 Sm-Fe-N 系永磁材料

Nd-Fe-B 永磁有两大缺点：一是磁性温度稳定性差，二是抗腐蚀性能差。温度稳定性差是由于作为主相的 $Nd_2Fe_{14}B$ 相的居里温度低（312℃），各向异性场也较低（$H_a=8T$），虽然以部分金属钴取代可提高化合物 $Nd_2Fe_{14}B$ 相的居里温度，或以重稀土金属 Dy 和 Tb 取代部分铁可提高 $Nd_2Fe_{14}B$ 的各向异性场，同时也改善稳定性，但增加了磁体的成本，且消耗了战略资源金属钴。抗腐蚀性差则是不同相间电极电位差异显著的必然结果。因此，人们在改进它的磁性能及抗腐蚀性能的同时，继续探索性能更好的富铁稀土永磁材料。

1990 年 Coey 等报道了利用气-固相反应合成 $RE_2Fe_{17}N_x$ 间隙原子金属间化合物，引起了磁学界的大量关注，并迅速掀起了世界范围内的研究热潮。北京大学杨应昌等迅速跟进，系统开展了 RE-Fe-N 系金属间化合物的研究。研究发现虽然 Th_2Zn_{17} 晶体结构的 Sm_2Fe_{17} 的居里温度只有 116℃，而且是基面各向异性，但其经氮化所得的 $Sm_2Fe_{17}N_x$ 却变成了单轴各向异性，其居里温度 T_C 和饱和磁化强度 M_S 都得到了相当大的改善。饱和磁化强度达 1.54T，这可与 Nd-Fe-B 的 1.6T 相媲美，而居里温度 470℃（Nd-Fe-B 为 312℃）、各向异性场 14T（Nd-Fe-B 为 8T）都比 Nd-Fe-B 的值高得多。此外，其热稳定性、抗氧化性和耐腐蚀性均优于 Nd-Fe-B 磁体。

5.4.5.1 $Sm_2Fe_{17}N_x$ 合金的晶体结构

$Sm_2Fe_{17}N_x$ 合金具有与其母合金 Sm_2Fe_{17} 相同的菱形的 Th_2Zn_{17} 型结构，其晶体结构如图 5.26 所示。其中，Sm 原子占据 6c 晶位，N 原子占据 9e 晶位，其他晶位被铁原子占据。在 Th_2Zn_{17} 型结构中存在两个间隙位置，一个是八面体间隙位置，即 9e 晶位；另一个间隙位置是位于沿 C 轴的两个稀土原子间，即 3d 晶位。H 原子可能占据两个间隙位置，C、N 原子仅占据 9e 晶位。在 Th_2Zn_{17} 型单胞中存在 3 个八面体晶位，因此，一个 Sm_2Fe_{17} 晶胞中最多可引入 3 个氮原子。但通常情况下，由于氮化过程进行的不完全，这 3 个八面体晶位并没有完全被 N 原子占据，因此，一般用 $Sm_2Fe_{17}N_x$（$0 < x \leqslant 3$）来

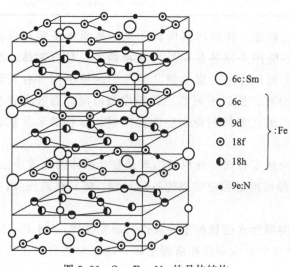

图 5.26 $Sm_2Fe_{17}N_x$ 的晶体结构

图例：
- 6c:Sm
- 6c
- 9d
- 18f } :Fe
- 18h
- 9e:N

表示氮化后的产物。氮化后的产物具有与母合金对称的晶体结构，所不同的是它们的点阵常数 a、c 和晶胞体积 V 发生了变化。这种点阵常数和晶胞体积的变化对 $Sm_2Fe_{17}N_x$ 磁体的磁性能有很大影响。Sm_2Fe_{17} 氮化后点阵常数、晶胞体积和磁性能的变化如表 5.15 所示。

表 5.15　Sm_2Fe_{17} 氮化后点阵常数、晶胞体积和磁性能的变化

化合物	a/Å	c/Å	V/Å³	T_C/K	J_s/T	EMD	$\mu_0 H_a$/T	d/(g/cm³)
Sm_2Fe_{17}	8.543	12.433	785.84	413	1.20	ab-plane	—	7.98
$Sm_2Fe_{17}N_2$	8.732	12.631	834.10	745	1.47	c-axis	14	7.69

5.4.5.2　$Sm_2Fe_{17}N_x$ 磁体的制备和应用

Coey 等人发现，$Sm_2Fe_{17}N_x$ 化合物是 Sm_2Fe_{17} 与含氮气体发生气相-固相反应而生成的，含氮气体可以是 N_2、N_2+H_2、NH_3 或 NH_3+H_2。以 Sm_2Fe_{17} 在 N_2 和 NH_3 中氮化为例，其反应方程式如式(5.13) 和式(5.14) 所示：

$$\frac{x}{2}N_2 + Sm_2Fe_{17} \longrightarrow Sm_2Fe_{17}N_x \tag{5.13}$$

$$NH_3 + \frac{1}{x}Sm_2Fe_{17} \longrightarrow \frac{1}{x}Sm_2Fe_{17}N_x + \frac{3}{2}H_2 \tag{5.14}$$

在这个气-固反应中一般可认为发生了以下几个过程。

① N_2 或 NH_3 在气相中扩散并且在金属表面产生物理吸附。

② N_2 或 NH_3 分解出 N 原子和 H 原子，N 原子和 H 原子在金属表面产生化学吸附。

③ N 原子和 H 原子进入金属内部。

④ N 原子和 H 原子在金属内部扩散。

⑤ 形成氮化相。如果 N 原子的含量处于非平衡状态，第六个过程就会发生。

⑥ N 原子从氮化相中向 N 原子含量低的相中扩散。

在上述的反应步骤中有两步是最关键的，它们决定了整个反应的反应速率，第一个决定反应速率的步骤是 (2)，N_2 或 NH_3 分解出 N 原子和 H 原子；第二个决定反应速率的步骤是 (6)，N 原子从氮化相中向 N 原子含量低的相中扩散。我们知道共价气体分子的分解过程就是气体分子和金属表面发生反应的过程。在这个过程中气体分子与金属表面的电子交换起决定性作用。因此在氮化前保持金属表面洁净就显得十分重要。

随反应温度的提高，氮化反应的扩散系数随之扩大。但是反应温度的升高会导致氮化产物的分解，当反应温度升至 600℃，氮化产物开始部分分解。$Sm_2Fe_{17}N_x$ 磁体在高于 600℃时会发生分解过程为：

$$Sm_2Fe_{17}N_3 \longrightarrow 2SmN + 17Fe + \frac{1}{2}N_2 \tag{5.15}$$

当反应温度升至 800℃，氮化产物已经完全分解。为了兼顾反应速度及抑制氮化产物分解，氮化温度一般选择在 500℃左右。在 500℃时反应的扩散系数 $D = 8 \times 10^{-16} m^2 \cdot s^{-1}$，氮化的速度非常的缓慢，因此为了缩短氮化时间，选择合适的颗粒尺寸非常重要，或者通过提高氮气的压力来促进氮原子的分解和加快氮原子的扩散。

$Sm_2Fe_{17}N_x$ 磁粉只能用于制造黏结永磁体。按照制粉过程的不同，$Sm_2Fe_{17}N_x$ 磁体的制造方法大致可以分为四种：熔体快淬法、机械合金化法、HDDR 法和粉末冶金法。各种方法的具体过程如图 5.27 所示。

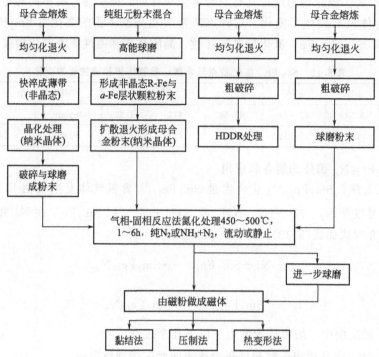

图 5.27　$Sm_2Fe_{17}N_x$ 磁粉与磁体的制造方法

目前，世界上生产 Sm-Fe-N 磁性材料的企业主要在日本，包括住友金属矿山公司、TDK 公司、日立金属公司、东芝公司、日亚化学工业公司。国内方面，北京恒源谷科技股份有限公司建立了年产能为百吨量级的钐铁氮各向异性磁粉生产线，开始供应钐铁氮磁粉和用于制造注射磁体的钐铁氮粒料。

习　题

1. 永磁材料基本的性能要求有哪些？如何提高永磁材料的磁性能？

2. 描述 Al-Ni-Co 的矫顽力机制，如何提高其矫顽力？

3. 铁氧体永磁材料的磁性能有何特点？如何改善其磁性能？

4. 概述几种稀土永磁材料的优缺点。你认为哪种材料最有可能成为继 Nd-Fe-B 磁体后的新一代稀土永磁材料，并说明理由。

磁性材料与磁测量

第6章 磁测量方法及原理

磁测量是磁场及物质磁性的测量。磁测量既包括对空间磁场的测量，具体涉及空间磁场的大小、方向、梯度、其随时间的变化等。磁测量还包括在一定磁场下对磁化强度及各种环境条件下磁性材料的有关磁学量的测量。

由于测量对象在种类、性质和强度上千差万别，磁测量原理及装置也是多种多样。测量原理既包括传统的磁力效应、电磁感应，也包括霍尔效应、磁电阻效应、约瑟夫森效应、磁光效应等，并基于相应原理，发展了一系列测量方法和装置。同时，随着电子技术的飞速发展，磁测量在实现自动化、数字化方面也发生了新的飞跃。

图6.1给出了主要磁测量方法的适用范围。SQUID法通常用于测量非常小的磁场。高于0.1nT的磁场可用磁共振法和磁通门法进行测量。磁共振法的精度较高，但设备偏大，主要用于检测磁场的标量值。磁通门装置的尺寸较小，同时可以检测磁场矢量。地磁场量级的磁场可用磁电阻效应法进行检测。强磁场几乎都采用霍尔效应法进行探测。电磁感应法的具体种类很多，测量磁场范围很大，从弱磁场到强磁场、从直流磁场到高频交变磁场都可以选择合适的方法进行测量。

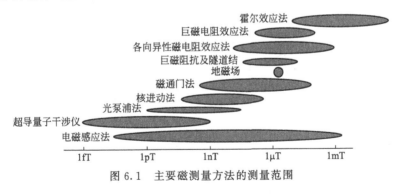

图6.1 主要磁测量方法的测量范围

本章介绍磁测量的方法和原理，探讨不同磁测量方法各自的特点。

6.1 磁力效应法

6.1.1 原理及分类

如图1.5所示，在磁场 H 中，磁矩为 m 的永磁体或载流线圈受到力和力矩的作用，进而发生偏转,这种现象称为磁力效应。利用磁力效应,可以制成磁测量仪器。表 6.1 列出了磁力效应应用的种类。

表 6.1　磁力效应磁力仪种类

磁测量仪器	特点	平衡条件	用途
磁罗盘	无反作用力矩	磁针转动到与磁场方向一致	测量磁偏角、磁倾角等
定向磁力仪	有反作用力矩(由重力、吊丝扭力或附加偏转磁铁作用产生)	$mH\sin\theta = C\varphi$ θ 为 m 和 H 的夹角; φ 为偏转角; C 为吊丝扭力系数	测量磁矩、磁场(通常是地磁场)的水平分量、垂直分量和绝对值
无定向磁强计	由两个几何形状相同、磁矩相等、极性相反的磁铁构成,总磁矩为零,在均匀磁场中不偏转	同上	测量不均匀磁场

　　磁罗盘是最常见的应用磁力效应进行测量的仪器。测量磁针置于自由转动状态。在被测磁场中,磁针将转动至与外磁场平行的方向,因此常用来指示磁场方向及测量磁偏角等。

　　定向磁强计可以利用磁针与磁场之间、磁针与磁性样品之间的相互作用进行测量。根据磁铁的装配方式,可以分为两类:刃口式磁强计和悬丝式磁强计。刃口式磁强计的磁铁通过转轴悬架与三棱柱刃口上,磁铁可在垂直平面内转动;而悬丝式磁强计的磁铁悬吊在合金恒弹性扁平丝上。磁铁可在磁场作用下转动,因此可以用来测量磁场(一般为地磁场)和物质磁矩。定向磁强计容易受到地磁场和环境磁场变化的影响。

　　无定向磁强计的磁系由两个形状相同、相互平行、磁矩相同、极性相反的磁针构成,磁针之间通过硬质杆连接。周围环境磁场的变化对于这种结构的两个磁针在所处空间内的影响是相同的,但受力方向相反,所以对磁系的转矩为零。因此,它克服了定向磁强计的缺点。无定向磁强计对不均匀磁场非常灵敏,因此可用于测量空间的不均匀磁场和弱磁性物质的磁矩等。

　　图 6.2 给出了几种常用磁力效应测量装置结构示意。

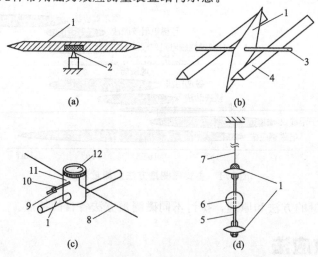

图 6.2　几种常用磁力效应测量装置结构示意
(a) 磁罗盘;(b) 刃口式磁强计;(c) 悬丝式磁强计;(d) 无定向磁强计
1—磁针(磁棒);2—顶针;3—轴;4—刃口;5—连接杆;6—镜子;7—吊丝;8—悬丝;
9—温度调节螺母;10—调节螺杆;11—磁系座;12—反光镜

6.1.2　测量磁场

假设磁场 H 和磁矩为 m 的磁铁在 xz 平面内，磁铁的转动轴平行 y 方向。在磁场作用下，磁铁转动至平衡位置，此时

$$mH\sin\theta = C\varphi \qquad (6.1)$$

式中，θ 为 m 和 H 的夹角；φ 为磁铁偏转角；C 为单位反作用力矩，即吊丝扭力系数。

在 xz 平面内，式(6.1) 可变为

$$mH_x\sin\alpha - mH_z\cos\alpha = C\varphi \qquad (6.2)$$

式中，α 为磁铁与水平 x 轴的夹角。

当磁铁水平时，$\alpha = 0$，式(6.2) 简化为

$$H_z = -\frac{C}{m}\varphi \qquad (6.3)$$

可用式(6.3) 来测量磁场的垂直分量 H_z。

当磁铁垂直时，$\alpha = 90$，式(6.2) 简化为

$$H_x = \frac{C}{m}\varphi \qquad (6.4)$$

可用式(6.4) 来测量磁场的水平分量 H_x。

当磁铁、磁场和转动轴互相垂直时，$\alpha = 0$，$\theta = 90°$，有

$$H = \frac{C}{m}\varphi \qquad (6.5)$$

可用式(6.5) 来测量磁场的绝对值。

6.1.3　测量磁矩

通过测量试样 NS 引起悬挂磁铁 ns 偏转的角度 φ，可以得到试样 NS 的磁矩 m。

首先，悬挂磁铁 ns 于地磁子午线方向。测量时，将待测试样 NS 垂直悬挂磁铁 ns 放置，如图 6.3 所示。假定待测试样中心与悬挂磁铁中心间距为 r，则在地磁场 H 和试样磁矩 m 的共同作用下，悬挂磁铁发生偏转，偏转角度为 φ，则有

$$m = \frac{r^3\sin\varphi}{2\mu_0 K}H$$

式中，φ 为偏转角；$K = 1 + \dfrac{p}{r^2} + \dfrac{q}{r^4} + \cdots$ 为试样的分布系数，具体取决于试样的形状和尺寸。

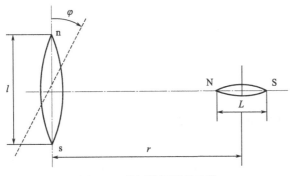

图 6.3　磁矩测量原理示意

6.2 电磁感应法

6.2.1 基本原理

电磁感应法是最古老、最著名、影响力最大的磁测量方法。1.2节中已经简单讨论了电磁感应定律。根据电磁感应定律，当测量线圈内部的磁通随时间发生变化时，线圈中将产生感生电动势。

$$U(t) = -\frac{\mathrm{d}\Phi}{\mathrm{d}t} = -NS\frac{\mathrm{d}B}{\mathrm{d}t} \tag{6.6}$$

对式(6.6)进行积分，可得

$$\Delta B = \frac{1}{NS}\int U(t)\mathrm{d}t \tag{6.7}$$

假定测量线圈常数已知，就可以通过感应电动势的积分值，进行磁测量。

利用电磁感应进行测量具有非常重要的优势：设计和操作简单，宽频带和动态性能好。空心感应线圈的线圈匝数、横截面积等线圈参数都可以精确确定，其随外场的响应是线性的，没有饱和性的。相比较于霍尔效应磁强计、磁通门磁强计和磁电阻磁强计等，电磁感应线圈制作简单，普通人也可以自行设计、制作。图6.4给出了几种简单感应线圈结构。

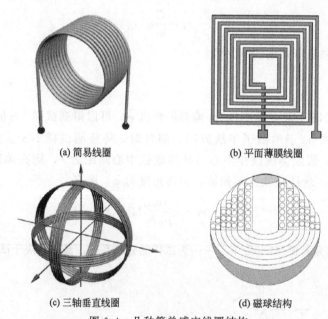

(a) 简易线圈　　　　　　　　　(b) 平面薄膜线圈

(c) 三轴垂直线圈　　　　　　　(d) 磁球结构

图 6.4　几种简单感应线圈结构

感应线圈存在一些缺点。首先，感应线圈只能检测交变磁场，无法直接测量稳恒磁场，因此可以通过旋转线圈、振动线圈或样品的方式来解决这个问题。其次，感应线圈的灵敏度与线圈面积直接相关，因此小型化非常困难。随着薄膜技术的发展，也出现了一些用于微纳测量的微型线圈。

测量感应电动势积分$\int U(t)\mathrm{d}t$的方法有很多。根据磁通的改变方式和测量电动势对时间的积分方式，利用电磁感应法的磁测量可以分为：冲击检流法、磁通计法、旋转/振动线圈法、振动/提拉样品法等，下面分别介绍。

6.2.2 冲击检流法

冲击检流法利用运动线框具有较大转动惯量的磁电式检流计，根据瞬时电流通过可动线框所产生的摆动幅值来测定磁场和物质的磁性。它的本质是利用冲击检流计作为电压积分器。

冲击检流计有悬丝式和张丝式两种。典型的悬丝式检流计结构如图 6.5 所示。悬丝系统附加一个特制的铜质圆盘，增大系统的转动惯量。工作时，将冲击检流计与一探测线圈串联。当探测线圈检测到磁通变化时，会在检测线圈产生感生电动势及感应电流 I。电流 I 流经检流计线框时，由于电流 I 与磁场 H（内置标准磁场）的相互作用，线框会发生转动。在转动过程中，线框还会受到悬丝的恢复力矩及磁场中的电磁阻尼力矩作用。因此，线框的运动方程可表示为：

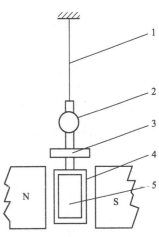

图 6.5　悬丝式冲击检流计结构
1—弹性悬丝；2—镜子；3—铜质
圆盘；4—线框；5—铁心

$$J\frac{\mathrm{d}^2\alpha}{\mathrm{d}t^2}+P\frac{\mathrm{d}\alpha}{\mathrm{d}t}+W\alpha-\Phi I \tag{6.8}$$

式中，J 为线框的转动惯量；α 为线框偏转角；P 为电磁阻尼系数；W 为悬丝的扭力系数；Φ 为穿过线框的总磁通量（该磁通并非探测线圈的检测磁通）。

结合电磁感应原理，可得

$$\Delta\Phi=C_\Phi\alpha_m \tag{6.9}$$

式中，C_Φ 为冲击常数，与电流计结构、电阻及阻尼度有关；α_m 为线框最大偏转角，与通过电流计的总电量 Q 成正比。

$\Delta\Phi$ 与被测磁场 H 有关，具体与探测线圈中磁通量的改变方式相关。冲击检流法中磁通量的改变方式通常有两种方式。

第一种方式为开关磁场或磁场换向，探测线圈位置不变。则磁通变化为

$$\Delta\Phi=\mu_0 NSH（开关磁场） \tag{6.10}$$

或

$$\Delta\Phi=2\mu_0 NSH（磁场换向） \tag{6.11}$$

以开关磁场情况为例，结合式(6.9) 和式(6.10) 可得

$$H=\frac{C_\Phi}{\mu_0 NS}\alpha_m \tag{6.12}$$

这种方法适用于测量自感比较小的电磁铁磁场和线圈磁场等。开关磁场可以通过开关电流实现，磁场换向可通过改变励磁电流方向实现。

第二种方式为磁场不变，改变磁场和探测线圈的相对位置。例如迅速将探测线圈从磁场中抛移出去（抛移法），或者将探测线圈绕垂直磁场的轴从平行于磁场的起始位置转动 $90°$ 或 $180°$。如采用抛移法，则磁通改变量为 $\Delta\Phi=\mu_0 NSH$，效果与开关磁场等同。如旋转探测线圈 $180°$，则磁场改变量为

$$\Delta\Phi=\mu_0 NSH(\cos0°-\cos180°)=2\mu_0 NSH \tag{6.13}$$

可得

$$H = \frac{C_\Phi}{2\mu_0 NS}\alpha_m$$

这种方法适用于测量永磁体磁场、地磁场和空间磁场等。

冲击检流计的缺点是转动惯量大，线框的自由运动周期长达20s，测量过程是逐点进行，相当费时。

6.2.3　磁通计法

磁通计法根据发展历程，先后通过经典磁通计、光电磁通计、电子磁通计和数字磁通计来实现。

6.2.3.1　经典磁通计

经典磁通计是一种悬丝反抗力矩很小、在过阻尼状态下工作的磁电式检流计。与冲击检流法的原理类似，也是利用经典磁通计作为电压积分器。

当探测线圈内被测磁通量改变时，线圈内产生感应电流，带动与其相连接的磁通计指针偏转，偏转大小与磁通变化量成正比，有

$$\Delta\Phi = C_\Phi \Delta\alpha \tag{6.14}$$

式中，C_Φ 为磁通计常数；$\Delta\alpha$ 为指针偏转量。

由于经典磁通表没有机械反作用力矩，因此表针可停留在刻度盘上任意位置。经典磁通计的缺点是灵敏度低。为了提高灵敏度，可利用光电放大装置，制成光电磁通计。

6.2.3.2　光电磁通计

光电磁通计是由经典磁通计配合光电装置组成。线框上固定一面光镜，从光源来的光经镜面反射后再进入光电元件。当探测线圈内的磁通量发生改变时，线框发生偏转，改变了进入光电元件的光通量，使光电流发生改变。

光电磁通计的灵敏度较经典磁通计大幅提高，但零点漂移大。

6.2.3.3　电子磁通计

电子磁通计采用电子积分器直接对探测线圈内磁通变化产生的感应电动势进行积分，求得磁通变化量。从电子磁通计开始，彻底取代了图6.5中的电流计系统，灵敏度和精度都得到大幅提高。

电子积分器由运算放大器、电阻和电容组成。图6.6给出了电子积分器原理。

当放大器的增益很大，而且 $r_1 \gg R$ 时，放大器

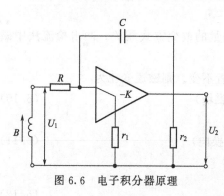

图6.6　电子积分器原理

的输出电压和输入电压间的关系为

$$U_2 = \frac{1}{RC}\int U_1 \mathrm{d}t = \frac{\Delta\Phi}{RC} \tag{6.15}$$

得

$$\Delta\Phi = RCU_2 \tag{6.16}$$

电子磁通计的灵敏度高，能连续测量，适用于稳恒磁场、交变磁场和脉冲磁场的测定。图6.7给出了利用上述积分电路采用爱泼斯坦方圈采集的无取向硅钢信号。

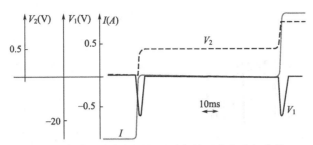

图 6.7　采用爱泼斯坦方圈采集的无取向硅钢信号

6.2.3.4　数字磁通计

在电子磁通计的基础上，对其信号进行转换得到数字信号，直接得到数字显示的磁通值。由模拟信号到数字信号的转换设计有以下几种。

（1）使用基于运算放大器的模拟积分器，而后通过模数转换器进行转换；

（2）先将脉冲信号转换为数字信号，而后对其进行数字积分；

（3）把模拟信号转换为频率，而后进行脉冲计数。

这里以第（3）种转换设计为例，介绍数字磁通计。数字磁通计由电压/频率变换器（V/f 变换器）、脉冲计数器和显示电路组成。其原理为：利用电压/频率变换器将次级线圈上的感应电动势 U_2 转换为一组脉冲，其频率 f 与 U_2 成正比

$$f = KU_2 \tag{6.17}$$

式中，K 为电压/频率转换系数。用电子计数器将其累加得到脉冲数为

$$N = \int f \, \mathrm{d}t = K \int U_2 \, \mathrm{d}t = K \Delta \Phi \tag{6.18}$$

数字磁通计测量准确度高，测量速度快，可用于测量磁场和磁性材料的直流测试。目前商用的磁通计都是数字式磁通计。

以中国计量大学磁学实验室的 MAG-NET-PHYSIK EF14 电子磁通计（图 6.8）为例：最大量程 $\pm 225\,\mathrm{mV \cdot s}$，最高分辨率 $10^{-7}\,\mathrm{V \cdot s}$；直流精度为读数的 0.3%，交流峰值精度为读数的 5%；输入电阻 R_i 为 $100\,\mathrm{k\Omega}$。该磁通计可与各种测量线圈连接：场线圈（探测线圈、点线圈、超薄线圈）、瞬时线圈（赫姆霍兹线圈）、磁势线圈、饱和线圈等。

图 6.8　MAGNET-PHYSIK
EF14 电子磁通计

6.2.4　旋转/振动线圈法

电磁感应线圈的缺点是只对变化磁场敏感，采用移动线圈的方法可以解决这个问题。常见的移动线圈方法有旋转线圈和振动线圈。

旋转线圈法是一种测量恒定磁场的简单方法。它的结构是由一个非磁性测量杆将电动机轴延长并在测量杆的外端装一只线圈常数为 NS 的探测线圈构成。线圈以 ω 的恒定转速在被测磁场中旋转，保持探测线圈轴向和被测磁场方向相互垂直，如图 6.9 所示。则探测线圈中感应的电动势为

$$U(t) = -NS\frac{\mathrm{d}B}{\mathrm{d}t} = -NS\omega B\cos\omega t \qquad (6.19)$$

可用平均值、有效值、峰值等任何类型的电压表测量感应电动势，则被测磁场的磁通密度为

$$B = \frac{U_{max}}{NS\omega} \qquad (6.20)$$

式中，U_{max} 为感应电动势的最大值。

旋转线圈法是发电机原理的直接应用，因此又称为测量发电机法。

振动线圈法和旋转线圈法相似，把线圈平面平行于磁场放置，使线圈绕垂直于磁场的轴线做小角度的周期摆动，则线圈中的感应电动势 $U(t)$ 与磁通密度 B 及摆动的角频率 ω 成正比

图 6.9　测量直流磁场的旋转线圈

$$U(t) = NS\omega B\cos\omega t \qquad (6.21)$$

同样，被测的磁通密度

$$B = \frac{U_{max}}{NS\omega} \qquad (6.22)$$

如果线圈在自身平面的前后振动，则线圈内感应电动势与磁场的梯度、振动的角频率 ω 和振幅成正比。

产生振动的方法有很多。可以将线圈连接到旋转的偏心轮，强迫线圈发生振动。将线圈与振荡器件连接，可以获得较高的振荡频率（kHz 量级），降低线圈尺寸，以非常小的线圈获得较好的几何分辨率。图 6.10 为一个安装在陶瓷压电双晶片支架上的便携振动线圈。

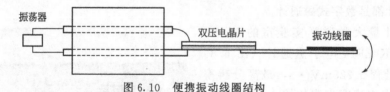

图 6.10　便携振动线圈结构

快速从磁场中移出感应线圈也可以进行磁场测量。从直流磁场中抽出线圈过程中产生的感应电动势为

$$\int U(t)\mathrm{d}t = -NS(B_x - B_0) \qquad (6.23)$$

式中，B_x，B_0 为线圈移出前后对应的磁通密度。通过电动势的积分值，可以得出所测得直流磁场值。

目前，移动线圈的方法使用较少。因为在测量装置中尽可能避免任何部件产生移动。对于直流磁场的测量，现在经常使用霍尔效应法和磁通门法。

6.2.5　振动/提拉样品法

如果保持感应线圈不动，采用振动样品或提拉样品的方式同样可以获得变化的磁通，进行有效磁测量。

利用这种原理的最典型设备为振动样品磁强计。振动样品磁强计适用于各种类别、形态

磁性材料的开路测量。测量的内容包括磁化曲线、磁滞回线、退磁曲线等。振动样品磁强计是一种高灵敏度的磁矩测量仪器，测量在一组探测线圈中心以固定频率和振幅作微振动的样品的磁矩。采用尺寸较小的样品，它在磁场中被磁化后可近似看作一个磁矩为 m 的磁偶极子。强迫样品在某一方向做小幅振动，用一组互相串联反接的感应线圈在样品周围探测磁场的变化，感应线圈中的感应电动势直接正比于样品的磁化强度。用锁相放大器测量这一电压，即可计算出待测样品的磁矩。

如图 6.11 所示，将球状待测样品放在平行于 x 轴方向的均匀磁场中，并使它在 z 方向作微小等幅振动。

由于测量线圈中的感应信号来源于被磁化的振动样品在周围产生的周期性变化磁场，那么位于坐标原点 O 的磁偶极子在空间任意一点 P 产生的磁场可表示为：

$$\vec{H}(\vec{r}) = -\frac{1}{4\pi}\left(\frac{\vec{m}}{r^3} - \frac{3(\vec{m}\cdot\vec{r})}{r^5}\vec{r}\right) \qquad (6.24)$$

式中，$\vec{r} = x\vec{i} + y\vec{j} + z\vec{k}$，其中 $\vec{i}$、$\vec{j}$、$\vec{k}$ 分别为 x、y、z 的单位矢量。若在 P 点放置面积为 S 的测量线圈，则通过单匝线圈的磁通量为：

$$\phi = \int_S \vec{B}\cdot\mathrm{d}\vec{S} = \mu_0\int_S H(\vec{r})\cdot\mathrm{d}\vec{S} \qquad (6.25)$$

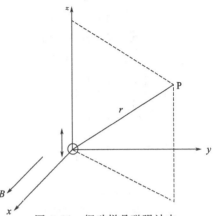

图 6.11　振动样品磁强计中
球状样品振动示意

若磁偶极子沿着 z 轴做振幅是 a，振动角频率为 ω 的简谐振动时，有

$$\vec{r} = x\vec{i} + y\vec{j} + (z + a\cos\omega t)\vec{k} \qquad (6.26)$$

则偶极子磁场在 N 匝线圈中激起的感应电动势为：

$$U(t) = -\frac{\partial\phi}{\partial t} = -\mu_0\sum_i^N \int_S \frac{\partial H(\vec{r},t)}{\partial t}\cdot\mathrm{d}\vec{S} \qquad (6.27)$$

因样品沿着 x 方向磁化，且线圈截面较小时，可用线圈中间的性质代表每匝线圈的平均性质。若线圈尺寸和位置固定不变，式(6.27) 中积分式的数值是常数，故：

$$U(t) = E_m\cos\omega t \qquad (6.28)$$

式中，振幅 E_m 与样品磁矩成正比。进一步可得

$$U_m = km$$

式中，U_m 为线圈输出电压的峰值；m 为样品的磁矩，k 为系数。k 的具体值很难通过直接计算得到，通常通过比较法测定，又叫振动样品磁强计的校准或定标。比较法是用饱和磁化强度已知的标准样品（如高纯镍球样品），若已知标样的质量为 m_0，校准时振动输出信号 U_0 为：

$$U_0 = km_0\sigma_0 \qquad (6.29)$$

则

$$k = \frac{U_0}{m_0\sigma_0} \qquad (6.30)$$

校准后，将质量为 m_x 的被测样品替换标准样品。在振动输出为 U_x 时，样品的质量比磁化强度为：

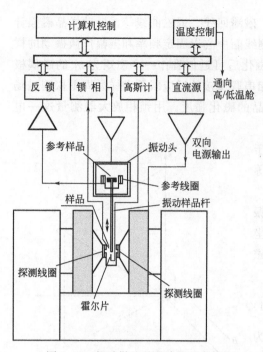

图 6.12 振动样品磁强计的基本结构

$$\sigma = \frac{U_x}{km_x} = \frac{m_0\sigma_0}{m_xU_0}U_x \qquad (6.31)$$

图 6.12 给出了振动样品磁强计的基本结构。振动样品磁强计一般用电磁铁作为磁场源，也可以采用其他形式的场源。磁场源将样品磁化，产生一定的磁矩。相比较于样品的高频振动，磁场源可认为是直流磁场，不会影响感应线圈的磁通变化和测量结果。

采用提拉样品的方式同样可以在探测线圈中获得变化的磁通量，进而产生感生电动势。与振动样品磁强计原理类似，经简单计算可以得出

$$U_m = fvm$$

式中，f 为与样品位置和线圈结构有关的系数；v 为样品提拉速度；m 为样品的磁矩。如果已知 f、v 的数值，根据测试的感生电压就可以获得样品的磁矩大小。实际上，f 值也很难通过计算直接得到。实际操作中，通常采用标准样品进行标定，具体方法同振动样品磁强计类似。

6.2.6 梯度磁场感应线圈

梯度磁场感应线圈的工作原理如图 6.13 所示。假定外磁场 H_{ext} 为均匀磁场，则图中的两个线圈处的磁场相同。由于这两个线圈差分连接，均匀外磁场对线圈的影响可以被消除。如果在线圈附近存在另外一个场源，则距离该场源较近的线圈处的磁场要大于另外一个线圈处的磁场。磁场强度的差异，即磁场梯度，就可以通过这两个线圈检测出来。这种方法可以消除均匀磁场的影响，直接测量磁场梯度。

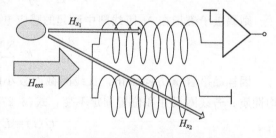

图 6.13 梯度磁场感应线圈的工作原理

图 6.14 给出了几种梯度磁场感应线圈结构。感应线圈的基本原则是在匀强磁场中线圈输入信号为零。在图中的不对称结构中，较小的感应线圈因设计更多的匝数，以补偿大线圈所探测到的磁场。

(a) 垂直结构　　　　(b) 平面结构　　　　(c) 不对称结构

图 6.14 几种梯度磁场感应线圈结构

6.3 霍尔效应法

霍尔效应是1879年霍尔首先在金属中发现的。当施加外磁场垂直于导体中流过的电流时，会在导体中垂直于磁场和电流的方向产生电动势，这种现象称为霍尔效应。由于金属中的霍尔效应很微弱，一直未曾得到应用。但随着半导体技术发展，发现一些半导体的霍尔效应很显著。因此，霍尔效应在磁场测量中的应用也随之迅速发展，并能用于测量恒定磁场、交变磁场以及脉冲磁场。

如图6.15所示，沿着X轴方向通过电流I，并在Z轴方向施加磁通密度为B的磁场，那么载流子将在Y轴方向受到洛伦兹力的作用。因此，载流子将聚集在图中半导体的A一侧，而产生空间电荷。这时电荷便建立起一个抵消洛伦兹力的电场E_H，直到相互平衡为止。

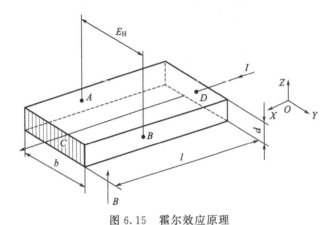

图6.15 霍尔效应原理

洛伦兹力为

$$F_L = Bqv \tag{6.32}$$

式中，q是载流子电荷；v是载流子的速度。

电场E_H所产生的力为

$$F_E = qE_H$$

因此，有

$$E_H = -vB \tag{6.33}$$

由于电流密度为

$$J = nqv$$

式（6.33）可变为

$$E_H = -\frac{1}{nq}JB = -R_H JB$$

式中，n为载流子的浓度，$R_H = 1/nq$为霍尔系数，单位为m^3/C。

实际工作中，可进一步检测出半导体中的电压

$$U_H = bE_H = -bR_H JB$$

因此，对于给定的材料，输入给定的电流时，通过直接测量垂直磁场和电流方向的电压，就

可以得出外磁场（磁通密度 B）的大小。

用于霍尔器件的常用半导体有锗、硅、锑化铟、砷化铟、砷化钙、砷化镓等。一般要求材料的霍尔系数大、灵敏度高，有足够的载流子浓度和适当的电阻率。此外，温度系数要小，线性度好。锑化铟材料的灵敏度高，输出信号强，但温度稳定性较差，通常在低温条件下使用。硅材料可适用于高温场合。

电子在洛伦兹力的作用下在器件表面产生霍尔电压的时间仅为 10^{-12} s，因此霍尔器件既可用于测定稳恒磁场，也可以用于测量交变磁场及脉冲磁场。

图 6.16 给出了典型的薄片式霍尔器件结构。在这种结构中，磁场垂直薄片，因此霍尔器件最常用于检测垂直方向的磁场。霍尔器件还可以进一步集成设计为可检测二维、三维磁场的结构。图 6.17 给出了一个三轴霍尔器件的结构示例。

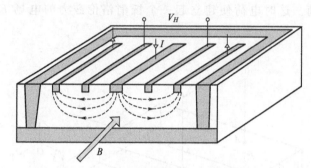

图 6.16　典型的薄片式霍尔器件结构

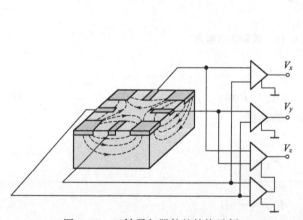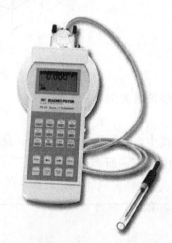

图 6.17　三轴霍尔器件的结构示例　　　　图 6.18　MAGNET-PHYSIK FH 54 高斯计

霍尔器件是应用较早且目前仍在广泛使用的磁场检测器件。其优点在于：尺寸小、输出信号强、线性好、频率特性优、输出信号直接取决于磁场值，而且容易集成在 IC 器件中，便于生产和应用。

图 6.18 为中国计量大学磁学实验室的 MAGNET-PHYSIK FH 54 高斯计。该设备配置平面型霍尔探头，可以测量直流、交流磁场。图 6.19 为中国计量大学磁学实验室的 BROCKHAUS MESSTECHNIK 公司 XYZ 磁场扫描仪。设备主要参数为如下：样品高度 <50mm；探头量程精度可选取为 30G、300G、3kG、30kG 四档；扫描步长 >0.1mm；扫

磁性材料与磁测量

描范围为$-140 < X < 140$mm，$-100 < Y < 100$mm，$Z < 50$mm。

图 6.19　BROCKHAUS MESSTECHNIK 公司 *XYZ* 磁场扫描仪

6.4　磁电阻效应法

在外磁场作用下材料的电阻发生变化，这种现象称为磁电阻（MR）效应。表征 MR 效应大小的物理量为 MR 比：

$$\eta = \frac{R(T,H) - R(T,0)}{R(T,0)} = \frac{\rho(T,H) - \rho(T,0)}{\rho(T,0)} \tag{6.34}$$

式中，η 为磁电阻系数；$R(T,0)$、$\rho(T,0)$，$R(T,H)$、$\rho(T,H)$分别代表温度 T 时，磁场依次为 0 和 H 时的电阻、电阻率。金属的 MR 比通常比较小，一般不超过 2%～3%。

根据 MR 效应的起源机制，材料的磁电阻特性可分为两类：正常磁电阻效应和反常磁电阻效应。

正常磁电阻效应存在于所有磁性和非磁性材料中，它是由于载流子在磁场中运动时受到 Lorentz 力的作用，产生回旋运动，从而增加了电子受散射的概率，使电阻率上升，它与电子的自旋基本无关。正常磁电阻效应在低场下的数值一般很小，但在某些非磁性材料中，例如在金属 Bi 膜和纳米线、非磁性的 Cr/Ag/Cr 薄膜中，可观察到大的正常磁电阻效应。由于正常磁电阻效应没有磁滞现象，可以避免巴克豪森噪声，因而已经有正常磁电阻材料开发成商品化产品。

反常 MR 效应是具有自发磁化的铁磁体所特有的现象，其起因被认为是自旋-轨道的相互作用或 s-d 相互作用引起的与磁化强度有关的电阻率变化，以及畴壁引起的电阻率变化。因此，反常 MR 效应有三种机制：第一种是外加强磁场引起自发磁化强度的增加，从而引起电阻率的变化，其变化率与磁场强度成正比，是各向同性的负的 MR 效应；第二种是由于电流和磁化方向的相对方向不同而导致的 MR 效应，称为各向异性磁电阻（AMR）效应；第三种是铁磁体的畴壁对传导电子的散射产生的 MR 效应。

Thomson 最早于 1856 年发现铁磁多晶体的 AMR 效应：当在被测铁样品电流方向外加磁场时，它的电阻会增加 0.2%，当在横向加外磁场时，它的电阻会下降 0.4%。它的微观机制是基于自旋轨道耦合作用诱导的态密度及自旋相关散射的各向异性。当电流方向与样品的磁化方向平行的时候，该样品会有最大的电阻值，即处于高阻态。在铁磁体中，AMR＝$(\rho_\parallel - \rho_\perp)/\rho_0$，式中 $\rho_\parallel$ 为与磁场平行的电流方向的电阻率，$\rho_\perp$ 为与磁场垂直的电流方向的电阻率，ρ_0 为铁磁材料在理想退磁状态下的电阻率。在所有的 AMR 磁性材料里边，坡莫合金具有最大的有用的磁电阻变化率（2%～3%）。

1988 年，Baibich 等人在由 Fe、Cr 交替沉积而形成的多层膜 $(Fe/Cr)_N$（N 为周期数）中，发现了超过 50% 的 MR 比，由于这个结果远远超过了多层膜中 Fe 层 MR 比的总和，故称这种现象为巨磁电阻（GMR）效应。1993 年，Helmolt 等人又在类钙钛矿结构的稀土锰氧化物中观测到了庞磁电阻（CMR）效应，其 MR 值比 GMR 效应还大，$\eta = \Delta R/R$ 可达 $10^3 \sim 10^6$ 几个数量级。1995 年发现的隧道结巨磁电阻（TMR）效应，进一步引起世界各国的极大关注。2007 年度诺贝尔物理学奖授予发现巨磁电阻效应的科学家。磁电阻效应为各种磁性传感器和电子学新领域的发展与应用中所作出的奠基性贡献。

本节以金属多层膜为例，介绍磁电阻效应及器件。研究发现，由 3d 电子过渡族金属铁磁性元素或其合金和 Cu、Ag、Au 等导体积层构成的金属超晶格，在满足下述三个条件的前提下，可以观测到 GMR 效应：

① 在铁磁性导体/非磁性导体超晶格中，构成反平行自旋结构。相邻磁层磁矩的相对取向能够在外磁场作用下发生改变。更一般地说，体系磁化状态可以在外磁场作用下发生改变。

② 金属超晶格的周期应比载流电子的平均自由程短。

例如，Cu 中电子的平均自由程大致在 34nm 左右，实际上，Cr、Cu 等非磁性导体层的厚度一般都在几纳米以下。

③ 自旋取向不同的两种电子（向上和向下），在磁性原子上的散射差别必须很大。

在满足上述条件的铁磁性导体/非磁性导体超晶格中，发现了巨磁电阻效应，如图 6.20 所示。

通过对金属超晶格 GMR 效应的研究，发现金属超晶格的 GMR 效应的特点为以下几个方面：

① 电阻变化率大，其中 Cu/Co 多层膜的电阻变化率可达 70%；

② 随磁场增强，电阻只是减小而不是增加。无论外加磁场与电流方向如何，磁场造成的效果都是使电阻减小；

③ 电阻变化与磁化强度-磁场间所成的角度无关；

④ GMR 效应对于非磁性导体隔离层的厚度十分敏感。金属超晶格的 MR 比随着非磁性层厚度的变化而出现周期性振荡。图 6.21 是 Co/Cu 多层膜系统 GMR 随 Cu 层厚度 t_{Cu} 变化的曲线。可以看到，在 $t_{Cu}=0.9nm$、1.9nm、3.0nm 处，分别有一明显的峰值。不仅如此，随非磁层厚度的变化，多层膜中磁性层的层间耦合状态也出现铁磁↔反铁磁振荡。对应于 GMR 峰值处，层间耦合为反铁磁状态。

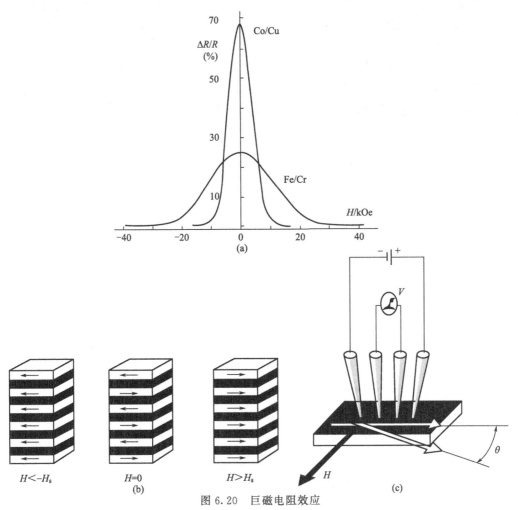

图 6.20　巨磁电阻效应

(a) Fe/Cr，Co/Cu 多层膜的电阻变化率与外磁场关系曲线；(b) 多层膜结构示意；

(c) 四探针法测电阻示意

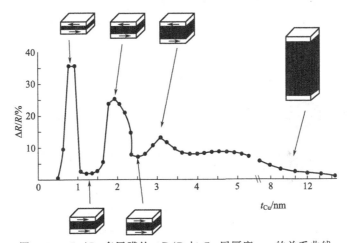

图 6.21　Co/Cu 多层膜的 $\Delta R/R$ 与 Cu 层厚度 t_{Cu} 的关系曲线

⑤ 具有积层数效应。决定磁性金属多层膜总厚度的周期数 N 是多层膜结构方面的一个重要的量。多层膜 GMR 值的大小通常与它有很大的关系。实验表明，随 N 的增加，GMR 值也增大，当 N 达到一定值时，GMR 值趋近饱和。

图 6.22 给出了 Fe/Cr 多层膜的 GMR 效应。图中纵轴是从外加磁场为零时的电阻 $R_{H=0}$ 为基准归一化的相对阻值，横轴为外加磁场。在 Fe 膜厚度为 3nm、Cr 膜厚度为 0.9nm、积层周期为 60 时，所构成的超晶格的 GMR 值可达 50%。

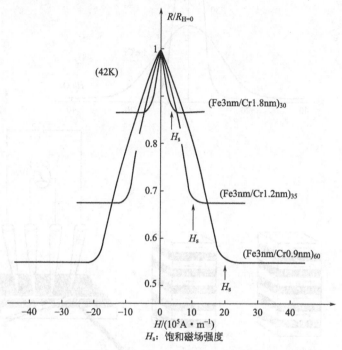

图 6.22 Fe/Cr 多层膜的 GMR 效应

金属多层膜 GMR 效应出现后，很快进入商用。1995 年，NVE 公司推出了第一款商用 GMR 器件。图 6.23 给出了 NVE 公司推出的 GMR 传感器件的设计结构。图 6.24 给出了 NVE 公司的两个桥式传感器件在测量磁场中的输出电压特性曲线。AA002 型 GMR 器件阻抗为 5kΩ，饱和磁场为 1.2kA/m；AAH002 型 GMR 器件阻抗为 2kΩ，饱和磁场为 0.5kA/m。

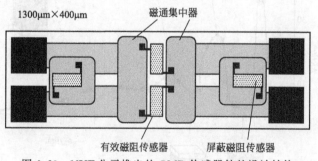

图 6.23 NVE 公司推出的 GMR 传感器件的设计结构

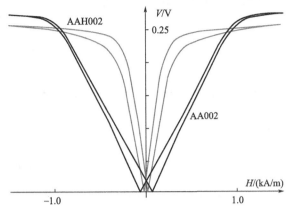

图 6.24　桥式传感器件在测量磁场中的输出电压特性曲线，供电电压 5V（NVE 分类）

6.5　磁通门法

磁通门法是基于磁调制原理，根据铁磁材料在直流磁场和交变磁场同时作用下的非线性性质，用高磁导率材料为铁心，将其在饱和交变磁场磁化条件下放入被测直流磁场或缓变磁场中，探测线圈的感应电动势变为非对称性，从而将被测磁场转化为交流电压输出进行测量。在被测直流磁化场与交流激励磁场同时存在的情况下，探测线圈中的感应电压的奇次谐波分量与交流激励磁场的幅值成正比，而与被测磁场无关。感应电压的偶次谐波分量与被测磁场的强度成正比。

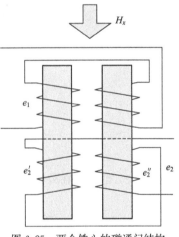

图 6.25　两个铁心的磁通门结构

以最常用到的两铁心磁通门结构为例（如图 6.25 所示），分析磁通门工作原理。e_1 为励磁线圈，励磁电流在两个铁心上方向相反，在铁心中产生分别大小相等、方向相反的磁通。e_2 为探测线圈，探测线圈中分别检测到的感生电动势信号，信号在线圈串联后相互抵消，输出信号为零。如果在励磁背景中，存在外磁场 H_x。则两个铁心中的磁通不再对称，串联检测线圈中的感生电压无法抵消，因此检出被测磁场。

图 6.26 给出了无外磁场时磁通门在励磁场作用下的信号流程图。假定线圈 e_1 输入三角波励磁信号，频率为 f，探测线圈匝数为 n_2，缠绕铁心面积为 A，则探测线圈中的检测信号应为：

$$e_2 = -An_2\frac{\mathrm{d}B}{\mathrm{d}t}$$

进一步有

$$\varphi_1 = \frac{\pi}{2}\frac{H_s+H_C}{H_m};\varphi_2 = \frac{\pi}{2}\frac{H_s-H_C}{H_m};a = \frac{B_s}{\varphi_1+\varphi_2} = 4\mu fH_m$$

$$e_2' = -e_2'' = \frac{16}{\pi}n_2fA\mu H_m\sin\frac{\pi}{2}\frac{H_s}{H_m}\cos\left(\omega t-\frac{\pi}{2}\frac{H_C}{H_m}\right)+\frac{16}{3\pi}n_2fA\mu H_m\sin\frac{3\pi}{2}\frac{H_s}{H_m}\cos\left(3\omega t-\frac{3\pi}{2}\frac{H_C}{H_m}\right)$$

e_2' 和 e_2'' 输出信号都是由傅立叶展开后的奇次谐波组成，因此最终输出信号为 $e_2'+e_2''=0$

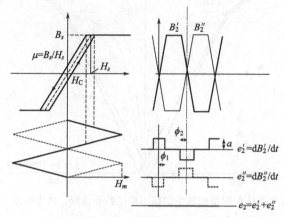

图 6.26　无外磁场时磁通门在励磁场作用下的工作信号流程

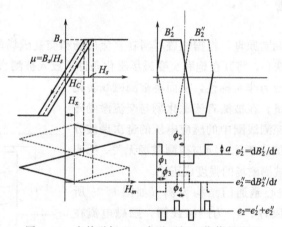

图 6.27　在外磁场 H_x 中磁通门工作信号流程

图 6.27 给出了在外磁场 H_x 中磁通门工作信号流程。当存在外部直流磁场 H_x 时，有

$$\varphi_1=\frac{\pi}{2}\frac{H_s+H_C-H_x}{H_m};\varphi_2=\frac{\pi}{2}\frac{H_s-H_C-H_x}{H_m};$$

$$\varphi_3=\frac{\pi}{2}\frac{H_s+H_C+H_x}{H_m};\varphi_4=\frac{\pi}{2}\frac{H_s-H_C+H_x}{H_m}$$

e_2' 和 e_2'' 输出信号分别为：

$$e_2'=\frac{16}{\pi}n_2fA\mu H_m\sin\frac{\pi}{2}\frac{H_s}{H_m}\cos\left(\omega t-\frac{\pi}{2}\frac{H_C}{H_m}\right)$$

$$-8n_2fA\mu H_x\sin\pi\frac{H_s}{H_m}\sin\left(2\omega t-\pi\frac{H_C}{H_m}\right)+\cdots$$

$$e_2''=-\frac{16}{\pi}n_2fA\mu H_m\sin\frac{\pi}{2}\frac{H_s}{H_m}\cos\left(\omega t-\frac{\pi}{2}\frac{H_C}{H_m}\right)$$

$$-8n_2fA\mu H_x\sin\pi\frac{H_s}{H_m}\sin\left(2\omega t-\pi\frac{H_C}{H_m}\right)+\cdots$$

总的输出信号为：

$$e_2 = e_2' + e_2'' = 16n_2 fA\mu H_x \sin\pi \frac{H_s}{H_m} \sin\left(2\omega t - \pi \frac{H_C}{H_m}\right) + \cdots$$

因此，可以看出输出信号中奇次谐波被叠加消除，只包含与外加磁场 H_x 相关的偶次谐波项。

在磁通门结构上，也可以通过正交型结构设计消除输出信号中的零序分量，如图 6.28 所示。在这种结构中，励磁线圈和探测线圈相互垂直。在没有外磁场时，探测线圈的输出信号为零。存在外磁场时，探测线圈中检测出感生电压信号，其幅值同样正比于外磁场。

在磁通门应用中，最初的结构设计都是开路铁心。图 6.29 给出了常用的开路铁心磁通门结构。

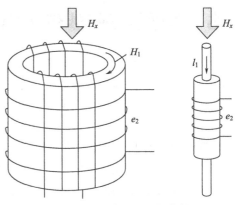

图 6.28　正交型磁通门结构

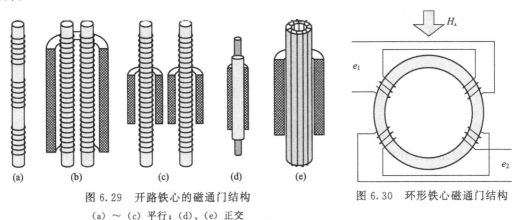

图 6.29　开路铁心的磁通门结构
(a)～(c) 平行；(d)、(e) 正交

图 6.30　环形铁心磁通门结构

磁通门结构中采用环形铁心也可以起到消除励磁场信号的作用，如图 6.30 所示。环形铁心在结构上更加简单，同时由于是闭路磁路结构，铁心磁化到饱和时需要的能量更少。类似的闭路铁心结构磁通门如图 6.31 所示。

随着电子技术发展和制备技术突破，磁通门器件逐渐小型化、平面化，甚至可以印刷集成到 IC 电路中，进一步推动磁通门技术的应用。

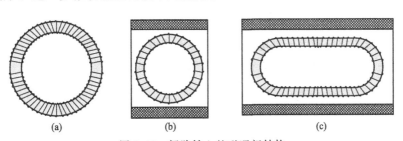

图 6.31　闭路铁心的磁通门结构

磁通门器件主要应用于地球物理学、空间研究、矿藏勘测、水下磁场探测、导航及无损检测。例如：模拟三轴磁通门磁力仪 TFM100，尺寸为 3.5cm×3.2cm×8.3cm，测量磁场范围为 $\pm 100 \mu$T；数字三轴磁通门磁力仪 DFMG24，测量范围为 $\pm 65 \mu$T。

6.6 超导量子干涉仪（SQUID）

超导量子干涉仪是用含有约瑟夫森结的超导环作为磁通探测器制成的磁测量设备。其原理为磁通量子化和约瑟夫森效应。

超导体在低于临界温度、临界电流、临界磁场的条件下，处于超导态。这三个条件中的任一个条件被破坏，将由超导态变成正常态。其中限制超导应用的最关键因素是临界温度 T_C 太低。按照巴丁、库珀和施瑞弗提出的超导微观理论（简称 BCS 理论），在 $T < T_C$ 条件下，部分自旋和动量相反的电子可以两两配对形成电量为 2e 的库珀电子对。库珀对的结合能高于晶格原子振动的能量，电子对不会和晶格发生能量交换，没有电阻，形成超导电流。超导电流全部是由这种库珀电子对来承担的，而单电子全部被"冻住"。在 $T = 0$K 时，电子全部配对形成库珀对。

中空超导环中的电流会在孔内产生磁通 Φ。该磁通的变化是不连续的，是量子化的，称为磁通量子化。其最小单位为磁通量子 Φ_0，磁通量子只取决于物理常数

$$\Phi_0 = \frac{h}{2e} = 2.0678 \times 10^{-15} \text{Wb}$$

式中，h 为普朗克常数；e 为单位电子电荷。超导环孔内磁通为

$$\Phi = n\Phi_0$$

式中，n 为包含零在内的任一整数。

考虑两块完全分开独立的超导体，电子对波函数的相位在每一块内部都是相同的，而两块超导体之间的相位没有任何联系。如果将这两块超导体放在一起，中间绝缘层隔开，绝缘层厚度与电子相干长度相当，则由于量子隧穿效应，超导结两侧的电子对可以交换，而且没有电压出现。这种通过绝缘层弱耦合的结构与一般超导体不同，称为超导结，又称约瑟夫森结。超导结的种类有很多，可以通过触点实现，也可以通过薄膜层或桥接实现，如图 6.32 所示。

图 6.32 常见的超导结类型

在含有超导结的超导环中，其电流不仅具有直流电流特性，而且与外电压、外电磁场间呈复杂的响应关系，这就是约瑟夫森效应。约瑟夫森效应可用两个方程描述：

$$I = I_C \sin\theta \tag{6.35}$$

$$\frac{d\theta}{dt} = 2\pi \frac{2e}{h} V \tag{6.36}$$

第一约瑟夫森方程式(6.35)描述了超导结两端没有电压的情况下的直流电流 I。式中 θ 为超导结两端电子对波函数的相位差。可以看出，超导电流可以在超导结两端电压为零的情

况下穿过绝缘层，这就是直流约瑟夫森效应的本质。由于此时超导结的相位差 θ 是固定的，因此超导电流 $I=I_C\sin\theta=$ 常数，即超导电流与超导结的相位差有关，在超导结确定的情况下，超导电流保持不变。

第二约瑟夫森方程式(6.36)描述了给超导结施加直流电压 V 的情况。在电压 V 的条件下，通过超导结的电流将超过其临界电流，这是超导结的导电状态发生了变化，出现了"电阻-超导"的混合态。一方面，存在正常单电子的隧穿，超导结存在电阻，超导结两端存在电压；另一方面，存在库珀电子对的隧穿，它从高电位穿过超导结绝缘层到低电位，多余的能量以交变超导电流的形式存在。交变超导电流的频率为 $f=\dfrac{2e}{h}V$，其中 $\dfrac{2e}{h}$ 为约瑟夫森常数，只取决于基本物理常数。对式(6.36)进行积分，可得超导结的相位差为

$$\theta=\theta_0+2\pi\frac{2e}{h}Vt$$

代入式(6.35)，可得该交变超导电流

$$I=I_C\sin\left(\theta_0+2\pi\frac{2e}{h}Vt\right)$$

这就是交流约瑟夫森效应。

超导量子干涉仪分成两大类：一类是由一个单结超导环所构成，把超导环耦合到一射频偏置的储能电路进行供电，称作射频量子干涉仪（RF SQUID）；另一类是由一个双结超导环所构成，工作时加载的直流电流略大于临界电流，对器件两端电压进行测量，称作直流量子干涉仪（DC SQUID）。图 6.33 给出了两类超导量子干涉仪示意。

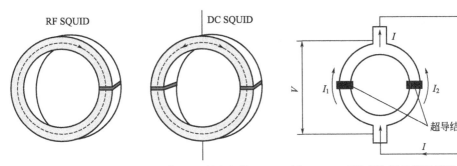

图 6.33 两类超导量子干涉仪的约瑟夫森结　　　图 6.34 双结直流超导量子干涉仪示意

以直流量子干涉仪为例介绍测量原理。假定 2 个超导结具有相同的超导临界电流 I_C。如图 6.34 所示，通过超导结的电流 I_1 和 I_2 分别为

$$I_1=I_C\sin\theta_1$$
$$I_2=I_C\sin\theta_2$$

式中，分别为超导结 1 和 2 的电流相位差。则超导环的总超导电流为

$$I=I_1+I_2=I_C(\sin\theta_1+\sin\theta_2)=2I_C\sin\left(\theta_1+\frac{\theta_1-\theta_2}{2}\right)\cos\left(\frac{\theta_1-\theta_2}{2}\right) \tag{6.37}$$

对于独立的超导结，它们的相位差 θ_1 和 θ_2 是互相独立的。将它们并联为一个超导环路时，θ_1 和 θ_2 间存在相互关联

$$\Delta\theta=\theta_1-\theta_2=2\pi\frac{2e}{h}Vt=2\pi\frac{2e}{h}\Phi$$

又因为

$$\Phi_0 = \frac{h}{2e}$$

可得

$$\frac{\theta_1 - \theta_2}{2} = \frac{\Phi}{\Phi_0}\pi$$

因此，式（6.37）可变为

$$I = 2I_C \sin\left(\theta_1 + \frac{\Phi}{\Phi_0}\pi\right)\cos\left(\frac{\Phi}{\Phi_0}\pi\right)$$

系统总的磁通量为外加磁场磁通 $\Phi_{外}$ 和超导环自身磁通 $\Phi_{环}$ 之和，即

$$\Phi = \Phi_{外} + \Phi_{环} = \Phi_{外} + LI_{环}$$

式中，L 为超导环电感；$I_{环}$ 为环路电流

$$I_{环} = \frac{1}{2}(I_1 - I_2)$$

当 $\sin\theta_1 = \sin\theta_2 = 1$ 时，$I_{环} = 0$，则

$$\Phi = \Phi_{外} = n\Phi_0$$

即外加磁通量满足磁通量子化条件。此时超导结电流将达到最大值

$$I = 2I_C \sin\left(\theta_1 + \frac{\Phi}{\Phi_0}\pi\right)\cos\left(\frac{\Phi}{\Phi_0}\pi\right) = 2I_C$$

如果外加磁通量不满足磁通量子化条件，则超导环中会出现环路电流来进行补偿，即

$$\Phi = \Phi_{外} + LI_{环} = n\Phi_0$$

超导环路电流的最大补偿能力为 $\Phi_0/2$。

综合以上，讨论三种情况下超导结电流随外磁通的变化关系：

当 $\Phi_{外} = n\Phi_0$ 时，

$$I = 2I_C$$

当 $\Phi_{外} = n\Phi_0 + \frac{1}{2}\Phi_0$ 时，

$$I = 2I_C - \frac{\Phi_0}{L}$$

当 $\Phi_{外} = (n+1)\Phi_0$ 时，

$$I = 2I_C$$

因此可以看出，当外界磁通变化量为 $\frac{1}{2}\Phi_0$ 时，会引起超导电流在极大值和极小值间变化。

因此，超导量子干涉仪的检测分辨率非常高，可以用于分辨微弱磁性的差异。

被测外场磁通密度为

$$B = \frac{(n+\delta)\Phi_0}{S} \tag{6.38}$$

式中，n 为超导结电流频率；δ 为不足 Φ_0 整数倍的部分。

近些年，SQUID 都是用薄膜的溅射和光刻技术来实现的，因此可以设计制备出形状复杂的结构。在低温 SQUID 装置中，通常选择铌为超导材料，选择氧化铌或氧化镧为绝缘薄膜。高温 SQUID 装置制作比较困难。钇钡铜氧是常用的超导材料，这种材料属于陶瓷类，

因此不适合用喷溅技术。

　　检测的磁通密度取决于传感线圈的面积。SQUID 装置一般都比较小，因此通常采用通量变换器，其目的是采用大线圈将采集到的信号传递给 SQUID 装置，以提高测量灵敏度，如图 6.35 所示。通量变换器通常与 SQUID 器件一起放置在一个特殊的杜瓦真空瓶中。低温 SQUID 装置采用液氦制冷，而高温 SQUID 装置采用液氮制冷。

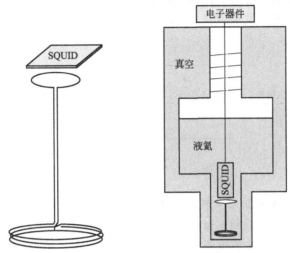

图 6.35　通量变换器和 SQUID 装置中的低温真空结构

　　SQUID 装置典型的分辨率在 5fT，是测量 fT 至 pT 范围磁场所不可或缺的工具。目前，SQUID 广泛应用于直流和低频磁场的测量，同时还可以用来测量矢量场。

6.7　磁光效应法

　　一束入射光进入具有固有磁矩的物质内部传输或者在物质界面反射时，光波的传播特性发生变化，这种现象称为磁光效应。

　　磁光效应包括以下几种类型。

　　(1) 塞曼效应　对发光物质施加磁场，光谱发生分裂的现象称为塞曼效应。光谱能级会分裂为几个波长不同的次能级，这些次能级之间的间隔 ΔE 取决于磁场强度。

　　(2) 法拉第效应和科顿—莫顿效应　法拉第效应是光与原子磁矩相互作用而产生的现象。当 YIG 等一些透明物质透过线偏振光时，若同时施加与入射光平行的磁场，透射光将在其偏振面上旋转一定的角度射出，称这种现象为法拉第效应，如图 6.36 所示。

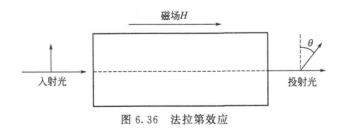

图 6.36　法拉第效应

　　对铁磁性材料来说，法拉第旋转角 θ_{F} 由下式表示：

$$\theta_F = FL(M/M_S) \tag{6.39}$$

式中，F 为法拉第旋转系数（°/cm）；L 为材料的长度；M_S 为饱和磁化强度；M 为沿入射光方向的磁化强度。对于所有透明物质来说都会产生法拉第效应，不过现在已知的法拉第旋转系数大的主要是稀土石榴石系物质，目前在光通信及光学计量等方面，研究、开发及应用都相当活跃。

若施加与入射光垂直的磁场，入射光将分裂为沿原方向的正常光束和偏离原方向的异常光束，称这种现象为科顿—莫顿效应，如图 6.37 所示。

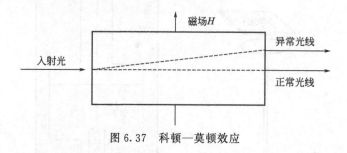

图 6.37　科顿—莫顿效应

（3）克尔效应　当线偏振光入射到被磁化的物质，或入射到外磁场作用下的物质表面时，由于左旋圆偏振光与右旋圆偏振光在样品中传播速率不同而产生相位差，再加上左旋圆偏振光与右旋圆偏振光的吸收程度不同而造成振幅不相同，其反射光转变为椭圆偏振光，其偏振面相对于入射光旋转一个角度，这种现象称为磁光克尔效应（MOKE）。

根据磁化强度矢量 M 与光入射面和界面的不同相对取向，克尔效应可分为三种类型：a. 极向克尔效应——磁化强度矢量 M 与介质界面垂直时的克尔效应，如图 6.38（a）所示；b. 横向克尔效应——M 与介质表面平行，但垂直于光的入射面时的克尔效应，如图 6.38（b）所示；c. 纵向克尔效应——M 既平行于介质表面，又平行于光入射面时的克尔效应，如图 6.38（c）所示。

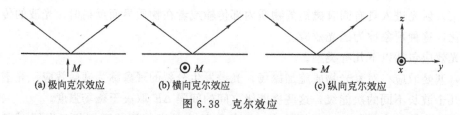

(a) 极向克尔效应　　(b) 横向克尔效应　　(c) 纵向克尔效应

图 6.38　克尔效应

磁光法拉第效应和克尔效应都可以用来表征磁性，区别在于一个检测透射光，一个检测反射光。相比较来说，反射光对材料的种类和尺寸要求都要低很多，因此磁光克尔效应的应用要比法拉第效应更广泛。

磁光克尔效应可以用来测量材料的磁化行为。图 6.39 给出了磁光克尔效应检测原理。入射光经磁性样品表面反射后，其偏振面旋转了角度 θ_K。θ_K 为克尔旋转角，其大小正比于材料的磁化强度 M

$$\theta_K = K_k M$$

式中，K_k 为克尔常数，取决于入射光波长、入射面与磁化强度的夹角及温度等条件，其值通常在 10^{-3} 个数量级。通过测量 θ_K 与外磁场之间的关系，便可得到样品的磁化曲线及磁滞回线，进而求出磁化强度、磁晶各向异性等磁性参数。

磁性材料与磁测量

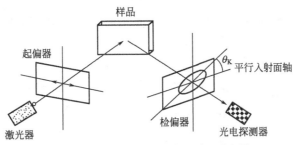

图 6.39　磁光克尔效应检测原理示意图

磁光克尔效应可以用来研究磁性材料的磁动力学过程。飞秒激光器的发展，为磁动力学研究提供了具有良好时间分辨率的光源。

磁光克尔效应还可以用来观测磁畴，具体会在后面 7.1.3 节详细介绍。

利用磁光克尔效应检测，具有以下优点。

① 无损检测。由于磁光效应是一种非接触的测量方法，可以测量块体，薄膜等形式的样品，对样品没有任何损害，并且不受温度的限制。

② 灵敏度高。主流的磁光克尔测量装置可以探测亚原子层的磁性，因此在磁性薄膜的研究中占据重要地位。

③ 可以探测局域磁性。测量信息来源于被测样品上的光斑照射点，因此可以对样品上光斑尺寸范围做局域磁性表征，这是其他磁性测量手段所无法比拟的。

6.8　磁共振法

磁共振法是利用物质基于状态变化而精密测量磁场的一种方法，其测量的对象一般是均匀的恒定磁场。磁共振是基于塞曼效应原理，即在外磁场的作用下原子的能级将发生分裂。根据塞曼效应，当原子的能级间发生跃迁时，将会辐射或者吸收电磁波。如果再把交变磁场作用到原子上，当交变磁场的频率与原子自旋系统的自然频率同步时（所决定的能级等于原子能级之间的能量差），原子自旋系统便会从交变磁场中吸收能量，这种现象称为磁共振。

理论与实验都证实，塞曼能级分裂的能量与外磁场的磁通密度成正比。这样，只要测量出施加交变磁场在共振时的频率，就可间接求得能级分裂的能量，从而确定外磁场的磁通密度。由于频率可以测量得非常准确，从而利用磁共振法便可大大提高测量磁场的精确度。

6.8.1　磁共振原理

假定某个微观粒子具有一定的磁矩 m，在自然状态下处于初始能级。当受到外磁场 B 作用时，粒子的初始能级会分裂成几个磁次能级。相邻两个磁次能级间的能量差为

$$\Delta E = \gamma h B \tag{6.40}$$

式中，γ 为旋磁比，等于粒子的磁矩与其动量矩之比。每种粒子的旋磁比为确定的物理常数，不同粒子的旋磁比有所不同。当粒子能量状态在这几个磁次能级间变化时，需要吸收或辐射能量为 $h\omega$ 的电磁波，即

$$h\omega = \Delta E = \gamma h B \tag{6.41}$$

可以得到

$$\omega = \gamma B \tag{6.42}$$

因此，对于某种确定的样品共振粒子，只要测定电磁波的频率 ω 的值，就可以得到外磁场磁通密度 B 的值。图 6.40 给出了磁共振原理示意。

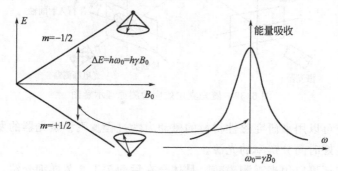

图 6.40　磁共振原理示意

根据利用的共振物质的种类，磁共振又可分为核磁共振（共振粒子是原子核）、电子顺磁共振（共振粒子是电子）和光泵磁共振（共振粒子是碱金属原子或氦原子）三种方法。

6.8.2　核磁共振法

利用具有角动量（自旋）及磁矩不为零的原子核作共振物质（样品）的磁共振方法，称为核磁共振法。核磁共振法最初被用于测量原子核的性质，后来又用作测量原子的磁矩以及精密磁场的测量。

根据核激励方式和样品的不同，它又可分为核吸收法（强迫核进动）、核感应法（自由核进动）和流水式预极化法（采用流动水样品）。

在测量较强磁场时通常采用核磁共振吸收法测量。图 6.41 给出了典型的核吸收法核磁共振测量的工作原理。一般选择水、汽油、苯等材料作为提供质子的振动样品。但水中的质子与晶格间的相互作用力较弱，导致弛豫时间长（约 3s），易出现共振饱和现象，因此需要再纯水中加入少量顺磁性离子（例如 $FeCl_3$、$NiSO_4$、$CuSO_4$ 等）降低弛豫时间至毫秒级，进而维持共振吸收。样品放置在与共振储能回路相连的便携式线圈中，被一个垂直于被测磁场 B_0 的交流调制磁场 B_{RF} 所磁化。随着样品吸收调制磁场能量的增加，共振电路调谐后可检测到共振状态。此外，为了准确检测到共振，沿被测磁场方向新增加一个磁场 ΔB_0。

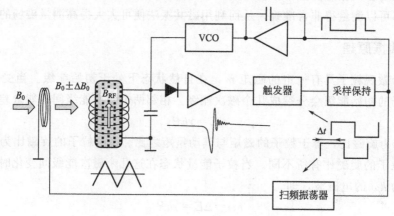

图 6.41　典型的核吸收法核磁共振的测量原理

如果被测磁场较小（小于 25mT），样品中的原子受磁场作用取向的概率极小，接近于自由状态。此时核磁共振信号很弱，用核磁共振吸收法很难进行准确测量。为了增加原子核的取向性，增大共振信号的幅度，可在与外磁场 B_0 垂直的方向增加一个预极化场 B_p，将样品磁化。当预极化场 B_p 关闭后，样品的核磁矩将沿外磁场 B_0 以拉莫角频率进动。在进动过程中，信号幅值逐渐衰减。通过测量进动频率，就可以得到外磁场 B_0 的强度。这就是核磁共振感应法的原理。图 6.42 给出了典型的核感应法核磁共振的测量原理。其中，T2 为核磁矩自旋-自旋弛豫时间。

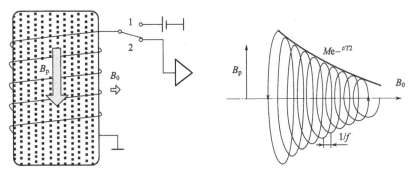

图 6.42　典型的核感应法核磁共振的测量原理

从感应法核磁共振测量过程中看，样品的预极化需要一定弛豫时间，信号读数也需要一定弛豫时间。因此单次测量样品水进动就需要 10s，从原理上无法进行连续测量。流水式预极化法可解决这个问题，进行连续测量。图 6.43 给出了流水式预极化法核磁共振的测量原理。样品为流动的水，在测量前用强磁场对流动水进行预极化，再在小于自旋-晶格弛豫时间内流动到远离极化场的测量点进行测量。预极化的作用是使共振信号增强，流动水可以保证测量的连续进行。

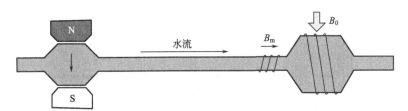

图 6.43　流水式预极化法核磁共振的测量原理

表 6.2 给出了几种常见原子核的旋磁比和共振频率。

表 6.2　几种常见原子核的旋磁比和共振频率

原子核	自旋	旋磁比 ($\times 10^8$ Hz/T)	共振频率 ($\times 10^7$ Hz/T)	原子核	自旋	旋磁比 ($\times 10^8$ Hz/T)	共振频率 ($\times 10^7$ Hz/T)
^{1}H	1/2	2.67515255	4.2576370	^{13}C	1/2	0.6728	1.0705
^{19}F	1/2	2.5179	4.0055	^{2}H	1	0.4170	0.6637
^{31}P	1/2	1.0840	1.7235	^{13}N	1/2	−0.2712	0.4304
^{17}Li	3/2	1.03965	1.6549	^{14}N	1	0.1934	0.3078

6.8.3　顺磁共振法

顺磁物质中电子或由抗磁物质中顺磁属性的电子所引起磁共振，称为电子顺磁共振

（EPR）。在原理上，电子顺磁共振与核磁共振基本相同，其差别仅仅在于共振的幅值和频率不同。若是电子以自旋对的形式存在，则总磁矩为零。因此，电子顺磁共振的样品需选用电子自旋不成对的材料。电子顺磁共振测量过程中，电子轨道磁矩几乎不起作用，总磁矩几乎都来自电子自旋贡献，所以电子顺磁共振也称为"电子自旋共振"（ESR）。

电子的旋磁比约是质子旋磁比的 1000 倍，在同样的磁场下塞曼能级分裂比核磁共振时要大得多，从而可得很高的信噪比。因此在同一频率下，电子顺磁共振法测量的磁场可以比核磁共振法所测量磁场小得多。因此，电子顺磁共振法可以测量非常弱的磁场。

电子顺磁共振中，相邻电子磁矩间存在强耦合，导致其共振信号的宽度比核磁共振信号宽很多，这限制了测量共振频率的精确度，因此测量的精确度不如核磁共振法。

6.8.4 光泵磁共振法

光泵磁共振法除利用塞曼效应外，还利用了光泵效应。

图 6.44 给出了光泵浦效应原理。输入适当波长的圆形极化光，就可以将共振辐射出的角动量传递给样品原子，使电子跃迁到更高能级上。初始状态时，处于基态 G_1 上的电子受激跃迁到 H 能级上，而后迅速均匀回落到 G_1 和 G_2 能级。这个过程相当于经过光的激发，有一半的电子从基态 G_1 跃迁到 G_2 能级。经过类似的几个过程后，基态 G_1 上的电子都被输运到 G_2 能级。在实际操作中，可以通过检测样品的透明度来确认是否输运完成。整个过程类似于利用水泵将山谷中的水抽到高处，因此称为光泵浦。

调整振荡磁场频率至 f_0，使样品发生最大的共振发射，G_2 能级上的电子又重新回到 G_1 基态，同时发射出共振光。在光泵浦效应和共振光发射效应的共同作用下，使共振态时的调制光强度最小。振荡磁场的频率 f_0，对应着促使塞曼分裂效应的磁通密度 B。

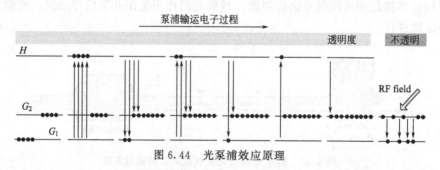

图 6.44　光泵浦效应原理

光泵磁共振法采用的工作物质要求具有透光性，通常采用碱金属蒸汽和氦气。因为碱金属的最外层只有一个电子，电子自旋是不对称的。但碱金属需要加热变成蒸汽，因此测量精确度会受工作介质温度稳定性影响。氦本身就是气体状态，不需要加热即可使用，因此稳定性更好。表 6.3 为几种常见光泵浦工作物质的旋磁比和共振频率。

表 6.3　几种光泵浦工作物质的旋磁比和共振频率

原子	旋磁比 $\gamma/(\mathrm{Hz/T})$	共振频率 $f_0=\gamma/2\pi(\mathrm{Hz/T})$	原子	旋磁比 $\gamma/(\mathrm{Hz/T})$	共振频率 $f_0=\gamma/2\pi(\mathrm{Hz/T})$
$^4\mathrm{He}$	176.0772×10^9	28.02356×10^9	$^{133}\mathrm{Cs}$	21.98208×10^9	3.498577×10^9
$^{87}\mathrm{Rb}$	43.95666×10^9	6.99592×10^9	$^3\mathrm{He}$	2.037950×10^9	0.324350×10^9
$^{85}\mathrm{Rb}$	29.32638×10^9	4.667438×10^9			

光泵磁共振法测量磁场时，具有灵敏度高、无零点漂移、不须严格定向等特点，被广泛

磁性材料与磁测量

应用。光泵磁共振法既可测量磁场分量，又可测量磁场的梯度；既可测量磁场的缓慢变化，又可测量高速瞬变的磁场。

习　题

1. 概述利用电磁感应法进行磁测量的基本原理，比较几种不同类型的电磁感应测量方法的异同。

2. 概述霍尔效应及其测量原理。

3. 简述磁电阻效应及其测量原理。

4. 描述 SQUID 法的测量原理。

5. 对比不同磁测量方法的适用场合。

第7章 磁性材料直流磁特性的测量

直流磁化过程是对磁性材料施加直流磁场时，材料的磁畴结构和自发磁化矢量分布发生变化，材料的磁化强度随外场变化，使材料内的自发磁化磁畴从完全混乱分布状态到与外磁场完全一致的过程。通过同步测量材料磁化和反磁化过程中的磁场强度和磁通密度（磁化强度），得到磁化曲线、磁滞回线和退磁曲线，进而得到磁性材料的一系列直流特性参数：磁导率 μ、矫顽力 H_C、剩磁 $B_r(M_r)$、饱和磁化强度 M_S 和最大磁能积 $(BH)_{max}$ 等。

7.1 磁畴结构

7.1.1 磁畴

铁磁性物质内不同原子间的电子自旋存在交换相互作用，当温度低于居里温度时，近邻原子的磁矩同向取向。理论和实践都证明，在居里温度以下大块铁磁晶体中会形成磁畴结构。每个磁畴内部自发磁化是均匀一致的，但不同磁畴之间自发磁化方向不同。因此在未受外磁场作用时，各磁畴磁矩相互抵消，宏观上铁磁体并不显示磁性。一个典型的磁畴宽度约为 $10^{-3}\,cm$，体积约为 $10^{-9}\,cm^3$，内部大约含有 10^{14} 个磁性原子。

那么，铁磁晶体内为什么会存在磁畴？磁畴的大小、形状和分布与哪些因素有关呢？这是由系统的总自由能等于极小值决定的。铁磁体内存在着五种相互作用的能量，即外磁场能（E_H）、退磁场能（E_d）、交换能（E_{ex}）、磁各向异性能（E_K）和磁弹性能（E_σ）。根据热力学原理，稳定的磁状态一定与铁磁体内总自由能为极小的状态相对应。即

$$E = E_{ex} + E_K + E_H + E_d + E_\sigma \tag{7.1}$$

铁磁体内产生磁畴实际上是自发磁化平衡分布要满足能量最低原理的必然结果。

在没有外磁场和外应力的作用下，铁磁体内的磁状态，应该由以交换能、磁晶各向异性能和退磁场能共同构成的总自由能为极小值来确定。交换能使近邻原子的自旋磁矩取向相同，造成自发磁化；磁晶各向异性能使晶体在易磁化轴方向磁化。当铁磁晶体沿易磁化轴方向磁化到饱和时，交换能和磁晶各向异性能同取最小值。也就是说，铁磁体内的交换能和磁晶各向异性能不会导致磁畴的产生。均匀的自发磁化必然在具有一定大小和形状的铁磁体表面上出现自由磁极，因而产生退磁场。这样就会因为退磁场能的存在使铁磁体内的总能量增加，上述的自发磁化状态不再稳定。为降低表面退磁场能，只有改变自发磁化的分布状态。于是，在铁磁体内出现许多自发磁化区域，这样的每一个小区域称为磁畴。因此，退磁场能

最小是形成磁畴的主要原因。

图 7.1 是单轴晶体的磁畴形成示意图。图 7.1(a) 中整个晶体均匀磁化，退磁场能最大；于是，晶体内形成两个和四个磁化方向相反的磁畴，退磁场能稍有降低，如图 7.1(b) 和（c）所示；当晶体内含有 n 个磁畴时，如图 7.1(d)，晶体内的退磁场能仅为均匀磁化时的 $1/n$。

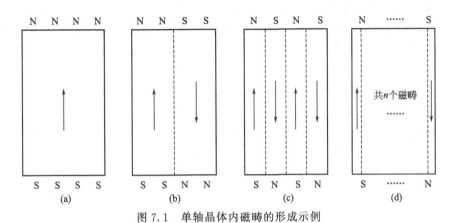

图 7.1　单轴晶体内磁畴的形成示例

形成磁畴以后，两个相邻磁畴之间存在着约为 10^3 原子数量级宽度的过渡层，其自发磁化强度由一个磁畴的方向改变到另一个磁畴的方向。这种相邻磁畴之间的过渡层称为磁畴壁，或畴壁。在畴壁内，磁矩遵循能量最低原理，按照一定的规律逐渐改变方向。畴壁内各个磁矩取向不一致，必然增加交换能和磁晶各向异性能而构成畴壁能量。因此就不能单纯考虑降低退磁场能而在铁磁体内形成无限个磁畴，而是要综合考虑退磁场能和畴壁能的作用，由它们共同决定的能量最小值来确定磁畴的数目。因此，在磁畴形成的过程中，磁畴的数目和磁畴结构等，应由退磁场能和畴壁能的平衡条件来决定。

磁畴的形成与磁畴结构除了退磁场这个重要的影响因素外，还存在其他一些影响因素。考虑一个圆盘形铁磁体的磁化情况。如图 7.2(a) 中所示，圆盘沿一个直径方向均匀磁化到

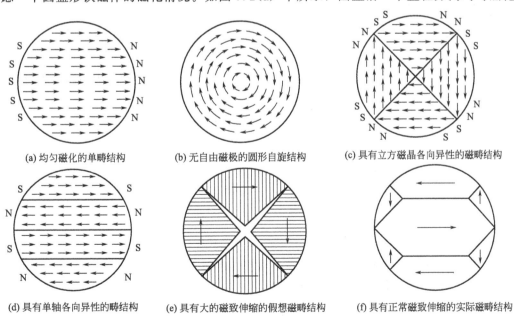

(a) 均匀磁化的单畴结构　　(b) 无自由磁极的圆形自旋结构　　(c) 具有立方磁晶各向异性的磁畴结构

(d) 具有单轴各向异性的畴结构　　(e) 具有大的磁致伸缩的假想磁畴结构　　(f) 具有正常磁致伸缩的实际磁畴结构

图 7.2　各种因素影响的磁畴结构

饱和，则在圆盘边缘出现自由磁极 N 和 S，产生退磁能。

一种能消除退磁能的可能的自旋分布是如图 7.2(b) 所示的圆形分布。由于磁化强度不发散，所以不出现自由磁极，退磁场能为零。但相邻自旋夹角不为零，产生交换能。在一些非晶膜材中，已经观察到了这种圆形自旋结构。

当铁磁材料磁晶各向异性很大时，自旋被迫平行于易磁化轴取向。于是，具有立方晶体结构的圆盘出现了如图 7.2(c) 所示的磁畴结构，具有单易磁化轴的六角结构的圆盘出现了如图 7.2(d) 所示的磁畴结构。伴随着表面磁极和磁畴的出现，圆盘铁磁体中产生了退磁场能和畴壁能。

如果铁磁体具有大的磁致伸缩（$\lambda > 0$），则磁畴由于磁致伸缩效应而伸长，于是晶格在畴边界处断开，如图 7.2(e) 所示。当然，这只是假想情况。实际上 λ 通常很小，磁致伸缩效应并不能使晶格断裂，而在晶体中产生弹性能。为了使晶体中弹性能降低，磁化方向平行于某个易磁化轴的主磁畴体积增大，而磁化强度沿其他轴的磁畴体积减小，如图 7.2(f) 所示。

晶体中的总能量是由上述几种能量综合构成，真实的磁畴结构由总能量的极小值来确定。

7.1.2 畴壁

磁畴壁是相邻两磁畴之间磁矩按一定规律逐渐改变方向的过渡层。在过渡层中，相邻磁矩既不平行，又离开易磁化方向。磁矩的不平行分布增加了交换能，同时与易磁化轴方向的偏离又导致了磁晶各向异性能的增加。因此畴壁具有一定的畴壁能。

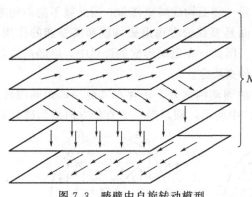

图 7.3　畴壁中自旋转动模型

下面采用一个简化模型来计算畴壁能。如图 7.3 所示，自旋经过 N 个原子层，从 $\theta = 0$ 转到 $\theta = 180°$。

相邻两原子之间的交换能可表示为：

$$E_{ex} = -2AS^2\cos\theta \tag{7.2}$$

在磁畴内部相邻两原子的磁矩平行排列，$\theta = 0°$，其交换能为 $E_{ex} = -2AS^2$。取磁畴内部交换能做参考基准时，畴壁中相邻两原子的磁矩间的夹角为 θ 时，则产生交换能为：

$$E_{ex} = 2AS^2(1-\cos\theta) = 4AS^2\sin^2\frac{\theta}{2} \tag{7.3}$$

θ 很小，取 $\sin\frac{\theta}{2} \approx \frac{\theta}{2}$，可简化为：

$$E_{ex} = AS^2\theta^2 \tag{7.4}$$

假设每层转过相同的角度，则相邻两层自旋间的夹角 θ 等于 π/N。对于点阵常数为 a 的简单立方晶格，每个原子层中单位面积上的原子数为 $1/a^2$，单位面积畴壁中最近邻自旋对的数目为 N/a^2，所以单位面积畴壁中储存的交换能为：

$$\gamma_{ex} = \frac{N}{a^2} \cdot AS^2\left(\frac{\pi}{N}\right)^2 = AS^2\frac{\pi^2}{Na^2} \tag{7.5}$$

式（7.5）说明，畴壁中包括的原子层数越多，即畴壁越厚，在畴壁中引起的交换能增量越小。所以，为了使畴壁中引起的交换能增量小一点，畴壁中磁矩方向的改变只能采取逐渐过渡的形式，而不能突变。

另外，畴壁中每个自旋都偏离了易磁化轴方向，所以在畴壁中将产生各向异性能。晶体的磁晶各向异性能量密度为：

$$E_K = K_1 \sin^2\theta = \frac{1-\cos 2\theta}{2} K_1 \tag{7.6}$$

同样，每层原子磁矩转过相等的角度 $\theta = \pi/N$，则第 i 层原子的磁晶各向异性能增量为：

$$E_K = \frac{1 - \cos\left(\dfrac{2\pi}{N}i\right)}{2} K_1 \tag{7.7}$$

在这个简单模型中，每个原子层中单位面积畴壁体积为 $(1/a^2) \times a^3 = a$，则单位面积畴壁中磁晶各向异性能为：

$$\gamma_K = \sum_{i=1}^{N} a \Delta E_K = \frac{NK_1 a}{2} - \frac{K_1 a}{2} \sum_{i=1}^{N} \cos\left(\frac{2\pi}{N}i\right) \tag{7.8}$$

由于 N 很大，当 i 由 1 增大到 N 时，θ 由零增大到 2π，则式（7.8）中的第二项近似为零。于是单位面积畴壁中磁晶各向异性能增量可表示为：

$$\gamma_K = \frac{NK_1 a}{2} = \frac{K_1 \delta}{2} \tag{7.9}$$

可以看出，畴壁中的磁晶各向异性能随着畴壁厚度的增加而增加。畴壁越厚，畴壁中的磁晶各向异性能就越大。

由式（7.5）和式（7.9）可得，单位面积畴壁中的总能量为：

$$\gamma_W = \gamma_{ex} + \gamma_K = AS^2 \frac{\pi^2}{Na^2} + \frac{NK_1 a}{2} \tag{7.10}$$

畴壁要具有一个稳定的结构必须满足畴壁中的交换能增量 γ_{ex} 和磁晶各向异性能增量 γ_K 的总和为极小值的条件，即 $\partial_{\gamma_W}/\partial N = 0$，得到：

$$-A\frac{S^2 \pi^2}{N^2 a^2} + \frac{K_1 a}{2} = 0 \tag{7.11}$$

解得原子层数 N 为：

$$N = \frac{\pi S}{a} \sqrt{\frac{2A}{K_1 a}}$$

则畴壁厚度为：

$$\delta = \pi S \sqrt{\frac{2A}{K_1 a}} \tag{7.12}$$

将式（7.12）代入到式（7.10）中，即可求出单位面积的畴壁能量为：

$$\gamma_W = \frac{\sqrt{2}}{2}\pi S \sqrt{\frac{K_1 A}{a}} + \frac{\sqrt{2}}{2}\pi S \sqrt{\frac{K_1 A}{a}} = \sqrt{2}\,\pi S \sqrt{\frac{K_1 A}{a}} \tag{7.13}$$

从式（7.13）可以看出，当 $\gamma_{ex} = \gamma_K$ 时，γ_W 取极小值。图7.4中给出了畴壁中的 γ_W，γ_{ex}，γ_K 与畴壁厚度的关系。

对于铁，$A = 2.16 \times 10^{-21}$ J，$S = 1$，$K_1 = 4.2 \times 10^4$ J·m^{-3}，$a = 2.86 \times 10^{-10}$ m，由

第 7 章 磁性材料直流磁特性的测量

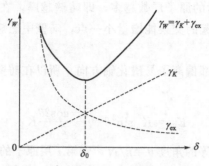

图 7.4　畴壁能量 γ_W 与厚度 δ 的关系

式(7.12) 和式(7.13) 可粗略得估算出铁晶体内畴壁厚度和单位面积的畴壁能：

$$\delta = 3.14 \times \sqrt{\frac{2 \times 2.16 \times 10^{-21}}{4.2 \times 10^4 \times 2.86 \times 10^{-10}}} = 5.95 \times 10^{-8}\,\text{m}$$

$$\gamma_W = \sqrt{2} \times 3.14 \times \sqrt{\frac{4.2 \times 10^4 \times 2.16 \times 10^{-21}}{2.86 \times 10^{-10}}} = 2.50 \times 10^{-3}\,\text{J} \cdot \text{m}^{-1}$$

根据畴壁中磁矩的过渡方式，可将畴壁分为布洛赫壁和奈尔壁两种类型。

大块铁磁晶体内的畴壁属于布洛赫壁。在布洛赫壁中，磁化矢量从一个畴内的方向过渡到相邻磁畴内的方向时，磁化始终保持平行于畴壁平面，因而在畴壁面上无自由磁极出现，这样就保证了畴壁上不会产生退磁场，也能保持畴壁能为极小。在晶体的上下表面上却会出现磁极，由于是大块晶体，表面上的磁极所产生的退磁场能比较小，对晶体内部产生的影响可以忽略不计。布洛赫壁结构如图 7.5 所示。

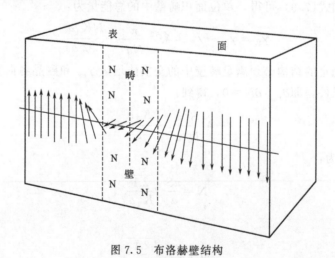

图 7.5　布洛赫壁结构

在极薄的磁性薄膜中，存在不同于布洛赫壁的畴壁模型。在这种畴壁中，磁矩围绕薄膜平面的法线改变方向，并且是平行于薄膜表面逐渐过渡的，而不是像布洛赫壁那样，磁化在畴壁平面内旋转。这种畴壁称为奈尔壁，如图 7.6 所示。这样在奈尔壁两侧表面上会出现磁极而产生退磁场。当奈尔壁的厚度 δ 比薄膜的厚度 L 大很多时，退磁场能会比较小。

布洛赫壁的畴壁能随着膜厚的减小而增加，奈尔壁的畴壁能随着膜厚的减小而减小。因此，对于较厚的块体铁磁材料，布洛赫壁稳定；而对于较薄的膜材，奈尔壁稳定。对于中间

磁性材料与磁测量

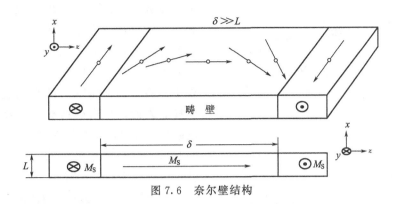

图 7.6　奈尔壁结构

厚度的膜，两种类型畴壁的能量不相上下，将出现如图 7.7 所示的交叉壁，又称十字壁。由于薄膜出现奈尔壁后，样品内部出现了体磁荷，它的散磁场影响到周围原子磁矩的取向，因此在薄膜内部出现了这种特殊的十字壁，以减小奈尔壁上磁荷的影响，使畴壁能最低。

在一些文献和教材中，磁畴壁还有另外一种分类方法。根据畴壁两侧磁畴的自发磁化方向间的关系，将畴壁分为 180°畴壁和 90°畴壁。如果畴壁两侧磁畴的自发磁化强度的方向成 180°，则称之为 180°畴壁；如果畴壁磁畴的自发磁化强度间的夹角不是 180°，而是 90°、109°或 71°等，统称为 90°畴壁。

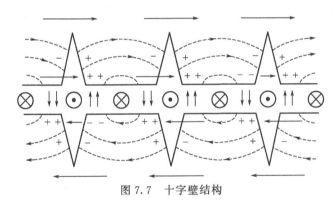

图 7.7　十字壁结构

7.1.3　磁畴观测

磁畴的观测方法根据其原理可以分为两类。

（1）通过显示磁畴壁的分布来观察磁畴结构，包括：粉纹法、扫描探针法、洛伦兹电镜法等。在这几种方法中，单独的磁畴，不管其磁化矢量方向如何，都是难以分辨的，对磁畴的观察是通过对磁畴壁的观察来实现的。

（2）通过显示磁畴来观察磁畴结构，主要是一些光学分析方法，包括：磁光克尔效应、法拉第效应、极化电子分析等。利用这些方法，可以区分具有不同磁化矢量方向的磁畴，从而显示出不同的衬度或者亮度。磁畴壁则是区分这些不同衬度区域的边界。

本节主要介绍常用的粉纹法、磁光效应法、磁力显微镜法和透射电子显微镜法。

7.1.3.1　粉纹法

粉纹法是一种古老而又简单的磁畴观察方法。观察时，将极细的 Fe_3O_4 颗粒加入肥皂液或者其他分散剂中进行稀释，制备成磁性颗粒悬浮液。将一滴悬浮液滴到晶体表面上，覆

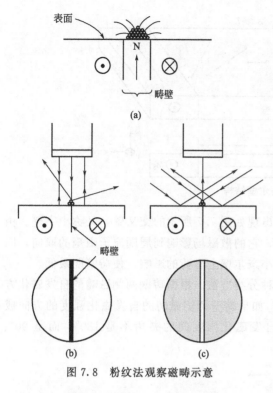

图 7.8　粉纹法观察磁畴示意

上一盖玻片，使悬浮液均匀分散在待测试样表面，然后在放大 150 倍以上的金相显微镜下就可以看出清晰的粉纹图案。粉纹法的原理如图 7.8 所示。假设有一个 180° 磁畴壁垂直于样品表面，畴壁中的平均磁化矢量垂直于样品表面，自由磁荷会在样品表面形成梯度磁场，并且吸引悬浮液中的 Fe_3O_4 细颗粒，使其沿着磁畴壁边缘分布。在金相显微镜中就可以观察到这些细 Fe_3O_4 颗粒的分布。在"明场"模式下，磁畴壁两侧的磁畴将入射光垂直反射进显微镜中，从而表现为浅色的背景；而畴壁上方的 Fe_3O_4 颗粒必将对观察光进行散射，从而磁畴壁会表现为在浅色背景中的深色线条，如图 7.8(b) 所示。如果采用暗场模式，观察光是斜入射的，畴壁两侧的磁畴会将入射光反射出显微镜视野；而 Fe_3O_4 颗粒则会将观察光散射入显微镜，从而表现为在深色背景中的浅色线条，提高衬度，如图 7.8(c) 所示。

制备粉纹法样品时，首先用稀酸腐蚀金属样品表面以除去有机物等污染物，然后采用机械抛光到近于光学平面，最后采用电解抛光去除样品表面应力层，才能得到理想的真实的磁畴结构。如果是铁氧体，则在机械抛光以后需要进行回火处理来去除表面应力。

利用粉纹法还可以确定磁畴的磁化方向。在样品表面刻划极细的纹线，当刻痕和磁化矢量垂直时，在刻痕处会发生磁通量泄漏，从而会使此行微粉聚集于刻痕处；当刻痕和磁化矢量平行时，磁通量仍然在磁畴内部，不会泄漏，也就不会有磁粉的聚集。因此可以利用这种方法来判定磁化矢量的方向。

粉纹法虽然简单方便，但是也有以下一些缺陷。

① 对于那些磁各向异性很小的材料，磁畴壁会变得很宽，磁畴壁对 Fe_3O_4 细颗粒的吸引将会大大减弱，从而得不到很好的衬度；

② 该方法有使用温度的限制，超过一定温度，Fe_3O_4 颗粒热振动增加，不能得到稳定的磁畴像；

③ 由于 Fe_3O_4 悬浮液的分散剂会挥发，磁畴观测试验必须在很短的时间内开展，限制了观察的灵活性。

7.1.3.2　磁光效应法

有两种磁光效应可以用来观察磁畴结构，分别是克尔效应和法拉第效应。克尔效应是指平面偏振光照射到磁性物质表面而产生反射时，偏振面发生旋转的现象。旋转方向取决于磁畴中磁化矢量的方向，旋转角与磁化矢量的大小成比例，可以用来观察不透明磁性体的表面磁结构。法拉第效应是指平面偏振光透过磁性物质时，偏振面发生旋转的现象。旋转的方向和大小与磁畴中磁化矢量的大小和方向有关，可以用来观察半透明的磁性体内部的磁畴结构。两种方法观察磁畴时，需要的设备相似，区别在于一个检测反射光，一个检测透射光。

下面将以克尔效应为例来做主要说明。

图 7.9 是磁光克尔效应观察磁畴结构的原理示意。光源发出的光线经起偏器后变成面偏振光，入射到样品上。相邻的两个磁畴具有相反的磁化矢量方向。分别入射到两个磁畴上的光束 1 和光束 2，由于磁畴具有相反的磁化矢量方向，偏正面会产生不同方向的旋转，经过检偏器以后就可以在相机或者底片上对磁畴进行成像。图 7.10 是利用磁光克尔效应方法得到的坡莫合金薄膜的磁畴结构，深色和浅色两个区域代表了不同磁化方向的两个磁畴。为了产生磁光转角，要求在入射光的偏振方向上必须要有磁化矢量的分量，因此一般入射光线都是以一定角度斜入射在样品上的，从而限制了在高倍下的观测区域面积。由于产生的磁光转角通常比较小，导致相邻两个磁畴之间的衬度会很弱，因此需要采用高质量的起偏器和检偏器，并对光学系统进行精细调节。

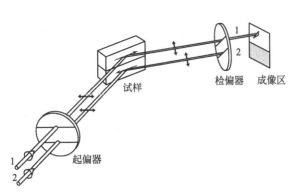

图 7.9　磁光克尔效应观察磁畴的原理示意

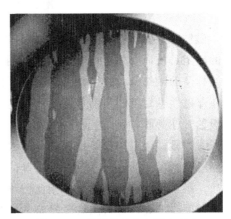

图 7.10　利用磁光克尔效应观察
得到的坡莫合金磁畴结构

通过磁光效应来观察磁畴有以下优点。

① 由于磁光效应是一种非接触的测量方法，可以测量块体、薄膜等形式的样品，对样品没有任何损害，并且不受温度的限制，可以在任何温度下观察样品的磁畴结构；

② 磁光效应对于那些各向异性比较小、畴壁较厚、畴壁间界限不明显的材料是一种很好的观察方法；

③ 磁光效应配以实时监测显示手段，可以观察磁畴的动态变化，研究材料的磁化以及反磁化过程。

7.1.3.3　磁力显微镜法

磁力显微镜（MFM）是扫描探针的一种。图 7.11 为磁力显微镜的工作原理示意图。测量悬臂一端装着探针，另外一端固定在移动机构上，可随移动机构实现空间位移。当针尖接近样品表面时，由于杂散磁场的存在，样品和针尖之间会发生相互作用。在扫描过程中，样品和针尖之间保持几十纳米的距离，相互作用的大小有两种方法可以探测：一种是以悬臂和针尖的形变来测量磁力和磁力梯度，具体实现时，利用悬臂上反射的激光束和一个光电二极管通过检测反射角来确定；另一种是让悬臂和探针处于简谐振动模式，磁力和磁力梯度则由其振动相位和频率的改变来确定。为了提高 MFM 磁力图的分辨率，要求针尖和样品表面距离尽可能小。但是针尖和样品表面距离减小时，会使静电力、范德瓦尔斯力、毛细管力等非磁性力的影响增加，而这些力和样品的表面形貌密切相关。为了克服这个问题，一般采用

Tapping/lifting 模式，即在样品的同一个面积上进行两次扫描：第一次是接触扫描，记录表面形貌数据；第二次是非接触扫描，在第一次的轨迹上再次扫描，测出磁力数据。

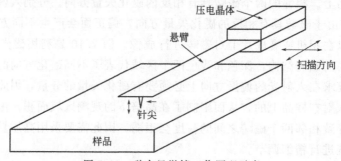

图 7.11　磁力显微镜工作原理示意

　　磁针对磁力显微镜的分辨率和灵敏度至关重要。为了提高灵敏度，应该使针尖具有足够大的磁矩，从而有效地探测磁相互作用。但是针尖磁矩过大，会导致杂散场太大，从而会影响到样品的磁结构，这也是对观测不利的。理想的针尖是一个单畴颗粒（10nm）作为针尖装在非磁性悬臂上。目前普遍使用的是镀有磁性薄膜的 Si 针，磁针的磁性质可以通过改变所镀的磁性薄膜材料来控制。

　　磁力显微镜可以有效地探测样品表面的磁场。其具有很高的空间分辨率，可以有效地探测到亚微米尺寸的磁畴，不需要特殊的样品制备，并且可以测量不透明和有非磁性覆盖层的样品，操作简单，采图方便，相比传统方法有很大优势。但磁力显微镜法也存在着对样品表面粗糙度要求高、磁力图解释复杂的问题。

　　以中国计量大学磁学实验室的 Veeco 公司 Nanoscope 3D 磁力显微镜为例：设备可进行纳米级材料表面特性和形貌以及磁畴形貌观察，其中磁畴分辨率在 20～50nm。图 7.12 给出了使用 Nanoscope 3D 磁力显微镜观察到的烧结钕铁硼磁体的磁畴结构。

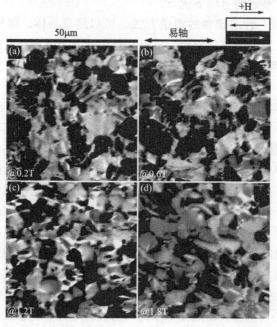

图 7.12　不同取向磁场下制备的烧结钕铁硼磁体的磁畴结构

磁性材料与磁测量

7.1.3.4 透射电子显微镜法

对于那些电子束可以透过的薄膜样品，可以用透射电子显微镜来观察磁畴结构。由于移动的电荷在磁场中会受到洛伦兹力作用，因此当电子束穿过磁性材料时，会受到材料中磁场的洛伦兹力，发生偏移。偏移的方向和大小与材料局部磁化矢量有关。由于在磁畴壁中，磁化矢量在不同位置有不同的取向，在透射电子显微镜中观察的时候，磁畴壁在样品透射像中就会表现为一条线。为了使磁畴壁更加明显，经常适当过焦或者欠焦。因为电子在磁场受到的力为洛伦兹力，因此这种显微观测方法也称为洛伦兹显微术。

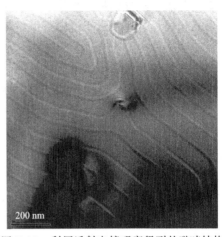

图 7.13　利用透射电镜观察得到的磁畴结构

洛伦兹显微镜具有很高的分辨率，可以观察到磁畴的精细结构，也可以直接观察到磁畴壁和晶体缺陷、晶界之间的相互作用力，特别适合于磁性薄膜材料和可以进行减薄的块体磁性材料。图 7.13 为利用透射电镜观察得到的磁畴结构。

7.2　起始磁化曲线

研究磁化过程的有效手段是测量起始磁化曲线（一般也简称磁化曲线）。对一个处于磁中性状态的磁体从零开始施加一个不断单调增加的磁场，研究其磁化强度 M 或者磁通密度 B 随外磁场 H 的变化，可以得到 $M=f(H)$ 的起始磁化曲线。通过起始磁化曲线可以简单地判断磁性材料的种类。对于抗磁性，顺磁性和反铁磁性的材料，起始磁化曲线是一条直线，而对于铁磁性或者亚铁磁性材料，起始磁化曲线的函数关系就比较复杂，大致可以分为以下几个阶段（图 7.14）。

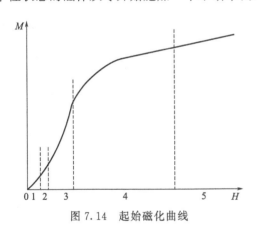

图 7.14　起始磁化曲线

（1）起始磁化阶段（1区）　此阶段为弱磁场下可逆磁化阶段，磁化强度 M（或磁通密度 B）与外场 H 保持着线性关系，存在以下关系

$$M=\chi_i H \text{ 或者 } B=\mu_i \mu_0 H$$

式中，χ_i 和 μ_i 分别称为起始磁化率和起始磁导率，为磁性材料的特征参数。

（2）瑞利区（2区）　磁场继续增大，$M(B)$ 不再和 H 保持线性关系，开始出现不可逆磁化过程。$M(B)$ 与 H 的关系可以用如下关系式表述

$$M=\chi_i H+bH^2 \text{ 或者 } B=\mu_0(\mu_i H+bH^2)=\mu_0 \mu H$$

式中，$\mu=\mu_i+bH$。

（3）最大磁导率区（3区）　在这个阶段，磁场处于中等大小，由于出现了不可逆磁畴壁位移过程，磁化强度 M 和磁通密度 B 随着磁场 H 增大而急剧增加，出现最大磁导率或者磁化率 μ_{max} 和 χ_{max}。

（4）趋近饱和区（4区） 强磁场下磁化曲线表现为缓慢增大，最后逐渐趋近一条水平线，表示磁化强度 M 或者磁通密度 B 趋近饱和。

（5）顺磁区域（5区） 磁体达到饱和以后，继续施加高强磁场，此时铁磁体内部的原子磁矩会进一步克服热扰动作用而趋向外磁场，类似于顺磁性物质的磁化过程，因此也称为顺磁磁化过程。但是由于顺磁区域材料的磁化强度 M_S 增加的非常小，因此一般技术磁化也不讨论这个过程。

铁磁体的磁化曲线依赖于样品的起始磁化状态，因此一般的起始磁化曲线都是在样品磁中性的状态下得到的。一个处于磁中性状态的磁体，内部各磁畴的总磁化强度应为

$$\sum_i M_S V_i \cos\theta_i = 0 \tag{7.14}$$

式中，V_i 是第 i 个磁畴的体积；θ_i 是第 i 个磁畴的磁化强度矢量 M_S 与任一特定方向间的夹角。

磁性材料的磁化，实质上是材料受外磁场的作用，其内部的磁畴结构发生变化。沿外磁场强度 H 方向上的磁化强度 M_H 可以表示为：

$$M_H = \frac{\sum_i M_S V_i \cos\varphi_i}{V_0} \tag{7.15}$$

式中，φ_i 为第 i 个磁畴的自发磁化强度 M_S 与外磁场强度 H 方向间的夹角；V_0 为块体材料的体积。

当外磁场强度 H 改变 ΔH 时，相应的磁化强度的改变为 ΔM_H。可得：

$$\Delta M_H = \sum_i \left[\frac{M_S \cos\varphi_i \Delta V_i}{V_0} + \frac{M_S V_i \Delta(\cos\varphi_i)}{V_0} + \frac{V_i \cos\varphi_i \Delta M_S}{V_0} \right] \tag{7.16}$$

式中，等式右边第一项表示各个磁畴内的 M_S 的大小和取向 φ_i 都不改变，仅仅磁畴体积发生了改变，从而导致的磁化。在这个过程中，接近于外磁场强度 H 方向的磁畴体长大，而与外磁场强度 H 反向的磁畴体积缩小。磁畴体积发生变化，相当于磁畴间的畴壁发生位移，所以被称为畴壁位移磁化过程。第二项表示各个磁畴内 M_S 的大小和磁畴体积 V_i 均不变，仅仅磁畴中 M_S 与 H 间的夹角 φ_i 发生了改变，即磁畴的 M_S 相对于 H 发生了转动，从而导致了磁化，称为磁畴的转动磁化过程。第三项表示 V_i 和 φ_i 均不变，只有磁畴内本身的自发磁化强度 M_S 的大小发生了改变，从而导致了磁化，称为顺磁磁化过程。顺磁磁化过程对磁化的贡献很小，只能在外磁场强度很强时才会显现出来。它实际上是强外磁场一定程度上克服原子磁矩的热扰动导致磁化强度的增加。于是得出，磁化过程的磁化机制有三种：a. 磁畴壁的位移磁化过程；b. 磁畴转动磁化过程；c. 顺磁磁化过程。上述三种磁化机制对铁磁体的磁化贡献可表示为：

$$\Delta M_H = \Delta M_{位移} + \Delta M_{转动} + \Delta M_{顺磁}$$

技术磁化过程只包括畴壁位移磁化过程和磁畴转动磁化过程，可表示为：

$$\Delta M_H = \Delta M_{位移} + \Delta M_{转动}$$

根据大多数铁磁体磁化曲线的变化规律，技术磁化过程通常可以分为四个阶段：a. 弱磁场范围内的可逆畴壁位移；b. 中等磁场范围内的不可逆畴壁位移；c. 较强磁场范围内的可逆磁畴转动；d. 强磁场下的不可逆磁畴转动。

对于一种磁性材料而言，其磁化过程以其中一种或几种磁化机制为主，不一定包括全部的四种磁化机制。对于一般软磁材料，在弱磁场下，其磁化过程以畴壁位移磁化为主，并且

如果在畴壁位移磁化过程中已经发生了不可逆畴壁位移，则在材料中将不会出现不可逆磁畴转动。因此，在一般软磁材料中不会发生不可逆畴转磁化过程。但是在某些磁导率不高的软磁铁氧体中，由于严重的不均匀性分布，在弱磁场内由于畴壁位移被冻结，磁化机制则以磁畴转动为主。对于单畴颗粒材料，仅存在单纯畴转磁化过程，才有条件发生不可逆畴转磁化。在大部分磁性材料中，由于制备工艺或者热处理工艺的原因，磁体中会存在缺陷，掺杂或者内应力等，从而导致了磁体内部的不均匀性。这种不均匀性可以导致畴壁位移有可逆和不可逆之分，但不会造成磁畴转动的不可逆。磁畴转动的不可逆是由各向异性的起伏变化而导致的。

7.3 直流磁化过程

7.3.1 畴壁位移磁化过程

7.3.1.1 可逆畴壁位移磁化过程

设想两个由畴壁分开的磁畴，如图 7.15(a) 所示。沿其中一个磁化强度方向施加一个磁场 H，畴壁位移到图 7.15(b) 所示的位置。磁化强度方向与 H 平行的磁畴的体积增加了，而磁化强度方向与磁场 H 反平行的磁畴体积减小相等的量。因此，外磁场方向上的磁化强度增加，这个过程就是畴壁位移磁化过程。

仍以图 7.15 为例说明畴壁位移磁化机制。图中 i 磁畴内自发磁化强度 M_S 与磁场强度 H 的方向一致，k 畴内 M_S 与 H 方向相反。在外磁场的作用下，i 畴的能量最低，k 畴的能量最高，根据能量最小原理的要求，k 畴内的磁矩将转变为 i 畴一样的取向。这种转变是通过畴壁来进行的，因为畴壁是一个原子磁矩方向逐渐改变的过渡层。假设畴壁厚度不变，那么 k 畴内靠近畴壁的一层磁矩由原来向下的方向开始转变，并进入到畴壁过渡层中；在畴壁内靠近 i 畴的一层磁矩则向上转动而逐渐地脱离畴壁过渡层加入 i 畴中。这样 i 畴内磁矩数目增多，畴的体积增大；k 畴内磁矩数目减少，畴的体积缩小。这就相当于在外磁场作用下，i 畴和 k 畴间的畴壁向 k 畴移动了一段距离。

在图 7.15 所示的 180°畴壁位移的一维模型中，i 畴和 k 畴的外磁场作用能可分别表示为：

$$\left.\begin{array}{l} F_{Hi} = -\mu_0 M_S H \cos 0° = -\mu_0 M_S H \\ F_{Hk} = -\mu_0 M_S H \cos 180° = \mu_0 M_S H \end{array}\right\} \tag{7.17}$$

显然，i 畴的磁位能低，而 k 畴磁位能高，因此，在外磁场的作用下，k 畴必然逐步向 i 畴过渡。设畴壁位移了一段距离 Δx，畴壁面积为 S，则伴随这一过程磁位能的变化为：

$$\Delta E_H = (F_{Hi} - F_{Hk}) \Delta x S = -2\mu_0 M_S H S \Delta x \tag{7.18}$$

可以看出，当 180°畴壁位移 Δx 后，其磁位能降低，有利于磁矩向着外磁场方向取向，这意味着，在水平方向对 180°畴壁有力的作用。用压强 P 来表示单位面积的畴壁上所受的力，则该力所做的功应为 $PS\Delta x$，于是有：

$$\Delta E_H = -PS\Delta x \tag{7.19}$$

得出：

$$P = 2\mu_0 M_S H \tag{7.20}$$

由此可见，外磁场作用是引起畴壁位移磁化的原因及动力。根据式(7.20)，那么只需较小的外磁场 H 就可以提供畴壁位移磁化的动力，使磁畴取向一致，从而达到饱和磁化。实际上

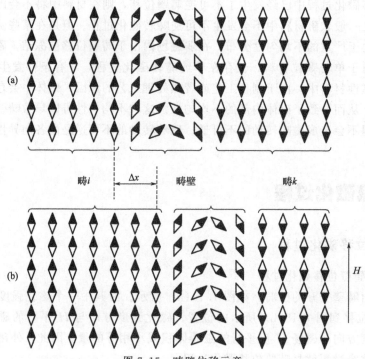

图 7.15 畴壁位移示意

并不是这样的,在一定的外磁场下,畴壁位移的距离是有限的。这是因为,在磁性材料内部存在着阻碍畴壁运动的阻力,阻力主要来源于铁磁体内部的不均匀性,这些不均匀性主要是由于铁磁体内部存在有内应力的起伏分布和组分的不均匀分布,如杂质、气孔和非磁性相等。畴壁位移时,这些不均匀性引起铁磁体内部能量大小的起伏变化从而导致阻力。铁磁体内部的能量主要包括磁弹性能和畴壁能。

磁弹性能可简单表示为:

$$F_\sigma = -\frac{3}{2}\lambda_S\sigma\cos^2\theta \tag{7.21}$$

式中,θ 为内应力与磁畴 M_S 之间的夹角。

畴壁能可简单表示为:

$$E_w = \gamma_w S \tag{7.22}$$

式中,γ_w 为畴壁能密度;S 为畴壁面积。随着畴壁的移动,畴壁能的变化为:

$$\frac{\partial E_w}{\partial x} = S\frac{\partial\gamma_w}{\partial x} + \gamma_w\frac{\partial S}{\partial x} \tag{7.23}$$

将上式(7.23)两边同除以畴壁面积 S,可以得到单位体积内的畴壁能变化:

$$\delta F_w = \frac{\partial\gamma_w}{\partial x} + \gamma_w\frac{\partial\ln S}{\partial x} \tag{7.24}$$

式中,$\dfrac{\partial\gamma_w}{\partial x}$ 表示畴壁能密度 γ_w 随畴壁位移 x 变化所引起的畴壁能的变化;$\dfrac{\partial\ln S}{\partial x}$ 表示畴壁面积 S 随畴壁位移 x 变化而引起畴壁能的变化。

因此,单位体积铁磁体内的总能量为:

$$F = F_H + F_\sigma + F_w \tag{7.25}$$

式中，F 为铁磁体内总自由能；F_H 为外磁场能；F_σ 为磁弹性能；F_w 为畴壁能。在畴壁位移磁化过程中，必须满足自由能最小原理，即：

$$\delta F = \delta F_H + \delta F_\sigma + \delta F_w = 0 \tag{7.26}$$

或可以表示为：

$$-\delta F_H = \delta F_\sigma + \delta F_w \tag{7.27}$$

该式为畴壁位移磁化过程中的一般磁化方程式。它的物理意义为：畴壁位移磁化过程中磁位能的降低与铁磁体内能的增加相等。同时，还揭示了畴壁位移磁化过程中的平衡条件：动力（磁场作用力）＝阻力（铁磁体内部的不均匀性）。

根据铁磁体内畴壁位移阻力的不同来源，可以将畴壁位移磁化过程分为两种理论模型：内应力模型和含杂模型。下面分别加以讨论。

（1）内应力模型　在内应力模型中，主要考虑内应力的起伏分布对铁磁体内部能量变化的影响，忽略杂质的影响。一般的金属软磁材料和高磁导率软磁铁氧体适合采用这种模型。

在内应力模型中，畴壁能密度随着内应力分布不同而起伏变化，其变化关系可近似表示为：

$$\gamma_w \approx 2\delta \left(K_1 + \frac{3}{2} \lambda_S \sigma \right) \tag{7.28}$$

同时，由于内应力 σ 随着位移 x 的变化而变化，所以畴壁能密度 γ_w 随着位移 x 的变化而变化，是位移 x 的函数。

由于不考虑杂质的穿孔作用，在畴壁位移磁化过程中，畴壁始终保持一平面而不变形。因此可以认为在畴壁移动过程中，畴壁面积保持不变。因此式(7.24)可以简化为：

$$\delta F_w = \frac{\partial \gamma_w}{\partial x} \tag{7.29}$$

下面以 180°畴壁为例，说明应力模型中的起始磁化率。对于 180°畴壁，铁磁体内存在沿畴壁位移方向的内应力分布：

$$\sigma = \sigma_0 + \frac{\Delta \sigma}{2} \sin \frac{2\pi}{l} x \tag{7.30}$$

180°畴壁位移模型如图 7.16 所示。对于 180°畴壁而言，在畴壁两侧磁弹性能没有变化，因此对畴壁位移并不构成阻力作用。因此，式(7.27)表示的磁化方程可简化为：

$$-\delta F_H = \delta F_w \tag{7.31}$$

即得出 180°畴壁位移平衡方程：

$$2\mu_0 M_S H = \frac{\partial \gamma_w}{\partial x} \tag{7.32}$$

无外磁场时，180°畴壁的平衡位置应在畴壁能取极小值的位置 x_0，故有 $\left(\dfrac{\partial \gamma_w}{\partial x} \right)_{x=x_0} = 0$ 和 $\left(\dfrac{\partial^2 \gamma_w}{\partial x^2} \right)_{x=x_0} > 0$。施加外磁场后，畴壁发生位移。设磁场强度增加 ΔH 时，180°畴壁移动距离 Δx，于是有：

$$2\mu_0 M_S \Delta H = \left(\frac{\partial^2 \gamma_w}{\partial x^2} \right)_{x_0} \Delta x \tag{7.33}$$

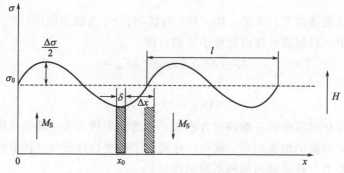

图 7.16 内应力分布与 180°畴壁位移模型

在单位体积中，畴壁位移 Δx 所产生的磁化强度变化为：

$$\Delta M(180°)=2M_S S_{180°}\cdot \Delta x \tag{7.34}$$

所以，起始磁化率为：

$$\chi_i(180°)=\frac{\Delta M(180°)}{\Delta H}=\frac{4\mu_0 M_S^2 S_{180°}}{\left(\dfrac{\partial^2 \gamma_w}{\partial x^2}\right)_{x_0}} \tag{7.35}$$

如前式(7.28)：

$$\gamma_w \approx 2\delta\left(K_1+\frac{3}{2}\lambda_S\sigma\right) \tag{7.36}$$

则有

$$\frac{\partial \gamma_w}{\partial x}=3\delta\lambda_S\frac{\partial \sigma}{\partial x}=3\delta\lambda_S\Delta\sigma\,\frac{\pi}{l}\cos\frac{2\pi}{l}x \tag{7.37}$$

$$\frac{\partial^2 \gamma_w}{\partial x^2}=3\delta\lambda_S\frac{\partial^2 \sigma}{\partial x^2}=-6\delta\lambda_S\Delta\sigma\,\frac{\pi^2}{l^2}\sin\frac{2\pi}{l}x \tag{7.38}$$

由 $\left(\dfrac{\partial \gamma_w}{\partial x}\right)_{x=x_0}=0$ 和 $\left(\dfrac{\partial^2 \gamma_w}{\partial x^2}\right)_{x=x_0}>0$ 可求出 $x_0=\left(n+\dfrac{3}{4}\right)l$，式中，$n$ 为整数。代入式(7.35)可得：

$$\chi_i(180°)=\frac{2\mu_0 M_S^2 l^2 S_{180°}}{3\pi^2 \delta\lambda_S\Delta\sigma} \tag{7.39}$$

在 180°畴壁模型中，磁畴的宽度为 l，单位体积包含有 $1/l$ 个磁畴和畴壁，因此单位体积畴壁面积为 $1/l$。但并不是每个自由能极小的位置处都存在畴壁，引入充实系数 α，表示晶体中实际存在的 180°畴壁占据自由能极小位置的份数。于是单位体积包含 180°畴壁的面积实际为：

$$S_{180°}=\frac{\alpha}{l} \tag{7.40}$$

将式(7.40)代入式(7.39)中，可得：

$$\chi_i(180°)=\frac{2\mu_0 M_S^2 l\alpha}{3\pi^2 \delta\lambda_S\Delta\sigma} \tag{7.41}$$

（2）含杂模型 含杂模型忽略内应力的影响，主要考虑由于存在的杂质而引起的铁磁体内能量的变化，从而对畴壁的移动形成阻力。如果铁磁晶体内包含许多非磁性或弱磁性的杂质、气孔等，而内应力的变化不大，则可以采用含杂模型进行分析。

含杂模型中，畴壁位移时，畴壁能密度的变化不大，主要是畴壁面积改变引起的畴壁能的变化。即

$$\delta F_w = \gamma_w \frac{\partial \ln S}{\partial x} \tag{7.42}$$

根据自由能极小的原理，有：

$$\delta F = \delta F_H + \delta F_w = 0 \tag{7.43}$$

于是得出含杂模型畴壁位移过程的一般磁化方程：

$$-\delta F_H = \gamma_w \frac{\partial}{\partial x} \ln S \tag{7.44}$$

下面以 180°畴壁为例，说明含杂模型中的起始磁化率。对于 180°畴壁，其位移磁化方程为：

$$2\mu_0 M_S H = \gamma_w \frac{\partial}{\partial x} \ln S \tag{7.45}$$

当磁场增加 dH 时，有：

$$2\mu_0 M_S dH = \gamma_w \left(\frac{\partial^2 \ln S}{\partial x^2} \right) dx \tag{7.46}$$

畴壁位移 dx 后，沿外磁场方向磁化强度的改变量为：

$$dM_{180°} = 2M_S S_{180°} dx \tag{7.47}$$

所以畴壁位移决定的磁化率为：

$$\chi_i = \frac{4\mu_0 M_S^2 S_{180°}}{\gamma_w \left(\dfrac{\partial^2 \ln S}{\partial x^2} \right)} \tag{7.48}$$

假设铁磁体内部杂质呈规则的简单立方点阵分布。如图 7.17 所示。杂质直径为 d，点阵常数为 a，畴壁厚度为 δ。

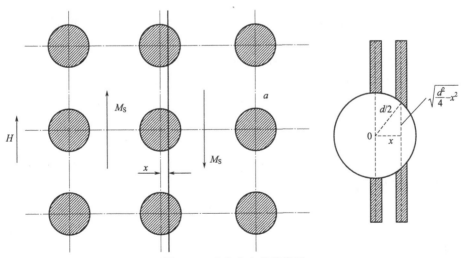

图 7.17　含杂立方点阵模型

当外磁场强度 $H = 0$ 时，畴壁应停留在杂质的中心处，因为此时畴壁被杂质穿孔的面积最大，畴壁有效面积最小。施加外磁场 H，畴壁离开杂质中心位置，畴壁面积增大，畴壁

能增加。设畴壁位移后的位置为 x，则在一个杂质点阵的单胞内，畴壁面积 S 应为：

$$S = a^2 - \pi\left(\frac{d^2}{4} - x^2\right) \tag{7.49}$$

当 $x=0$，$a \gg d$ 时，上式中 $S \approx a^2$。由上式可得：

$$\frac{\partial \ln S}{\partial x} \approx \frac{1}{a^2} 2\pi x \tag{7.50}$$

$$\frac{\partial^2 \ln S}{\partial x^2} \approx \frac{2\pi}{a^2} \tag{7.51}$$

实际上，并不是所有的杂质处都有畴壁的出现，同样引入充实因子 α，则畴壁的宽度 l 应为 $l = a/\alpha$。单位体积中畴壁数为 $1/l$，所以单位体积的畴壁面积为：

$$S_{180°} = 1 \times 1 \times \frac{1}{l} = \frac{\alpha}{a} \tag{7.52}$$

通常采用杂质的体积浓度 β 来表示点阵常数 a，有：

$$\beta = \frac{\frac{1}{6}\pi d^3}{a^3} = \frac{1}{6}\pi\left(\frac{d}{a}\right)^3 \tag{7.53}$$

可以直接求出：

$$a = \frac{d}{\beta^{1/3}}\left(\frac{\pi}{6}\right)^{1/3} \tag{7.54}$$

在含杂模型中，忽略内应力的影响，因此畴壁能密度 $\gamma_w = 2\delta\left(K_1 + \frac{3}{2}\lambda_S\sigma\right)$ 可简单表示为：

$$\gamma_w \approx 2\delta K_1 \tag{7.55}$$

于是式（7.48）中的起始磁化率可以表示为：

$$\chi_i = \frac{d}{6^{1/3}\pi^{2/3}\delta} \times \frac{\mu_0 M_S^2 \alpha}{K_1 \beta^{1/3}} \sim \frac{M_S^2}{K_1 \beta^{1/3}} \tag{7.56}$$

上述两种模型是在一定程度对实际磁化过程的近似和假设。实际中材料内部往往同时存在杂质、气泡或内应力分布，这些因素都会对畴壁位移构成阻力。由式（7.41）、式（7.48）、式（7.56）可以发现，畴壁位移磁化过程中影响起始磁化率的因素有以下几个。

① 材料的饱和磁化强度 M_S，M_S 越大，起始磁化率越高；

② 材料的磁晶各向异性常数 K_1 和磁致伸缩系数 λ_S，K_1 和 λ_S 越小，起始磁化率越高；

③ 材料的内应力 σ，材料内部的晶体结构越完整均匀，产生的内应力越小，起始磁化率也越高；

④ 材料内的杂质浓度 β，杂质浓度 β 越低，畴壁位移磁化过程决定的起始磁化率越高。

7.3.1.2　不可逆畴壁位移磁化过程

在施加的磁场强度较低时，材料发生可逆畴壁位移磁化，即撤销外磁场后，材料能够按照原来的磁化路径回到起始磁化状态。材料的磁化场继续增大，如果撤销外磁场后，不能按照磁化路径回到起始磁化状态，即为不可逆磁化过程。

同可逆畴壁位移磁化过程一样，铁磁体内存在应力和杂质以及晶界等结构起伏变化是产生不可逆畴壁位移的根本原因。下面以存在应力起伏分布的 180° 畴壁为例，说明不可逆畴壁位移磁化的机理。

180°畴壁位移磁化方程为：

$$2\mu_0 M_S H = \frac{\partial \gamma_w}{\partial x}$$

图 7.18 示出畴壁能密度 $\gamma_w(x)$ 的分布规律，$\partial \gamma_w(x)/\partial x$ 则是 180°畴壁位移时引起的畴壁能密度变化的规律。

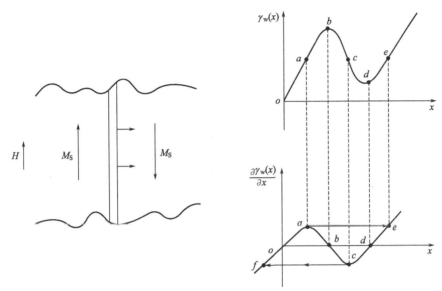

图 7.18　不可逆畴壁位移模型

当外加磁场强度 $H=0$ 时，180°畴壁停留在 $\gamma_w(x)$ 为最小值的 o 点。在这点上 $\left(\frac{\partial \gamma_w}{\partial x}\right)_0 = 0$，$\left(\frac{\partial^2 \gamma_w}{\partial x^2}\right)_0 > 0$，所以 180°畴壁在 o 点处于稳定平衡状态。

当 $H>0$ 时，畴壁开始移动。设单位面积的畴壁位移了一段距离 Δx，磁场能下降，畴壁能增加，两者平衡，即

$$2\mu_0 M_S \Delta H = \frac{\partial^2 \gamma_w}{\partial x^2} \Delta x \tag{7.57}$$

畴壁从 o 点沿 oa 移动的过程中，$\frac{\partial^2 \gamma_w}{\partial x^2} > 0$，畴壁位移到任一位置均处于平衡稳定磁化状态。此时若将外磁场减小到零，畴壁可以按照原来的 oa 路径回到起始位置 o 点，所以 oa 段的磁化被称为可逆畴壁位移磁化阶段。

畴壁位移到 a 点位置时，$\frac{\partial \gamma_w}{\partial x}$ 具有极大值。稍微加大外磁场，畴壁就位移通过 a 点。通过 a 点后 $\frac{\partial^2 \gamma_w}{\partial x^2} < 0$，畴壁处于不平衡状态，畴壁将继续移动，并越过 $\frac{\partial \gamma_w}{\partial x} < \left(\frac{\partial \gamma_w}{\partial x}\right)_a$ 的整个 ae 段，一直位移到 $\frac{\partial \gamma_w}{\partial x} = \left(\frac{\partial \gamma_w}{\partial x}\right)_a$ 的 e 点才达到平衡。若此时将外磁场 H 减小到零，畴壁不再按照原来的路径回到起始位置 o 点，而是停留在 $\frac{\partial \gamma_w}{\partial x} = 0$ 的 c 点。畴壁由 a 点位移到

e 点的过程称为不可逆畴壁移动过程。

畴壁从 a 点移动到 e 点的过程是个跳跃式的位移过程。这种跳跃式的畴壁位移称为巴克豪生跳跃。如果外磁场继续增大，畴壁就可能发生几次巴克豪生跳跃，而且跳跃的步长逐渐增大。图 7.19 给出了巴克豪生跳跃磁化的过程。伴随着巴克豪生跳跃的产生，材料在这一磁化阶段具有较大的磁导率，对应于磁化曲线上的陡峭部分，如图 7.20 所示。

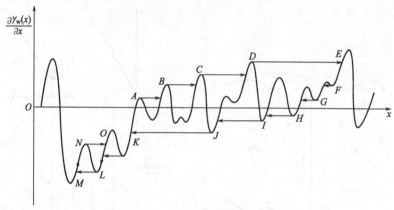

图 7.19　巴克豪生跳跃磁化过程

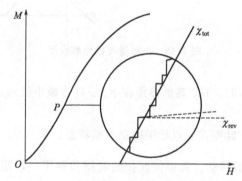

图 7.20　磁化曲线上巴克豪生跳跃磁化部分

图 7.18 中 a 点和图 7.19 中 A 点对应的磁场称为不可逆磁化过程的临界磁场，用 H_0 表示。超过临界磁场 H_0 时，材料将发生不可逆磁化。由式（7.32）得：

$$2\mu_0 M_S H_0 = \left(\frac{\partial \gamma_w}{\partial x}\right)_{\max} \tag{7.58}$$

对于 180° 畴壁的应力分布，由式（7.37）可得：

$$\left[\frac{\partial \gamma_w(x)}{\partial x}\right]_{\max} = 3\pi\delta\lambda_S \frac{\Delta\sigma}{l} \tag{7.59}$$

于是可以得出：

$$H_0 = \frac{3\pi\lambda_S \delta \Delta\sigma}{2\mu_0 M_S l} \tag{7.60}$$

式中，H_0 为磁化曲线上最大磁化率所对应的磁场。

下面估算不可逆畴壁位移的磁化率。当外磁场 H 增大到 H_0 数量级时，畴壁位移距离大约为内应力周期 l 的数量级。对于 180° 畴壁位移，磁化强度的变化为：

$$M = 2M_S l S_{180°} \tag{7.61}$$

发生不可逆位移的磁化强度即为临界磁场强度 H_0，并且有 $S_{180°} = \alpha/l$，于是不可逆畴壁位移磁化过程的磁化率 χ_{ir} 为：

$$\chi_{ir} = \frac{M}{H_0} = \frac{4\alpha\mu_0 M_S^2}{3\pi\lambda_S \Delta\sigma} \frac{l}{\delta} \tag{7.62}$$

与式(7.56)比较发现，由不可逆畴壁位移决定的磁化率 χ_{ir} 比可逆畴壁位移决定的起始磁化率 χ_i 大很多。通过式(7.62)，可以找出提高材料的磁化率 χ_{ir} 的途径。

对于杂质对不可逆位移磁化起主要阻碍作用的材料，可以采用类似的方法，讨论其不可逆畴壁位移决定的临界磁场强度 H_0 和不可逆磁化率 χ_{ir}。

7.3.2　磁畴转动磁化过程

7.3.2.1　可逆磁畴转动磁化过程

磁畴转动磁化过程是铁磁体在外磁场作用下，磁畴内所有磁矩一致向着外磁场方向转动的过程，简称畴转过程。在铁磁体内，当无外磁场作用时，各个磁畴都自发取向在它们的各个易磁化轴方向上。这些易磁化轴方向取决于铁磁体内的广义各向异性能分布的最小值方向。当有外磁场作用时，铁磁体内总的自由能将会因外磁场能存在而发生变化，总自由能的最小值方向也将重新分布，因此磁畴的取向也将会由原来的方向转向到新的能量最小方向上。这个过程就相当于在外磁场作用下，磁畴向着外磁场方向发生转动。

在外磁场作用下，铁磁体内存在磁晶各向异性能 F_K、磁应力能 F_σ、外磁场能 F_H 和退磁场能 F_d。磁畴转动过程中，总的自由能可以表示为：

$$F = F_K + F_\sigma + F_H + F_d \tag{7.63}$$

磁畴转动平衡时，满足能量极小值原理，即：

$$\frac{\partial F}{\partial \theta} = \frac{\partial F_K}{\partial \theta} + \frac{\partial F_\sigma}{\partial \theta} + \frac{\partial F_H}{\partial \theta} + \frac{\partial F_d}{\partial \theta} = 0 \tag{7.64}$$

式中，θ 为转动角。上式又可表示为如下形式：

$$\frac{(\partial F_K + \partial F_\sigma + \partial F_d)}{\partial \theta} = -\frac{\partial F_H}{\partial \theta} \tag{7.65}$$

该式即为畴转磁化过程中的平衡方程式。它表明，在畴转过程中，当铁磁体内磁位能降低的数值与磁晶各向异性能、磁应力能和退磁场能增加的数值相等时，畴转磁化处于平衡状态。

在外磁场作用下，磁畴发生偏转，如果撤销外加磁场后，磁畴又回到起始的磁化状态，这个过程则称为可逆磁畴转动磁化过程。为了进一步理解可逆转磁化过程，下面对磁晶各向异性和内应力作用的情况分别加以讨论。

（1）由磁晶各向异性控制的可逆畴转磁化　以单轴六角晶系为例进行说明。如图 7.21 所示。在垂直于易轴的磁场作用下，磁畴的磁化强度 M_S 偏离 [0001] 方向，表现为单纯的磁畴转动磁化过程。

单轴晶体的磁晶各向异性能为：

$$F_K = K_{U1} \sin^2\theta \tag{7.66}$$

外磁场能为：

$$F_H = -\mu_0 M_S H \sin\theta \tag{7.67}$$

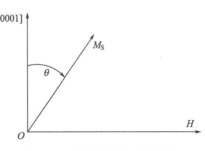

图 7.21　单轴晶体的畴转过程

根据畴转磁化方程（7.65）得：

$$\frac{\partial F_K}{\partial \theta} = -\frac{\partial F_H}{\partial \theta} \tag{7.68}$$

于是有：

$$2K_{U1}\sin\theta\cos\theta = \mu_0 M_S H\cos\theta \tag{7.69}$$

得出：

$$H = \frac{2K_{U1}}{\mu_0 M_S}\sin\theta \tag{7.70}$$

$$\Delta H = \frac{2K_{U1}}{\mu_0 M_S}\cos\theta\,\Delta\theta \tag{7.71}$$

沿磁场方向的磁化强度为：

$$M_H = M_S\sin\theta \tag{7.72}$$

则：

$$\Delta M_H = M_S\cos\theta\,\Delta\theta \tag{7.73}$$

于是，畴转磁化过程的起始磁化率 χ_i 为：

$$\chi_i = \frac{\Delta M_H}{\Delta H} = \frac{\mu_0 M_S^2}{2K_{U1}} \tag{7.74}$$

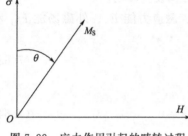

图 7.22　应力作用引起的畴转过程

（2）由应力控制的可逆畴转磁化　在铁磁体内，应力分布存在各向异性。当材料的应力各向异性能很强，而磁晶各向异性能很弱时，就可以忽略磁晶各向异性能的作用，而只考虑磁弹性能对畴转过程的影响。

如图 7.22 所示，在外磁场 $H=0$ 时，磁畴磁化强度 M_S 在由磁弹性能决定的易磁化方向上。施加与应力方向垂直的外磁场，M_S 偏离应力方向 θ 角，表现为畴转磁化过程。

铁磁体的磁弹性能为：

$$F_\sigma = -\frac{3}{2}\lambda_S\sigma\cos^2\theta \tag{7.75}$$

外磁场能为：

$$F_H = -\mu_0 M_S H\sin\theta \tag{7.76}$$

根据畴转磁化方程式（7.65）得：

$$\frac{\partial F_\sigma}{\partial \theta} = -\frac{\partial F_H}{\partial \theta} \tag{7.77}$$

于是有：

$$3\lambda_S\sigma\cos\theta\sin\theta = \mu_0 M_S H\cos\theta \tag{7.78}$$

得出：

$$H = \frac{3\lambda_S\sigma\sin\theta}{\mu_0 M_S} \tag{7.79}$$

$$\Delta H = \frac{3\lambda_S\sigma}{\mu_0 M_S}\cos\theta\,\Delta\theta \tag{7.80}$$

沿磁场方向的磁化强度为：

$$M_H = M_S \sin\theta$$

则：

$$\Delta M_H = M_S \cos\theta \Delta\theta$$

于是，畴转磁化过程的起始磁化率 χ_i 为：

$$\chi_i = \frac{\Delta M_H}{\Delta H} = \frac{\mu_0 M_S^2}{3\lambda_S \sigma} \tag{7.81}$$

上述两种模型是在一定程度对实际畴转磁化过程的近似和假设。实际中材料内部往往同时存在磁晶各向异性能和磁弹性能，这些因素都会对磁畴转动构成阻力。由式（7.74）、式（7.81）可以发现，畴壁转动磁化过程中影响起始磁化率的因素有以下几个方面。

① 材料的饱和磁化强度 M_S，M_S 越大，起始磁化率越高；

② 材料的磁晶各向异性常数 K_1 和磁致伸缩系数 λ_S，K_1 和 λ_S 越小，起始磁化率越高；

③ 材料的内应力 σ，材料内部的晶体结构越完整均匀，产生的内应力越小，起始磁化率也越高。

7.3.2.2 不可逆磁畴转动磁化过程

畴转磁化过程与畴壁位移磁化过程一样，也有可逆和不可逆之分。实现不可逆畴转磁化一般需要较强的磁场，因此通常铁磁体内的不可逆磁化主要是由畴壁位移引起的。但对于不存在畴壁的单畴颗粒来说，畴转磁化是唯一的磁化机制，包括可逆畴转磁化和不可逆畴转磁化。导致可逆畴转磁化和不可逆畴转磁化的原因是铁磁体内存在着广义的各向异性能的起伏变化。

下面以具有单轴各向异性的晶体为例说明不可逆畴转磁化过程产生的机制。如图 7.23 所示的单畴颗粒，外磁场强度 H 与易磁化轴夹角为 θ_0。当外磁场强度 $H=0$ 时，自发磁化强度 M_S 停留在易磁化轴方向上。$H>0$ 时，M_S 在外磁场作用下，偏离原来的易磁化方向而转向外磁场方向，M_S 与 H 间的夹角为 θ。

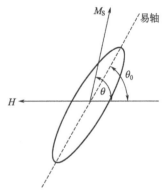

图 7.23 单畴颗粒的不可逆磁畴转动

在畴转过程中，需要考虑的能量有磁晶各向异性能 F_K 和外磁场能 F_H。单轴各向异性的磁晶各向异性能 F_K 可表示为：

$$F_K = K_{U1} \sin^2(\theta - \theta_0) \tag{7.82}$$

外磁场能可表示为：

$$F_H = \mu_0 M_S H \cos\theta \tag{7.83}$$

总的自由能为：

$$F = F_K + F_H = K_{U1} \sin^2(\theta - \theta_0) + \mu_0 M_S H \cos\theta \tag{7.84}$$

根据自由能极小的原理可得：

$$\frac{\partial F}{\partial\theta} = K_{U1} \sin 2(\theta - \theta_0) - \mu_0 M_S H \sin\theta = 0 \tag{7.85}$$

式（7.85）就是发生畴转磁化的磁化方程。式（7.85）中自由能的二阶导数为：

$$\frac{\partial^2 F}{\partial\theta^2} = 2K_{U1} \cos 2(\theta - \theta_0) - \mu_0 M_S H_0 \cos\theta \tag{7.86}$$

如果畴转磁化过程处于稳定平衡状态，则必须满足条件 $\frac{\partial^2 F}{\partial \theta^2} > 0$；如果处于非稳定平衡状态，则有 $\frac{\partial^2 F}{\partial \theta^2} < 0$。磁场 H 由零逐渐增大时，磁化强度 M_S 转动，θ 角增大，然后突然转向 x 轴方向。所以，畴转过程中磁化强度 M_S 的取向由稳定平衡状态转为不稳定状态的分界点是 $\frac{\partial^2 F}{\partial \theta^2} = 0$，对应的磁场就是发生不可逆畴转的临界磁场强度 H_0。于是有：

$$2K_{U1}\cos 2(\theta - \theta_0) - \mu_0 M_S H_0 \cos\theta = 0 \tag{7.87}$$

可以求出发生不可逆畴转磁化的临界磁场强度 H_0，有：

$$\sin 2\theta_0 = \frac{1}{P^2}\left(\frac{4-P^2}{3}\right)^{3/2} \tag{7.88}$$

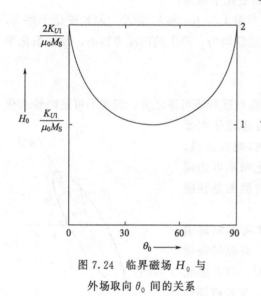

图 7.24 临界磁场 H_0 与
外场取向 θ_0 间的关系

式中，$P = \frac{\mu_0 M_S H_0}{K_{U1}}$。$P$ 和 θ_0 之间的这种函数关系，示于图 7.24 中。从图中可以发现，H_0 的大小由 θ_0 的数值决定。当外加磁场与易磁化轴之间夹角 $\theta_0 = 45°$ 时，磁化强度 M_S 最容易反转，其临界磁场 H_0 为：

$$H_0 = \frac{K_{U1}}{\mu_0 M_S} \tag{7.89}$$

随着磁场与易轴间夹角 θ_0 偏离 $45°$，临界磁场 H_0 变大。当 θ_0 为 $0°$ 和 $90°$ 时，临界磁场 H_0 为：

$$H_0 = \frac{2K_{U1}}{\mu_0 M_S} \tag{7.90}$$

下面简单估算不可逆畴转磁化过程决定的磁化率。考虑上述单轴各向异性晶体 $\theta_0 = 0$ 时的情况。当外加磁场达到 H_0 时，铁磁体将发生不可逆畴转磁化，磁化强度 M_S 将转向外磁场方向。则沿外磁场方向磁化强度的变化为：

$$\Delta M_H = 2M_S \tag{7.91}$$

于是不可逆畴转过程决定的磁化率 χ_i 为：

$$\chi_i = \frac{\Delta M_H}{H_0} = \frac{\mu_0 M_S^2}{K_{U1}} \tag{7.92}$$

可以发现，不可逆畴转磁化过程的磁化率也是与 M_S^2 成正比，与 K_{U1} 成反比。

具有单轴各向异性的铁磁体的可逆与不可逆畴转磁化过程可以用图 7.25 说明。图 7.25 (a) 中，易轴与磁场方向间夹角 θ_0 小于 $90°$。无外加磁场时，磁矩停留在易磁化轴 oa 方向上。施加外磁场后，磁矩转动 θ 角。这时，将磁场强度减小到零，磁矩又会按照原路径回到易磁化方向上，即为可逆磁畴转动磁化。图 7.25 (b) 中，易轴与磁场方向间夹角 θ_0 大于 $90°$。如果外加磁场小于 H_0 时，磁矩旋转 θ 角；外加磁场降到零，磁矩回到初始位置。因此，磁化过程同样也是可逆磁畴转动过程。如果施加的外磁场大于 H_0 时，磁矩将跳跃到图 7.25 (c) 中所示的位置；外加磁场降为零，磁矩回转到 ob 方向，而不能回到原来的 oa

方向。这个过程为不可逆磁畴转动过程。

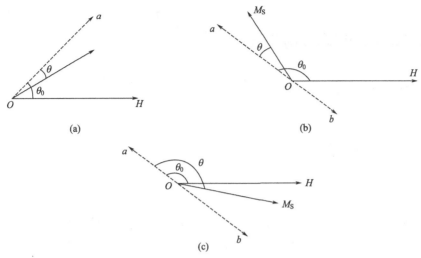

图 7.25　可逆与不可逆畴转磁化

7.4　磁中性化

样品在进行磁测试前，需处于磁中性状态。处于磁中性状态时，样品的剩磁为零，即样品处于磁化曲线和磁滞回线的零点处。磁中性是一种充分确定的磁化状态，因此可以保障样品测试结果的可重复性。常见的磁中性化方法有加热去磁和交流去磁。

将磁性材料加热到居里温度以上，而后在无磁环境下冷却至室温或测试温度，可以得到最佳的磁中性状态。样品在加热之前为铁磁性，在居里温度以上转变为高温顺磁性，在重新回到低温时转变为自发磁化状态。此时，样品内部存在自发磁化的磁畴，但宏观磁性为零。因此，样品之前技术磁化的历史被完全消除。加热去磁方法虽可以获得最佳的磁中性态，但在技术上却很少采用这种方法。因为加热过程可能改变材料的微结构或内应力等参数，导致后续测量结果不能反映样品的真实磁特性。

交流去磁法是将磁性样品置于幅值逐渐降低至零的交流磁场中进行退磁的过程，如图 7.26 所示。在交流去磁法中，交流磁化场的幅值应尽可能高，频率应尽可能低。交流磁化磁场的大小通常遵循以下原则：若样品剩磁与磁化磁场的方向平行，则磁化磁场的最大值应为样品矫顽力的 3～5 倍；若不满足相互平行的条件，则磁化磁场应高出样品矫顽力的 10 倍；磁化磁场的最小值应小于后续测试时的开始磁场值。在交流去磁过程中，可能会在样品表面产生趋肤效应，导致样品内部被屏蔽而没有磁中性化。消除趋肤效应的最好办法就是降低交流磁化场的频率。

图 7.26　磁性样品的交流去磁过程

上述讨论的磁中性化不仅适用于本章的直流磁特性测量，还适用于交流磁特性、本征磁特性及磁结构的表征。

7.5 软磁材料直流磁特性测量

7.5.1 H 和 B 的测量

在磁测量中，所有重要磁性参数都取决于磁化磁场 H 和磁通密度 B。因此，磁测量的核心问题就变成和如何准确测量 H 值和 B 值。

根据安培环路定理可得

$$H = \frac{nI}{l} \tag{7.93}$$

对于确定磁路长度 l 的样品（典型如闭合磁路样品），可以通过线圈匝数 n 和励磁电流 I 来计算出样品内的磁场 H 值。但如果样品磁路长度 l 无法准确确定，则该方法计算得出的磁场 H 值误差较大，此时可采用直接测量法。

根据麦克斯韦连续性方程，样品表面磁场的切向分量与样品内部是相同的。因此，对于

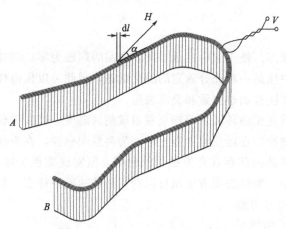

图 7.27 Rogowski-Chattock 线圈

均匀磁化样品，可通过测量紧贴样品表面处的磁场来获得样品内部的磁场强度 H 值。测量表面切向磁场的方法有很多，如霍尔效应法、磁电阻效应法、感应线圈法（H 线圈）以及 Rogowski-Chattock 线圈（简称 RCP）法。前面几种方法在上章中已经详细介绍，这里简单介绍后一种方法。RCP 实质上是一种特殊的螺线圈，它均匀缠绕在一个非磁性的介质上，并可弯曲变形为多种形状。RCP 线圈的工作原理为安培环路定理和法拉第电磁感应定律，以感应电压为输出信号。如图 7.27 所示，将长度为 l 的线圈放入磁场，输出电压为每匝线圈感应电压之和，即：

$$V = \sum \left(-n \frac{\mathrm{d}}{\mathrm{d}l} \frac{\mathrm{d}\Phi}{\mathrm{d}t} \right) = \mu_0 \frac{n}{l} S \frac{\mathrm{d}}{\mathrm{d}t} \int_A^B H \mathrm{d}l \cos\alpha$$

因此，RCP 线圈的输出信号与单位长度线圈匝数 n/l 及截面积 S 有关，与 A、B 点间的距离有关，与线圈的形状无关。

在磁导计中，因为测试样品本身为开路，不能精确获得磁路长度 l 值，因此用式(7.93)无法准确获得样品磁场强度 H。这时，可以采用 RCP 线圈，获得的输出信号与 A、B 间的磁场强度成正比

$$V = \mu_0 \frac{n}{l} S \frac{\mathrm{d}}{\mathrm{d}t} (H l_{AB}) \tag{7.94}$$

因此，对于给定的 l_{AB} 值，可以利用 RCP 线圈获得磁场 H 值。

根据电磁感应定律基本原理，可得

$$B(t) = \frac{1}{NS}\int U(t)\,dt \tag{7.95}$$

因此，采用数字磁通计可对样品中的磁通密度 B 进行积分测量。

7.5.2 闭路样品测量

由于退磁场的存在，所有磁性材料样品的测试结果都与样品形状直接相关。因此，为了获得精确的磁特性，软磁材料的测试都是在闭路条件下进行测量的。有些样品本身即为闭路形状（例如：磁环），通过励磁线圈可非常容易地实现饱和磁化；有些样品本身为开路形状（例如：棒状、条状或片状），则可以利用外部磁轭形成闭合磁路。

磁环通常有三种结构：由条带绕制而成，如图 7.28(a) 所示；多层片状冲压而成，如图 7.28(b) 所示；磁粉黏结而成，如图 7.28(c) 所示。软磁样品直流测试标准 GB/T 13012—2008 规定，磁环的尺寸应满足 $r_e/r_i < 1.1$，这种情况下磁路长度为：

$$l = 2\pi\left(\frac{r_e + r_i}{2}\right) \tag{7.96}$$

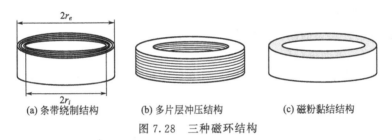

(a) 条带绕制结构　　(b) 多片层冲压结构　　(c) 磁粉黏结结构

图 7.28　三种磁环结构

图 7.29 给出了磁性材料直流测试的典型方法。磁环磁场强度 H 由励磁线圈电压 V_H 决定，在励磁线圈匝数 n_1 和磁环磁路长度 l 已知的情况下，根据安培环路定理 $H = \frac{nI}{l}$ 直接求得。磁通密度由法拉第电磁感应定律 $B(t) = \frac{1}{NS}\int U(t)\,dt$ 由数字磁通表获得。

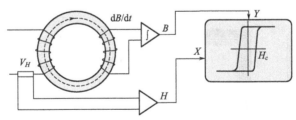

图 7.29　环状样品直流测试的典型方法

图 7.30 给出了样品磁化曲线的测量方法。对于磁中性状态的样品，逐渐增大励磁磁场 H（励磁电流）由 0→A→B→C⋯→K，则获得相对应的磁通密度 B 值，最终得到磁化曲线。

环状样品的磁滞回线一般通过连续测量法获得。样品交流退磁至磁中性状态，磁通计调零。在励磁线圈 n_1 中通以足够产生所需要的最大磁场强度的电流使样品饱和磁化，缓慢降低该电流至零，而后电流换向并增加至最大负值，而后缓慢降低电流至零，再次电流换向并逐渐

第 7 章　磁性材料直流磁特性的测量

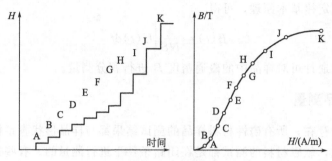

图 7.30 磁化曲线的测量方法

增加至最大正值。在此过程中，同步记录励磁磁场强度和磁通密度，获得完整的磁滞回线。

GB/T 13012—2008 还给出了磁滞回线和磁化曲线的逐点测量方法。现在的软磁直流测量设备基本都可以自动连续测量磁化曲线和磁滞回线，逐点测量法已较少采用，有需要的可以查阅相关标准。

7.5.3 开路样品测量

如果样品本身为开路形状，则需要利用外部磁轭形成闭合磁路进行直流磁特性测量（磁化曲线和磁滞回线）。典型的测试装置为直流磁导计：试样夹在两块磁轭中间，两块磁轭为试样提供闭合磁路，进而进行闭路直流测量。

如图 7.31 所示，磁导计一般可分为 A 型磁导计和 B 型磁导计两类：A 型磁导计中，励磁线圈直接缠绕在样品上，提供的励磁磁场为 $1\sim200kA/m$，样品的最短长度为 250mm；B 型磁导计中，励磁线圈缠绕在磁轭上，提供的励磁磁场为 $1\sim50kA/m$，样品的最短长度为 100mm。

因为磁路长度无法准确标定，因此通常通过测量样品表面水平磁场来等效样品内部磁场 H，具体测量方法包括：霍尔效应法、磁电阻效应法、感应线圈法以及 RCP 线圈法。

图 7.32 给出了 A 型磁导计测量磁场强度 H 的方法。将长度为 $10\sim50mm$ 的探测线圈与磁通计连接，探测线圈通常包括两个线圈，两个线圈与样品同轴绕制，并反向串联。根据两个线圈测量值的差值结果，确定出磁场强度 H 值。

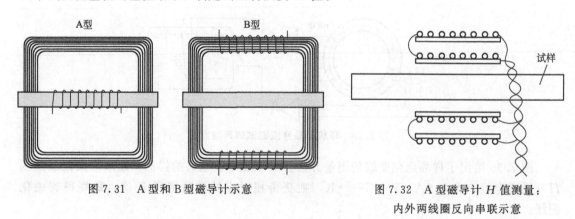

图 7.31 A 型和 B 型磁导计示意

图 7.32 A 型磁导计 H 值测量：
内外两线圈反向串联示意

图 7.33 给出了 B 型磁导计测量磁场强度 H 的方法。B 型磁导计通常采用 RCP 线圈测量 H 值。将 RCP 线圈与磁通计相连接，根据磁通计电压积分值及线圈端点 AB 的长度值

磁性材料与磁测量

（即磁路长度），应用安培环路定理，给出 H 值。在实际测量过程中，线圈端面应紧贴试样表面，降低测量误差。

采用长度为 $10\sim50mm$ 的磁通感应线圈（B 线圈）连接磁通计，直接测量样品磁通值，如图 7.34 所示。

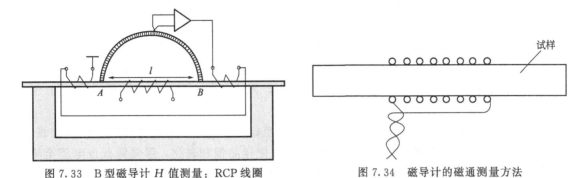

图 7.33　B 型磁导计 H 值测量：RCP 线圈　　　　图 7.34　磁导计的磁通测量方法

由于空气磁通的存在，需要对线圈测量的磁通值进行修正，修正量的大小取决于磁场强度 H 值以及试样与 B 线圈的相对截面积。磁通修正后的结果 $B_{修正}$ 为

$$B_{修正}=B_{测}-\mu_0 H\frac{S_{线圈}-S_{试样}}{S_{试样}} \tag{7.97}$$

式中，$B_{测}$ 为磁通测量值；H 为磁场测量值；$S_{线圈}$ 为 B 线圈的截面积；$S_{试样}$ 为试样的截面积。也可以通过补偿的方式对测量磁通值进行修正。将一个补偿线圈与 B 线圈串联反接，补偿线圈的有效面积与 B 线圈和试样间的空气间隙面积相等，即可进行有效的空气磁通补偿。

采用补偿磁极化线圈（补偿 J 线圈）可直接测量样品磁极化强度 J 值。根据 $B=\mu_0$ $(H+M)=\mu_0 H+J$ 可求出 B 值。图 7.35 给出了补偿 J 线圈的结构。两个线圈的匝数和面积满足条件：

$$n_1 S_1=n_2 S_2$$

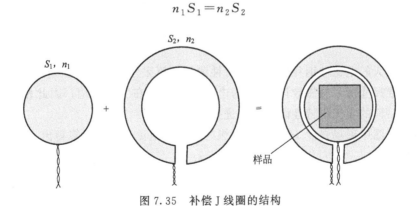

图 7.35　补偿 J 线圈的结构

没有样品时，两个线圈测量的磁通量值分别为：

$$\Phi_1=\mu_0 H n_1 S_1, \Phi_2=\mu_0 H n_2 S_2$$

将两线圈差分连接后，总磁通 $\Phi_无$ 为：

$$\Phi_无=\Phi_1-\Phi_2=0$$

因此，没有样品时，补偿线圈输出信号为零，气隙中空气磁通得到补偿。

在线圈中放入截面积为 $S_{样品}$ 的样品后，有

$$\Phi_1 = n_1 [\mu_0 H(S_1 - S_{样品}) + B_{样品} S_{样品}]$$

则测量的总磁通 $\Phi_{总}$ 为

$$\Phi_{总} = \Phi_1 - \Phi_2 = n_1 [\mu_0 H(S_1 - S_{样品}) + B_{样品} S_{样品}] - \mu_0 H n_2 S_2 \tag{7.98}$$
$$= n_1 S_{样品}(B_{样品} - \mu_0 H) = J_{样品} n_1 S_{样品}$$

因此，可以根据所测量的磁通值，直接给出样品的磁极化强度 $J_{样品}$ 值。

直流磁化曲线测试过程如下：对于退磁中性化的样品，从零开始增大励磁磁化电流，直至产生最大励磁磁场的预定电流值。在此过程中，同步测量、记录相对应的 B 值（J 值）和 H 值，得到正常直流磁化曲线。

直流磁滞回线测试过程如下：样品交流退磁至磁中性状态，磁通计调零。在励磁线圈 n_1 中通以足够产生所需要的最大磁场强度的电流使样品饱和磁化，缓慢降低该电流至零，而后电流换向并逐渐增加至最大负值，而后缓慢降低电流至零，再次电流换向并逐渐增加至最大正值。在此过程中，同步记录励磁磁场强度和磁通密度，获得完整的磁滞回线。

进行直流磁特性测量的软磁样品通常用于直流应用场合，如电磁继电器、磁轭和磁性执行机构等。这些材料根据具体应用被制成不同长度的方形、圆柱或片状产品。相对应的，磁导计可以采用不同形状的替换磁极靴，如图 7.36 所示。

图 7.37 给出了 Magnet-Physik C-500 型磁导计结构。

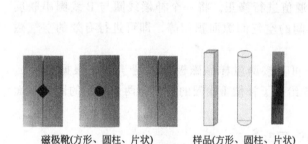

图 7.36　磁导计的磁极靴结构及对应样品形状

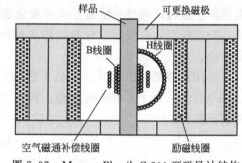

图 7.37　Magnet-Physik C-500 型磁导计结构

对于用量最大的电工硅钢片的直流磁特性测量还可采用专门的爱泼斯坦方圈及单片测试仪（样品为标准尺寸薄片的磁导计）。因为电工硅钢主要在工频应用，因此相应的测试线圈及仪器结构在后面的交流磁特性测量部分进行介绍。

爱泼斯坦线圈中磁场强度 H 值通过初级线圈励磁电流 I 直接计算得出

$$H = \frac{n_1}{l_m} I \tag{7.99}$$

式中，n_1 为初级线圈匝数；l_m 为有效磁路长度。磁通密度 B 值通过磁通表积分得到。测量过程中，同步记录 B 值和 H 值，即可得到磁化曲线和磁滞回线。

7.5.4　软磁直流测试实例

将上述测试原理方法（电磁感应、安培环路定理、霍尔效应等）、线圈（H 线圈、B 线圈、RCP 等）、装置（磁导计、单片测试仪、爱泼斯坦方圈、电磁铁等）搭配相应的电子电

磁性材料与磁测量

路及计算机处理系统，可组成常用的 B-H 测试仪、软磁直流测量系统等测量仪器。

以中国计量大学磁学实验室的 MAGNET-PHYSIK 公司生产的 Perma-Rema C750 型 B-H 测试仪（图 7.38）为例，介绍软磁直流特性测量原理和流程。设备可用于测试锰锌铁氧体、镍锌铁氧体、非晶纳米晶合金、坡莫合金等软磁材料的直流磁性能。样品既可为闭路的磁环，也可以为开路的方形、圆柱和片状。

测试闭路磁环样品时：首先测量出样品尺寸，计算出磁路长度；输入测试所需的励磁磁场强，系统分析出励磁线圈和感应线圈；根据要求绕制一定匝数的励磁线圈和感应线圈；将线圈分别与测试夹具及控制箱连接；系统提供的最大测试电流为 8A；励磁磁场 H 由输入电流计算得出，磁通密度 B 由磁通计读出，最终测出相应的磁化曲线和

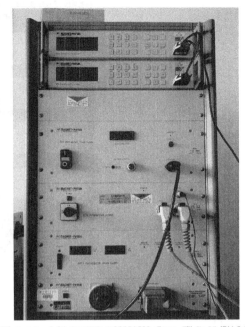

图 7.38　MAGNET-PHYSIK C750 型 B-H 测试仪

磁滞回线，进一步分析出磁导率、饱和磁化强度、剩磁、矫顽力等直流磁特性参数。

测试开路样品时：首先测量样品尺寸，根据样品尺寸和形状，选择磁导计的感应线圈和测试极头；连接感应线圈与控制箱上的磁通计；装配待测样品与感应线圈，并置于磁轭中；闭合磁轭，与待测样品形成闭合磁路；装配的磁导计为 B 型磁导计，提供的测试磁场范围为 1～55kA/m；根据测量的磁场 H 和磁通密度 B 值，绘出磁化曲线和磁滞回线，并得出相应的直流磁特性参数。图 7.39 为开路软磁样品直流测量用磁导计。图 7.40 显示了磁导计中的 H 探测线圈和 B 探测线圈。图 7.41 为针对不同形状样品的磁导计极头。

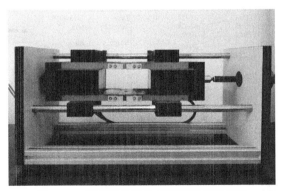

图 7.39　开路软磁样品直流测量用磁导计

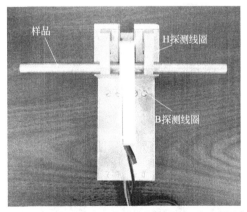

图 7.40　磁导计中的 H 探测线圈和 B 探测线圈

图 7.42 为采用 Perma-Rema C750 型 B-H 测试仪测量的一种软磁不锈钢的直流磁特性曲线。

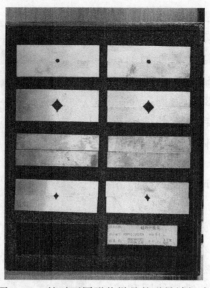

图 7.41　针对不同形状样品的磁导计极头

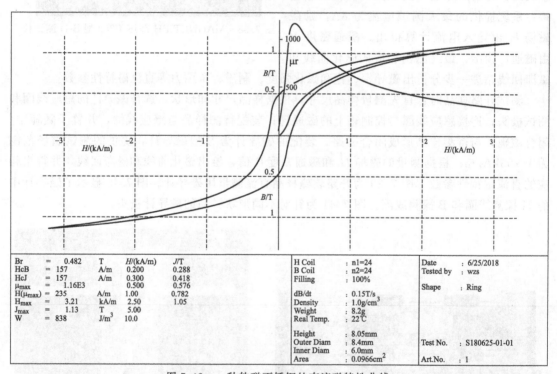

图 7.42　一种软磁不锈钢的直流磁特性曲线

7.6　永磁材料直流磁特性测量

永磁器件需要通过气隙对外提供磁场和能量，因此永磁样品都是开路的，不存在闭路磁环式的样品（轴向磁化或辐射磁化的样品除外，这类样品的磁路不闭合，也属于开路样品）。永磁材料的测试包含闭路测量和开路测量两种方法。闭路测量通过磁轭形成闭合测量磁路，不存在自由磁极，因此可以忽略退磁场的影响。开路测量时，永磁样品存在自由磁极，受退磁场影响，因此需要测量与退磁场有关的形状尺寸。

7.6.1 闭路测量

永磁体的闭路测量，与开路软磁样品的测量类似（7.5.3 中描述的方形、圆柱或片状软磁样品用磁导计组成闭合磁路），采用磁轭与样品组合形成闭合回路来进行闭路磁测量。

图 7.43 给出了永磁材料的闭路测量原理示意。由于永磁材料的矫顽力大，且磁化磁场应为矫顽力的 5 倍以上，因此一般采用电磁铁对永磁材料进行磁化。图 7.44 给出用于永磁材料闭路测量的磁化样品用电磁铁。电磁铁由磁轭、极柱、极头和磁化绕组线圈等组成。磁轭、极柱、极头和待测试样一起组成闭合磁路。为了使永磁样品能够均匀磁化，样品尺寸应比电磁铁极头尺寸小很多。为了尽可能地形成良好闭合磁路，消除自由磁极，样品表面应与磁极表面贴合紧密。因为电磁铁的线圈绕组远大于磁导计，因此磁化电流增大速度要比较慢，以降低系统感抗。

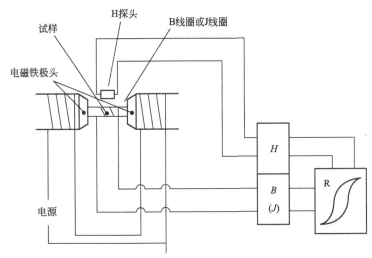

图 7.43　永磁材料的闭路测量原理示意

磁场强度 H 值采用探测线圈连接适当的积分器测量，或用霍尔探头配合适当的电测仪器测量。为了获得样品内部的磁场强度值，磁场探测装置应尽量靠近试样，测量方向与样品磁化方向一致。

磁通密度 B 值通过 B 线圈连接磁通计直接测量。考虑空气磁通，可采用 7.5.3 类似的方法对磁通测量值进行空气磁通修正。

磁极化强度 J 值可采用补偿 J 线圈连接磁通计来直接测量。J 线圈由反串联的磁通测量线圈和磁场补偿线圈组成，通常结构如图 7.45 所示。J 补偿线圈的原理同 7.5.3。

永磁材料的磁化曲线和磁滞回线的测量方法与 7.5 节类似。对于永磁样品，往往只需要测量退磁曲线就足够了。在退磁曲线上可以得到剩磁 B_r、矫顽力 H_C 和磁能积 $(BH)_{max}$ 等关键参数。退磁曲线的测量过程为：在电磁铁中通入励磁强电流将样品磁化至饱和状态，而后降低励磁电流至零。再改变励磁电流方向，并缓慢增大磁化电流使 B 值为零或 J 值为零。在此过程中，同步记录对应的磁场强度 H 值和磁通密度 B 值（磁极化强度 J 值），即可得到退磁曲线。对于内禀矫顽力超过 $600kA/m$ 的永磁样品，电磁铁无法将样品饱和磁

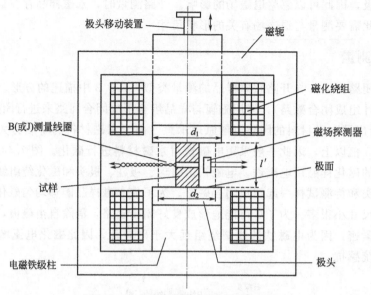

图 7.44　永磁闭路测量用电磁铁结构

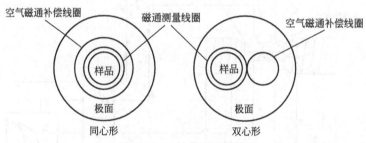

图 7.45　J 补偿线圈结构

化，因此在闭路测量前通过脉冲磁场的方式将样品饱和磁化，然后再采用相同的方式进行退磁曲线测量。在测试时，样品充磁磁化方向应与测量时励磁磁场初始加载方向相同。

　　将上述永磁闭路测量装置与适当的检测装置、电子电路系统及计算机处理系统组合，便组成常用的 B-H 测试仪和永磁材料测试系统等测量仪器。同样以中国计量大学磁学实验室的 MAGNET-PHYSIK C750 型 B-H 测试仪为例，介绍永磁材料闭路测量流程。设备可用于测试钡锶铁氧体、铝镍钴、钐钴和钕铁硼等永磁材料的磁性能。样品可以是圆柱形，方块形，也可以是轴向充磁的环形。如果样品为磁瓦，则需要选择特定的磁极头，保证样品表面与磁极紧密贴合。进行测试时，首先测试样品尺寸，根据样品尺寸参数选择相应的极头和感应线圈；连接感应线圈与磁通计，装配极头；将永磁样品放置在极头中部，套上感应线圈，旋紧极头闭合磁路；根据测量的磁场 H 和磁通密度 B 值，绘出磁滞回线，并得出相应的永磁特性参数。如果样品的内禀矫顽力超过 $600kA/m$，则需要采用脉冲充磁机附件进行充磁，充磁后的样品只能测量退磁曲线。图 7.46 给出了永磁样品闭路测量用电磁铁。

　　图 7.47 为采用 Perma-Rema C750 型 B-H 测试仪测量的一种各向异性永磁铁氧体的直流退磁曲线。

　　对于高矫顽力的永磁样品采用上述的闭路测量已经无法得到磁滞回线，就需要采用后续的脉冲磁场开路测量方法。

图 7.46　永磁样品闭路测量用电磁铁

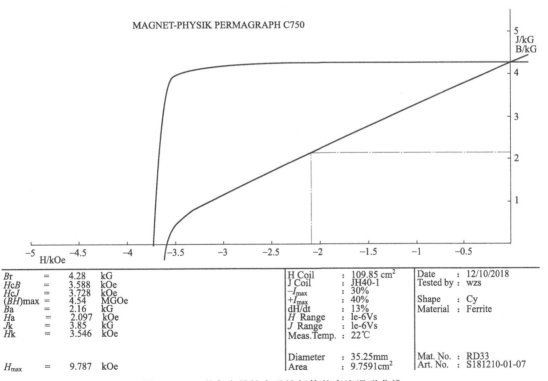

MAGNET-PHYSIK PERMAGRAPH C750

Br	=	4.28	kG
HcB	=	3.588	kOe
HcJ	=	3.728	kOe
(BH)max	=	4.54	MGOe
Ba	=	2.16	kG
Ha	=	2.097	kOe
Jk	=	3.85	kG
Hk	=	3.546	kOe
H_{max}	=	9.787	kOe

H Coil	: 109.85 cm²
J Coil	: JH40-1
$-I_{max}$	: 30%
$+I_{max}$	: 40%
dH/dt	: 13%
H Range	: 1e-6Vs
J Range	: 1e-6Vs
Meas.Temp.	: 22℃
Diameter	: 35.25mm
Area	: 9.7591cm²

Date	: 12/10/2018
Tested by	: wzs
Shape	: Cy
Material	: Ferrite
Mat. No.	: RD33
Art. No.	: S181210-01-07

图 7.47　一种各向异性永磁铁氧体的直流退磁曲线

7.6.2　开路测量

高矫顽力的永磁材料，尤其是高磁晶各向异性场的稀土永磁材料，现今得到广泛应用。

对于这类高矫顽力磁体，常规的闭路磁化装置已经无法对其进行准确测量。在强电流下，电磁铁极头处于饱和状态，一方面限制了更高磁化场的产生，另一方面还会造成样品处磁场不均匀，最终造成样品的饱和磁化强度、矫顽力、最大磁能积等特性参数较真实值偏低。这个问题可以通过两种方式来解决：采用超导磁场和脉冲磁场。超导磁体可以产生很高的准静态磁场，但购置和维护成本高，同时要求低温环境，应用受到限制。相对来说，脉冲磁场测量由于简单、快速的特性得到迅速而广泛的工业应用。

脉冲测量方法的基本原理是利用磁场发生器产生的脉冲磁场将待测样品磁化，同步记录磁场强度和样品的磁化状态，得到样品磁滞回线。图 7.48 给出了永磁样品脉冲测量原理。磁场由电容器组、半导体控制电路、螺线管等组成的脉冲磁场发生电路产生。测试过程中，试样位于测试线圈内，测试线圈位于螺线管内。测试线圈包括 H 线圈和 J 线圈，分布测量磁场强度 H 值和样品磁极化强度 J 值。样品在脉冲磁场作用下被磁化，同步记录相应的 J 值和 H 值，即获得 $J(H)$ 磁滞回线。

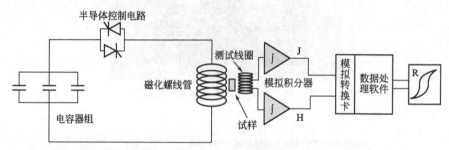

注：实际仪器中试样处于测试线圈内，测试线圈位于磁化螺线管内。

图 7.48　永磁样品脉冲测量原理

通过 H 线圈测量磁场强度 H 值。线圈输出信号为电压值 U_H，该值与感应磁通的变化率成正比

$$U_H \propto \frac{\mathrm{d}H}{\mathrm{d}t} \tag{7.100}$$

通过 J 线圈测量磁极化强度 J 值。J 线圈由反串联的测试线圈和补偿线圈组成。图 7.49 给出了 J 线圈模型。补偿线圈在外层，截面积较大，匝数相应较少；测试线圈在补偿线圈内部，截面积较小，匝数相应较多。J 线圈的补偿原理同 7.5.3。J 线圈的输出信号为电压值 U_J，该值与感应磁通的变化率成正比

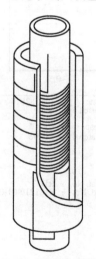

$$U_J \propto \frac{\mathrm{d}J}{\mathrm{d}t} \tag{7.101}$$

采用脉冲磁场作为磁化源的最典型的测量设备为脉冲磁场磁强计（PFM）。脉冲磁场磁强计可获得强度高达 20T 的磁场。脉冲磁场磁强计采用的是开路测量方法。图 7.50 给出了脉冲电路典型的放电波形。在脉冲磁场磁强计中，放电正弦波衰减控制在一个周期内。当正向半周期电流通过晶闸管后，晶闸管关闭，因此脉冲磁化场可以连续变化。而反向电流通过二极管传导后重新储存于电容器组，为电容器充电，供下次放电使用。同步记录磁通密度 B 随磁场强度 H 的变化，可得到永磁样品的磁滞回线或退磁曲线。测试结果需要

图 7.49　永磁脉冲测量
J 线圈模型

根据样品的形状进行退磁修正。

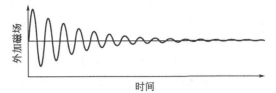

图 7.50　脉冲电路典型的放电正弦波衰减波形

脉冲磁场的测量结果需进行涡流修正。脉冲磁场测试方法是一个快速的动态过程，电容放电脉冲通常在几毫秒到几十毫秒，因此必然会在磁体内部产生涡流。涡流会进一步产生感应磁场，影响测试结果。为得到准确的测试结果，需将涡流效应的影响从所得信号中剔除。$f/2f$ 法是目前最为有效的涡流效应修正方法。该法采用双脉冲测试，即用两个振幅相同而频率不同的脉冲分别向线圈放电，产生磁化场。涡流与磁通的变化率呈正比，只要获得磁通变化率的比值，两次测量过程中涡流所引起的永磁样品磁极化强度就可以计算出来，经修正后获得被测样品的静态磁特性。在实际应用中 $f/2f$ 法获得了极大的成功，被证明是非常有效、可靠的修正涡流效应影响的数据处理方法。图 7.51 为采用 $f/2f$ 法对钕铁硼样品测试结果进行涡流修正的示例。外层两个磁滞回线为钕铁硼磁体在两种频率下测得值，最内层回线是经涡流拟合修正后的曲线，可以认为是磁体真实的磁特性。

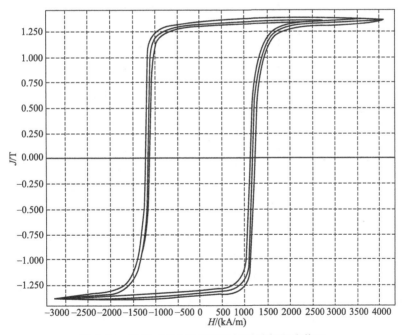

图 7.51　采用 $f/2f$ 法对测试结果进行涡流修正

当外磁场变化非常快时，永磁样品的磁化出现延迟的现象称为磁后效（第 8 章中有详细介绍）。在脉冲磁场磁强计中，电流脉冲通常大于几毫秒，一般认为磁后效的影响可以忽略。

脉冲磁场磁强计测试技术是一种永磁材料的快速检测方法。电容器的单个脉冲放电以及磁场 H 和磁通密度 B 的信号获取仅需数十到数百毫秒，测量退磁曲线或磁滞回线仅需几秒

图 7.52 PFM14 脉冲磁场磁强计

到几十秒就可全部完成。相比较永磁样品的闭路测量，脉冲磁场磁强计的测试过程快速得多。此外，脉冲磁场磁强计可以获得其他方法无法达到的高磁场，可以对所有类型的永磁体进行磁性测量。

因此，脉冲磁场磁强计测试技术检测快速、不限制永磁体种类、不接触样品、对样品无损害、不限制永磁体形状，因此特别适合永磁体的工业快速检测。

以中国计量大学磁学实验的 Hirst PFM14 脉冲磁场磁强计（图 7.52）为例：最大充磁场 10.5T；样品形状可为圆柱形或立方形；可测样品的最大内禀矫顽力为 50kOe；单个曲线的测量时间为 15～120s；待测样品尺寸为 5mm×5mm～10mm×26mm；测试温度为室温至 250℃。

图 7.53 为采用 Hirst PFM14 脉冲磁场磁强计测量的一种钕铁硼永磁体的直流退磁曲线。

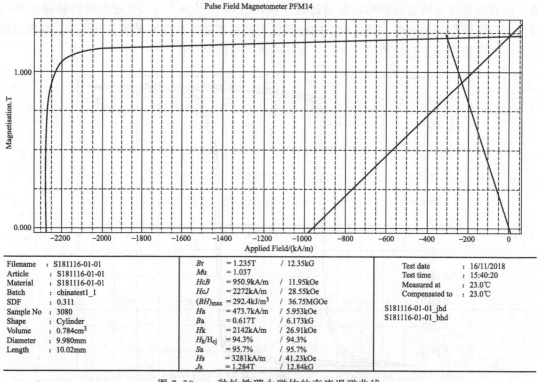

图 7.53 一种钕铁硼永磁体的直流退磁曲线

采用脉冲磁场磁强计对永磁样品进行开路测量，可以得到磁滞回线和退磁曲线。除此以外，还有几种开路测量方法可以对剩磁、矫顽力进行简单标定。

图 7.54 采用亥姆霍兹线圈对样品磁偶极矩进行快速标定。将磁体置于亥姆霍兹线圈中的磁场均匀区内（线圈不通电流，内部没有磁场），复位与线圈连接的磁通计。将磁体沿图示移出至线圈外，磁通的变化因其亥姆霍兹线圈产生电压 $U(t)$，通过磁通计积分可得出磁通量变化 $\Delta\Phi$，有：

$$j = C \int U(t)\mathrm{d}t = C\Delta\Phi \qquad (7.102)$$

式中，j 为磁偶极矩；C 为亥姆霍兹线圈常数。亥姆霍兹线圈的线圈常数是固定值，可由下式得到

$$C = \frac{R}{n}\frac{5\sqrt{5}}{8} \qquad (7.103)$$

式中，R 是线圈半径；n 是单个线圈的匝数。

确定磁体体积 V 后，根据式(1.4) 可求得磁体的磁极化强度

$$J = \frac{j}{V}$$

得到的磁极化强度就近似为磁体的剩余磁极化强度 J_r（即剩磁 B_r）。

根据标准 IEC 60404-14，将线圈内的永磁体旋转180°，可以根据磁通变化量求出磁体的剩磁。需要注意的是，旋转磁体方法导致磁通的变化量为移出磁体方法的 2 倍。

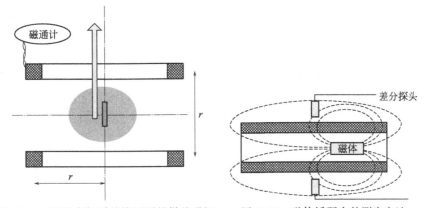

图7.54 通过亥姆霍兹线圈测量样品磁矩　　图7.55 磁体矫顽力的测定方法

图 7.55 给出了磁体矫顽力的测定方法。将饱和磁化后的磁体放入一个长螺线管中，磁化方向平行于螺线管轴线。在螺线管中通入电流，电流磁场的方向与磁体磁化方向相反。磁体的磁矩将使螺线管的反向磁场发生畸变。持续缓慢增大反向磁场，当反向磁场使磁体磁化完全消失时，磁场的畸变消失。继续增大反向磁场，磁场的畸变又重新出现，如图 7.56 所示。

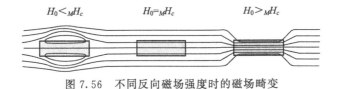

图7.56 不同反向磁场强度时的磁场畸变

在螺线管外部中间放置差分探头（霍尔探头或磁通门探头），可检测磁场畸变消失的情况，据此确定磁体的内禀矫顽力。利用差分方法，可充分补偿均匀外磁场的影响。

根据国标 GB 13888—2009，开路测定磁体矫顽力时，还可以将信号探测器放置在螺线管内，采用下面两种方法测定：靠近试样端部放置磁通探头，探头测量轴与螺线管的轴垂直；或在试样端部放置一个轴向振动的探测线圈，当磁体磁化强度不为零时线圈内会感应出电压信号，当磁体磁化强度为零时，振动线圈的电压信号为零。

GB/T 3656—2008 还介绍了低矫顽力磁性样品的矫顽力的抛移测量方法。其利用抛移线圈或样品的方法确定反磁化过程中样品磁化强度为零时所对应的磁场值。该方法虽然简单，但只能逐点测量，每次改变退磁电流值，都需要进行一次抛移。

7.6.3 工业快速测量

实际工业生产中，永磁体元件品种丰富，数量成千上万。在性能检测中，不可能对每个磁体都检定出剩磁 B_r、矫顽力 H_C 和最大磁能积 $(BH)_{max}$ 三个参数。多数时候只需要将磁体的性能与标准样做比对，进行快速测量。快速的比对测量的方法很多，这里简单介绍常用的两种。

7.6.3.1 磁通计法

图 7.57 采用磁通计法快速测定磁体的性能。根据被测永磁体元件的形状尺寸以及被测试的部位，设计制作合适的测定磁路，绕制适当尺寸和匝数的测试线圈，连接磁通计与测试线圈，校准。在测试磁路中加载被测样品，在磁通表中得出总磁通值，与标样进行对比判定被测样品是否合格或判定样品性能等级。实际检测中，可应用该原理根据实际情况进行适当变通。

7.6.3.2 霍尔效应法

图 7.58 采用霍尔效应法快速测定磁体的性能。根据被测永磁体元件的形状尺寸以及被测试的部位，设计制作合适的测定磁路。将霍尔探头固定在磁轭间隙中，将待测磁体固定在另外一端的磁轭间隙上。将霍尔效应器件测量值与标样进行对比判定被测样品是否合格或判定样品性能等级。实际检测中，可应用该原理根据实际情况进行适当变通。

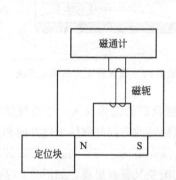

图 7.57 磁通计法快速测定磁体性能　　图 7.58 霍尔效应法快速测定磁体性能

7.7 小尺寸磁体的磁性测量

前节描述的软磁材料、永磁材料的直流磁性能测试方法，通常针对具有规则形状的较大尺寸磁体。在科学实验中合成的磁性样品，在形状上通常为粉末、薄膜或不规则形状，样品的量比较少，只有几毫克，甚至更少。在类似情况下，无法采用前节方法对这类样品进行磁测量。对于这类样品，通常采用振动样品磁强计（VSM）和超导量子干涉仪（SQUID）等仪器进行磁性测量。绝大多数样品可以选择 VSM 进行磁性测量；若样品磁性弱，或需要测量精度高，或需要高饱和磁化场，则选择 SQUID 进行磁性测量。测试原理在第 6 章已经详细描述，这里以最常见的 VSM 为例简单介绍其测试方法。

振动样品磁强计最初是由 Foner 提出的，他对磁强计的原理、结构、探测线圈等都作了详细地论述。磁化的样品受迫振动，附近的感应线圈因连续的磁通变化而产生交变电压，在振动频率、幅值确定的情况下，感应电压与样品磁矩成正比。相对样品振动频率，均匀的磁化场可看成稳恒磁场，对感应线圈的信号没有影响。这是振动样品磁强计的测试原理。

测量磁化曲线和磁滞回线仪时，外加磁场相对于时间作连续的变化更有利于获得样品磁矩与磁化场的对应关系。在 VSM 测试中，为了获得较高的信噪比，必须对线圈感生电压信号进行积分和信号处理，以获得更准确的磁矩，这通常要花费 1s 或更长的时间。因此，通常将磁场设置为阶跃变化，每一步阶跃过后系统对磁矩进行测量和计算。由于磁性材料的非线性磁化特性，阶跃磁场的变化幅度都应相同，以获得均一的磁矩分辨率。通过霍尔片测得间隙磁场强度与设定磁场进行实时反馈比对，提高磁场精度。

大多数 VSM 使用电磁铁作为磁场源，在磁极间放置振动样品杆、霍尔探头、检测线圈，因此磁化场受到限制，一般最大磁场在 2T 左右。该磁化场无法将稀土永磁等高内禀矫顽力材料饱和磁化。为获得更高的磁场，在 VSM 系统中广泛应用的是超导螺线管线圈。超导螺线管是用超导电缆在龙骨上饶制而成的。NbTi 材料制成的超导电缆在液氦的沸点是能够产生 9T 左右的磁场，而 Nb_3Sn 材料可以获得高达 20T 的最大磁场。在这类 VSM 装置中，超导螺线管始终浸在液氦当中。被测样品则置于一个可变温度容器内，容器位于螺线管的孔心内。

为了保证测量结果的准确度，样品大多做成小球。对于 VSM 开路测量来说，球形样品可以保证各个部位磁化的均匀性，并且可以精确进行退磁场修正。圆柱体、块体等其他形状的样品，甚至不规则形状样品，也都可以进行 VSM 开路测量。只需要根据样品形状参数查阅相关资料获得退磁因子，并进行退磁修正即可。

因此可以看出，VSM 开路测量的优势是对样品的形状不做严格要求，各种闭路方法无法测量的样品形状，只要设法进行合适的退磁修正，都能够有效测得样品的磁特性。

适合使用 VSM 进行测试的材料包括：铁磁材料、亚铁磁材料、反磁性材料、顺磁材料和抗铁磁材料。VSM 适用于块状、粉末、薄片、单晶和液体等多种形状和形态的材料，能够在不同的环境下得到被测材料的多种磁特性。通过 VSM 可以得到磁化曲线、B-H 曲线、M-H 曲线，分析得到磁滞回线上的各参数，还可以测量磁各向异性。如果配备有低温罐或高温炉附件，还可以测量材料的 M-T 曲线等变温磁特性。

以中国计量大学磁学实验室的 LakeShore 7407 型振动样品磁强计（图 7.59）为例进行介绍：室温最大磁场强度为 2.1T，变温最大磁场强度为 1.5T；测试温度范围：高温附件为室温至 1273K，低温附件为 80K 至 425K；仪器灵敏度为 5×10^{-7}emu。

图 7.60 给出了使用 LakeShore 7407 型振动　　图 7.59　LakeShore 7407 型振动样品磁强计

第 7 章　磁性材料直流磁特性的测量

样品磁强计测量的 $Fe_{16}N_2$ 磁性纳米粒子的室温磁滞回线。图 7.61 给出了使用 LakeShore 7407 型振动样品磁强计测量的 $Fe_{16}N_2$ 磁性纳米粒子的 M-T 曲线。

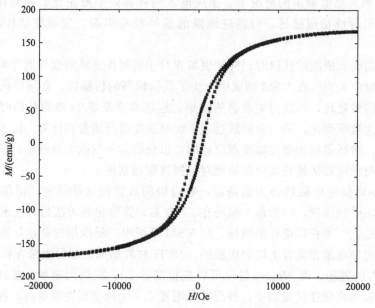

图 7.60　$Fe_{16}N_2$ 磁性纳米粒子的室温磁滞回线

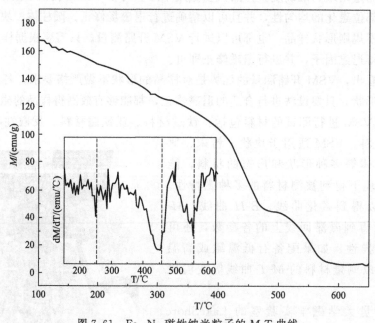

图 7.61　$Fe_{16}N_2$ 磁性纳米粒子的 M-T 曲线

习　题

1. 简述布洛赫壁与奈尔壁的异同。

2.磁畴是如何产生的？如何对磁畴进行观测？

3.简述磁性材料的技术磁化过程与反磁化过程。

4.软磁材料的闭路直流磁测量与开路直流磁测量有何异同？

5.永磁材料的闭路磁测量与开路磁测量有何异同？

6.粉末磁性样品的磁性能应选择何种测试方法？为什么？

第8章 磁性材料交流磁特性的测量

磁性材料在交变磁场中所表现出的磁特性，即交流磁特性（或动态磁特性）。尽管磁性材料交流磁特性的测量不仅与材料本身的磁性有关，还与样品的几何形状、电学性质、磁场的频率、幅度、波形等因素有关，与静态磁特性的测量有很大不同。

8.1 交流磁化过程

第7章讨论的磁化过程，是在磁场恒定的情况下，样品从一个稳定磁化状态转变到新的平衡状态。它不考虑建立新的平衡过程的时间问题，因此可以称之为直流磁化过程，或静态磁化过程。在直流磁化过程中也会因不可逆磁化出现磁滞现象，其每个磁化状态都处于亚稳定状态，并且磁化状态不随时间改变。而许多磁性材料，如硅钢片、坡莫合金、Ni-Zn铁氧体等，需要在交变磁场中使用，因此需要考虑磁化的时间问题。本节就从交流磁滞回线出发，考察铁磁体的交流磁化过程。

铁磁体在周期性变化的交变磁场中时，其磁化强度也周期性地反复变化，构成交流磁滞回线。交流磁滞回线和静态磁场中的磁滞回线有相似之处，也存在一定的差别。在相同的磁场强度范围内，交流磁滞回线的面积比静态磁滞回线要大一些。这是因为磁滞回线的面积等于磁化一周所损耗的能量。在静态磁场下，材料内的损耗仅为磁滞损耗；而在交变磁场下，材料内除了磁滞损耗以外，还存在涡流损耗和剩余损耗等。

在频率不变的情况下，改变交变磁场的磁化强度大小对磁性材料进行磁化，可以得到一系列不同的交流磁滞回线。这些交流磁滞回线的顶点（B_m，H_m）连线称为交流磁化曲线。根据定义，在交流磁化曲线上任一点的磁通密度 B_m 和磁场强度 H_m 的比值，为振幅磁导率，即：$\mu_a = B_m / \mu_0 H_m$。

图 8.1 为在交变磁场下测得的铁磁体交流磁滞回线和交流磁化曲线。其中，最大的回线为交流饱和磁滞回线，B_S 和 H_S 则为饱和状态下饱和磁通密度和相应的磁场强度，B_r 和 H_C 为剩余磁通密度和矫顽力。

交流磁滞回线的形状与交变磁场的峰值 H_m 以及频率有关。实验表明，当交变磁场强度减小或增加交变磁场频率时，交流磁滞回线的形状将逐渐趋近于椭圆。图 8.2 是厚度为 $50 \mu m$ 的钼-坡莫合金片在三种不同频率下的交流磁滞回线。可以看出，随着频率的增大，交流磁滞回线逐渐变为椭圆形状。因此对于弱场高频条件，可以采用椭圆形状来近似地表示铁磁材料的交流磁滞回线，如图 8.3 所示。假定交变磁场 H 呈正弦周期性变化，则相应的

磁通密度 B 也呈正弦周期性变化，但在时间上 B 要落后 H 一个相位角 δ。它们的数学表达式为：

$$H = H_m \sin\omega t$$
$$B = B_m \sin(\omega t - \delta)$$

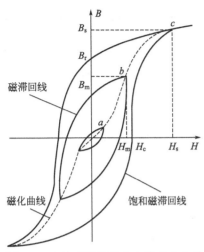

图 8.1　交流磁滞回线和交流磁化曲线

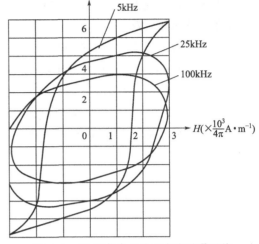

图 8.2　钼-坡莫合金片的交流磁滞回线

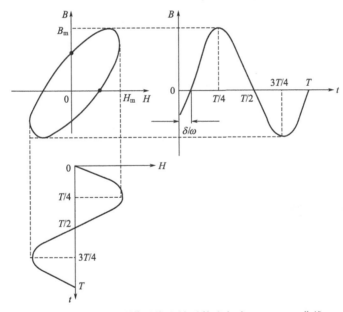

图 8.3　椭圆交流磁滞回线和铁磁体中相应 $B\text{-}t$、$H\text{-}t$ 曲线

　　上述磁化落后磁场变化的现象，称为磁化的时间效应。磁化的时间效应表现为以下几种不同的现象。

　　（1）磁滞现象　由于不可逆磁化，在直流磁化过程中也存在磁滞现象，但磁化不随时间变化。交变磁场中的磁化是动态过程，有时间效应。

　　（2）涡流效应　交流磁化过程中，铁磁材料内部会形成涡流。涡流的产生将抵抗磁通密度的变化，从而使磁化产生时间滞后效应。

227

（3）磁导率的频散和吸收现象　在交变磁场中，铁磁材料内的畴壁位移或磁畴转动受到各种不同性质的阻尼作用，导致材料的复数磁导率随磁场频率变化，称之为频散和吸收现象。

（4）磁后效　当外加磁场 H 发生突变时，相应的磁通密度 B 的变化需经过一定的时间才能稳定下来。这种现象是由于磁化过程本身或热起伏的影响，引起材料内部磁结构或晶体结构的变化，称为磁后效。

对铁磁性材料施加 $H=H_1$ 的磁场，对应地材料的磁化强度为 $M=M_1$。在 $t=t_1$ 时刻，突然将磁场变化到 $H=H_2$，这时磁化强度也随即产生变化 M_2，并在一段时间内有个追加的变化 $M_i(t)$，如图 8.4 所示。$M_i(t)$ 可表示为：

$$M_i(t)=M_{i_0}(1-e^{-t/\tau})$$

式中，M_{i_0} 表示从 $t=0$ 到 $t\rightarrow\infty$ 的磁化强度变化；τ 为单一弛豫时间。

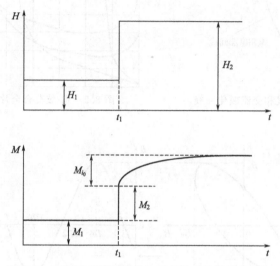

图 8.4　磁场随时间的改变及相应的磁化强度的改变

在交变磁场中，以上四种现象都将引起铁磁材料的能量损耗。

8.2　交流磁参数

在第 4 章中讨论的磁损耗和直流偏置都属于交流磁特性参数。除此之外，复数磁导率、磁谱、截止频率等也都是非常重要的交流磁特性参数，本节将逐一介绍。

8.2.1　复数磁导率 $\tilde{\mu}$

当铁磁体内存在磁场时，磁体被磁化。对于不同的材料，其磁化的难易程度不同，通常用磁导率 μ 来表示材料的这种性质。在稳恒磁场中，材料的磁导率是实数。在交变磁场中，由于磁通密度 B 落后于磁场 H 的变化，即 B 与 H 存在相位差，所以磁导率要用复数来表示。引入复数磁导率的好处是，可以同时反映 B 和 H 间的振幅和相位关系。

磁场 H 和磁通密度 B 用复数表示为：

$$\tilde{H}=H_m e^{i\omega t} \tag{8.1}$$

$$\widetilde{B} = B_m e^{i(\omega t - \delta)} \qquad (8.2)$$

复数磁导率 $\widetilde{\mu}$ 可表示为:

$$\widetilde{\mu} = \frac{\widetilde{B}}{\mu_0 \widetilde{H}} = \frac{B_m e^{i(\omega t - \delta)}}{\mu_0 H_m e^{i\omega t}} = \frac{B_m}{\mu_0 H_m} e^{-i\delta}$$

$$= \frac{B_m}{\mu_0 H_m} \cos\delta - i \frac{B_m}{\mu_0 H_m} \sin\delta$$

$$= \mu_m \cos\delta - i\mu_m \sin\delta$$

$$= \mu' - i\mu'' \qquad (8.3)$$

式中

$$\mu' = \frac{B_m}{\mu_0 H_m} \cos\delta = \mu_m \cos\delta \qquad (8.4)$$

$$\mu'' = \frac{B_m}{\mu_0 H_m} \sin\delta = \mu_m \sin\delta \qquad (8.5)$$

μ' 是铁磁材料复数磁导率的实数部分,它代表单位体积铁磁材料中的磁能存储 $\frac{1}{2}\mu_0\mu'H_m^2$;

μ'' 是铁磁材料复数磁导率的虚数部分,它代表单位体积铁磁材料在交变磁场中每磁化一周的磁能损耗 $\pi\mu_0\mu''H_m^2$;δ 为磁通密度 B 落后于 H 的位相,称为损耗角。

复数磁导率的矢量图解,如图8.5所示。由复数磁导率 $\widetilde{\mu} = \mu' - i\mu''$ 可得出相应的复数磁化率 $\widetilde{\chi} = \chi' - i\chi''$。由关系 $\mu = 1 + \chi$ 可推得:

$$\mu' = 1 + \chi' \qquad (8.6)$$

$$\mu'' = \chi'' \qquad (8.7)$$

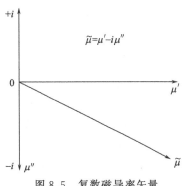

图8.5 复数磁导率矢量

复数磁导率的 μ' 和 μ'' 可以通过交流电桥法进行测量。

如图8.6为绕有线圈的环状铁磁样品,样品截面积为 S,平均周长为 l,样品上绕有 N 匝线圈。它可以等效由电阻 R 和电感 L 串联而形成的电路,如图8.7所示。

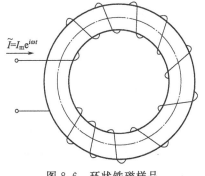

图8.6 环状铁磁样品

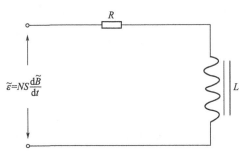

图8.7 环状样品的等效模拟电路

当有交变电流 $\widetilde{I} = I_m e^{i\omega t}$ 通过环状样品绕组时,在样品内产生的磁场强度为:

$$\widetilde{H} = \frac{N}{l} \widetilde{I} \qquad (8.8)$$

则，

$$\widetilde{B} = \mu_0 \widetilde{\mu} \widetilde{H} = \mu_0 \widetilde{\mu} \frac{N}{l} \widetilde{I} \qquad (8.9)$$

$$\frac{\mathrm{d}\widetilde{B}}{\mathrm{d}t} = \mu_0 \widetilde{\mu} \frac{N}{l} \frac{\mathrm{d}\widetilde{I}}{\mathrm{d}t} = \mu_0 \widetilde{\mu} \frac{N}{l} i\omega \widetilde{I} \qquad (8.10)$$

交变电流将在线圈上产生感应电动势 $\widetilde{\varepsilon}$，有：

$$\widetilde{\varepsilon} = NS \frac{\mathrm{d}\widetilde{B}}{\mathrm{d}t} = \frac{N^2 S \mu_0}{l} (\mu'' + i\mu') \omega \widetilde{I} \qquad (8.11)$$

由欧姆定律知，在图 8.7 中的等效电路中 $\widetilde{\varepsilon} = (R + i\omega L) \widetilde{I}$，即：

$$\frac{N^2 S \mu_0}{l} (\mu'' + i\mu') \omega \widetilde{I} = (R + i\omega L) \widetilde{I} \qquad (8.12)$$

由式(8.12) 可以得出：

$$\mu' = \frac{L}{L_0} \qquad (8.13)$$

$$\mu'' = \frac{R}{\omega L_0} \qquad (8.14)$$

式中，$L_0 = \frac{N^2 S \mu_0}{l}$ 为环形线圈常数。于是，只要测出图 8.7 中等效电路的 R 和 L 值，计算出环形线圈常数 L_0，就可以得到复数磁导率 μ' 和 μ''。

8.2.2　磁谱和截止频率

磁谱是指铁磁体在交变磁场中的复数磁导率的实部 μ' 和虚部 μ'' 随频率变化的关系曲线。在材料的磁谱曲线上，μ' 下降到初始值的一半或 μ'' 达到极大值时所对应的频率称为该材料的截止频率 f_r。图 8.8 给出了磁谱曲线的一般形状以及相应的截止频率 f_r。

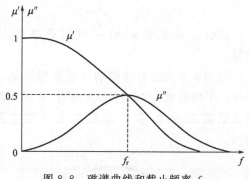

图 8.8　磁谱曲线和截止频率 f_r

材料的截止频率 f_r 给出了磁性材料能够正常工作的频率范围。当 $f < f_r$ 时，μ' 随 f 的增大而减小，μ'' 随 f 的增大而增大，即随着材料的使用频率的增大，其产生的损耗增加；当 $f = f_r$ 时，μ'' 达到最大值 $\mu''_{\max}$，损耗最大，此时材料无法使用，该材料做成的器件更是不能工作。所以一般软磁铁氧体的工作频率 f 应选择低于它的截止频率 f_r。

材料的截止频率 f_r 与起始磁导率 μ_i 有密切的关系。一般而言，材料的 μ_i 越低，其 f_r 越高，使用的工作频率 f 也相应提高。因此，要提高材料的高频应用范围，降低材料的起始磁导率 μ_i 是一个有效的手段。

表 8.1 列出了几种软磁材料的起始磁导率 μ_i、工作频率 f 和截止频率 f_r 值。

表 8.1　几种软磁材料的起始磁导率 μ_i、工作频率 f 和截止频率 f_r 特性

特性参数	材料种类					
	MnZn-2000	MnZn-800	NiZn-400	NiZn-60	$NiFe_2O_4$	Co_2Z
起始磁导率/μ_i	1500～2400	600～1000	300～500	48～72	11	12
工作频率 f/MHz	0.5	1	2	25	50	300
截止频率 f_r/MHz	2.5	6	8	150	200	1500

图 8.9 所示的磁谱为铁氧体材料的一般磁谱形状，在不同频率范围内具有不同的特征和磁谱机理，具体可以分为 5 个波段。

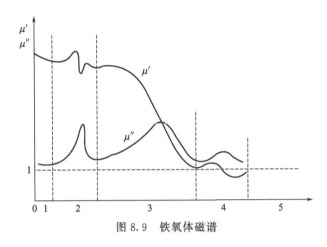

图 8.9　铁氧体磁谱

（1）低频区域（$f < 10^4$ Hz）　在低频区域，磁导率实部较高，虚部较低，而且随着频率的变化较小，损耗机理主要是磁滞损耗和剩余损耗，两种损耗具体比例和材料有关。

（2）中频区域（$f < 10^6$ Hz）　在中频区域，磁导率依然实部较高，虚部较低，而且随着频率的变化较小，但是由于尺寸共振、磁力共振等引起损耗会突然增大，出现磁导率虚部的峰值。尺寸共振描述的是当交变磁场的电磁波的半波长与铁氧体的横向尺寸相近时产生驻波，从而产生共振的现象。磁力共振描述的是当交变磁场的频率和样品机械振动的固有频率一致时，由磁致伸缩引起机械振动的共振。

（3）高频区域（$f < 10^8$ Hz）　在高频区域，由于畴壁共振或者弛豫，磁导率实部快速下降，虚部快速增大，且出现共振峰。

（4）超高频区域（$f < 10^{10}$ Hz）　在超频区域，由于出现自然共振，磁导率实部继续下降，且可能小于 1，且虚部出现共振。畴壁共振和自然共振两个区域不一定截然分开，可能会出现重叠。

（5）极高频区域（$f > 10^{10}$ Hz）　在极高频区域，主要为自然交换共振频率，实验观察尚不多。

8.2.3　品质因数

Q 值是反映软磁材料在交变磁化时能量的储存和损耗的性能。下面用图 8.7 中的等效电路来说明 Q 值所表示的物理意义。

忽略线圈自身的电阻，并设电感 L 为理想的电感元件。电阻 R 在样品交流磁化过程中产生磁损耗，电感 L 则具有能量存储的作用。当线圈中通过电流 $I = I_m e^{i\omega t}$ 时，便有能量的损耗和存储。单位时间在电感中储存的能量为：

$$W_L = \frac{1}{2} f L I_m^2 \tag{8.15}$$

单位时间在电阻中能量的损耗为：

$$W_R = \frac{1}{2} R I_m^2 \tag{8.16}$$

Q 表示软磁材料在交变磁化时，能量的贮存和能量的损耗之比。因此有：

$$Q = 2\pi \frac{W_L}{W_R} = \frac{\omega L}{R} \tag{8.17}$$

由式（8.13）和式（8.14）得：

$$\frac{\mu'}{\mu''} = \frac{\omega L}{R} \tag{8.18}$$

于是有：

$$Q = \frac{\mu'}{\mu''} \tag{8.19}$$

可以看出，软磁材料的 Q 值是复数磁导率的实部 μ' 和虚部 μ'' 之比。因此 Q 值是表征铁磁样品交变磁性的重要物理量。

软磁材料的 Q 值可以用交流电桥或 Q 表测量得到。

8.2.4　损耗因子

损耗角的正切 $\tan\delta$ 称为材料的损耗因子。由式（8.4）和式（8.5）直接相除得到损耗因子 $\tan\delta$：

$$\tan\delta = \frac{\mu''}{\mu'} \tag{8.20}$$

因此，损耗因子可以定义为复数磁导率的虚部与实部的比值，其物理意义为铁磁材料在交变磁化过程中能量的损耗与储存之比。

可以发现损耗因子 $\tan\delta$ 与 Q 值互为倒数关系，即：

$$\tan\delta = \frac{1}{Q} \tag{8.21}$$

$\tan\delta$ 是表征材料交变磁性的物理量，可以通过交流电桥、Q 表、测量位相差 δ 或测量磁损耗的方法得到。

8.2.5　$\mu'Q$ 积

对于软磁材料来说，总是希望材料的 Q 值越高越好，μ' 值越大越好。因此，通常用 μ' 和 Q 的乘积 $\mu'Q$ 来表征软磁材料的技术指标。因为 $\tan\delta = 1/Q$，因此常用比损耗系数 $\tan\delta/\mu'$ 来表征软磁材料相对损耗的大小，并且有：

$$\frac{\tan\delta}{\mu'} = \frac{1}{\mu'Q} \tag{8.22}$$

软磁材料 $\tan\delta/\mu'$ 的大小，随使用频率的不同而变化。

当材料作为器件使用时，通常采用开气隙的方法来提高器件的 Q 值。开气隙以后，器件的 Q 值增加，μ' 值却降低了，但 $\mu'Q$ 乘积与开气隙前相同，保持为一个常量，即

$$\mu'_{\text{开}}Q_{\text{开}}=\mu'_{\text{材}}Q_{\text{材}}=\text{常数} \tag{8.23}$$

式(8.23)称为斯诺克公式。

8.3 交流磁滞回线的测量

软磁材料交流磁滞回线测量的一般原理为：采用 RC 积分法，同步自动处理记录磁通密度随磁场强度的变化，得出磁滞回线。

图 8.10 给出了用于交流磁滞回线测量的 RC 积分法电路原理。图中，样品的磁化绕组 N_1 通过无感分流电阻 R_H 连接到功率放大器的输出端。测出分流电阻 R_H 上的电压为 U_R，经增益放大后变为 U_H 则样品中的磁场强度 H 为

$$H=\frac{n_1 I}{l}=\frac{n_1}{lR_H}U_R \propto U_H \tag{8.24}$$

式中，n_1 为磁化绕组 N_1 的线圈匝数；l 为磁环平均磁路长度。因此，样品的磁场强度 H 与电压 U_H 成正比。

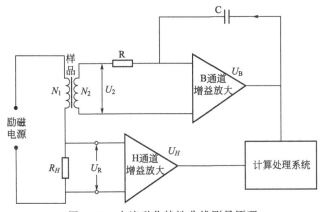

图 8.10 交流磁化特性曲线测量原理

样品测量绕组 N_2 上的感应电压 U_2 为

$$U_2=n_2 S \frac{\mathrm{d}B}{\mathrm{d}t} \tag{8.25}$$

式中，n_2 为测量绕组 N_2 的线圈匝数；S 为磁环横截面积。

又

$$U_2=iR$$

因此，

$$n_2 S \frac{\mathrm{d}B}{\mathrm{d}t}=iR$$

$$B=\frac{R}{n_2 S}\int i\,\mathrm{d}t=\frac{R}{n_2 S}CU_B \tag{8.26}$$

因此，样品的磁通密度 B 与电压 U_B 成正比。

调整励磁信号大小及频率，同步记录磁场强度 H 和磁通密度 B 值，得到样品的交流磁

滞回线。

8.4 交流磁化曲线的测量

伏安法是测量交流磁化特性的一种最简单、经典的方法，至今 GB/T 3658—2008、GB/T 19346.1—2017 仍将其作为环状软磁材料、非晶纳米晶软磁合金的交流测试标准来使用。以环形样品为例，图 8.11 给出了测试电路原理。测试系统包括交流电源、频率计、电流表、初级绕组 N_1、次级绕组 N_2、电压表和示波器等。次级绕组上的并联的电压表通常有两个：一个电压表测量电压有效值；另一个电压表测量整流后的平均值。

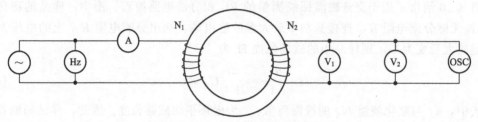

图 8.11　伏安法测试电路原理

在环形被测样品上绕组上接入交流电源后，在样品中产生均匀的交变磁场。通过有效电流表测出有效电流 $\tilde{I}$，或通过峰值电流表测出峰值电流 I_m，通常有 $I_m = \sqrt{2}\,\tilde{I}$。因此，峰值磁场强度 H_m 为

$$H_m = \frac{n_1}{l}I_m$$

式中，n_1 为初级绕组匝数；l 为磁路长度。

通过平均值电压表求出次级绕组电压平均值 $\overline{|U_2|}$，其与磁感应密度峰值 B_m 存在关系

$$\overline{|U_2|} = 4fSn_2 B_m \tag{8.27}$$

式中，f 为频率；S 为样品横截面积；n_2 为次级绕组匝数。因此，可以通过平均值电压表直接给出磁感应密度峰值 B_m。

根据磁场强度 H_m 和磁通密度峰值 B_m，可求出相对幅值磁导率 μ_a 为

$$\mu_a = \frac{B_m}{H_m} \tag{8.28}$$

在交流测试过程中，逐渐增大磁化电流，可测出一系列与电流值相对应的磁场强度峰值 H_m 和磁通密度峰值 B_m，从而绘出交流磁化曲线。

在测量过程中，可以采用不同的方法，如有效值电路表法、标准互感器法、峰值电压表法等。现在软磁交流磁化曲线都是测量设备自动给出，将采样后的信号经峰值整流后得到磁场强度 H_m 和磁通密度峰值 B_m 值，同步得出交流磁化曲线。

8.5 损耗测量

8.5.1 功率表法

交流测试样品可连接功率表进行损耗测试。图 8.12 给出了功率表法的测试电路。系统

包括交流电源、频率计、电流表、样品、初级线圈、次级线圈、功率表、平均值电压表和有效值电压表等。

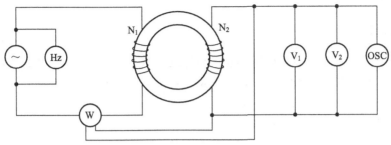

图 8.12　功率表法的测试电路原理

功率测量时，缓慢增加电源的输出，直到平均值电压表读数达到预定值 $\overline{|U_2|}$。根据式(8.27)，预定值 $\overline{|U_2|}$ 与样品磁通密度峰值 B_m 呈线性关系，因此，可根据所需的 B_m 值确定平均值电压表预定值 $\overline{|U_2|}$。记录两个电压表的测量值，记录功率表的测量值 P_m。

功率表测量值 P_m 还包含了次级回路中的仪表损耗，因此试样的损耗 P_C 为

$$P_C = \frac{n_1}{n_2} P_m - \frac{(1.111\overline{|U_2|})^2}{R_i} \tag{8.29}$$

式中，n_2 为次级线圈匝数；R_i 是次级回路仪表的总电阻值；$\dfrac{(1.111\overline{|U_2|})^2}{R_i}$ 为仪表损耗近似值。

试样的比损耗 P_s 为损耗值 P_C 除以试样质量 m，有

$$P_s = \frac{P_C}{m} \tag{8.30}$$

8.5.2　有效值法

图 8.13 给出了有效值法测量损耗的电路原理示意。待测样品上绕有三个绕组线圈：N_1 为励磁绕组，N_2 为感应电压绕组；N_3 为测量绕组。V_1 和 V_B 分别为有效值电压表和平均值电压表。通过开关 K 切换（由 a 到 b 或由 b 到 a）可测量 N_3 绕组上的电压与电阻上电压之和 U_1 和它们的电压之差 U_2。样品的总功耗为线圈两端电压与通过它的电流乘积的时间平均值，在数值上总功耗 P 与 U_1 和 U_2 的平方差成正比，有

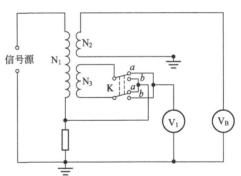

图 8.13　有效值法测量损耗的电路原理

$$P = \frac{|U_1^2 - U_2^2|}{4\left(\dfrac{n_3}{n_1}\right)R} \tag{8.31}$$

式中，n_3 为测量绕组 N_3 的线圈匝数；n_1 为励磁绕组 N_1 的线圈匝数。

测试之前，利用公式 $\overline{|U_B|} = 4fSn_2B_m$，根据样品所需的 B_m 值，计算出平均值电压

表的值 $\overline{|U_B|}$。测试时，首先调节信号源输出，使平均值电压表 V_B 显示值为计算值 $\overline{|U_B|}$。此时，在有效值电压表上读取 U_1 值，切换开关 K 至另外位置读取 U_2 值。整个过程需要快速操作，以避免样品发热。将读取的 U_1 和 U_2 值代入式(8.31) 即可求出样品功耗 P。

8.5.3 乘积法

乘积法的基本原理是样品功耗等于电压和电流的乘积。图 8.14 给出了乘积法的基本电路图。图中 N_1 为励磁电流绕组，N_2 为电压测量绕组，N_P 既是励磁电流绕组也是电压测量绕组，CP 为 7.5.1 中介绍的 Rogowski-Chattock 线圈，用来测量电流。U_a 的电压值与励磁电流成正比，U_b 的电压值与样品的磁通密度成正比。

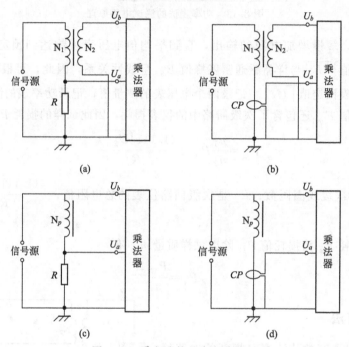

图 8.14　乘积法的基本电路原理

通过时域或频域技术的模拟、数字转换或混合的方法，可采用以下几种方法获取 U_a、U_b 值并做乘积处理。

8.5.3.1　伏特-安培-瓦特表法

该方法是采用伏特-安培-瓦特表做乘法器处理 U_a 和 U_b 电压的乘积，给出与样品功耗 P 成比例的瞬间电压乘积平均值，有

$$P = \overline{u \cdot i} = ka \tag{8.32}$$

式中，$\overline{ui}$ 为样品功耗瞬时平均值；k 为仪器常数；a 为读数。

伏特-安培-瓦特表法适用的励磁波形为正弦波。

8.5.3.2　阻抗分析仪法

阻抗分析仪也称数字阻抗电桥或 LCR 表。其假定环形试样在电学上等同于一个电感和电阻的并联电路，可通过电感计算磁导率，通过电阻计算损耗值。根据测量条件不同，电桥分为很多种。参照标准 GB/T 3658—2008，这里列出修正海氏电桥（图 8.15）的基本电路。

阻抗分析仪法是采用阻抗分析仪做乘法器。在基波频率下，测定与磁通密度和磁场强度

磁性材料与磁测量

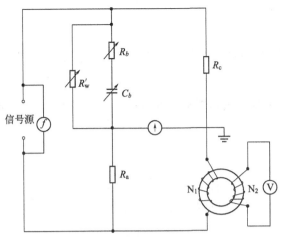

图 8.15　修正海氏电桥的电路原理

有关的电压矢量分量，计算出与样品有关的并联电阻值 R_P，得出样品功耗 P，有

$$P = \frac{\widetilde{U}^2}{R_P} \tag{8.33}$$

式中，$\widetilde{U}^2$ 为励磁线圈两端电压的有效值。

阻抗分析仪法适用的励磁波形为正弦波。

8.5.3.3　矢量谱法

矢量谱法是用网络矢量分析仪测试 U_a 和 U_b 信号的基波电压和谐波电压的有效值 U_{ak} 和 U_{bk}，同时测量这些电压间的相位角 φ_k，式中 k 是指第 k 次谐波数（$k = 1，2，3，\cdots$）。则样品的功耗 P 为

$$P = a \cdot \sum_k (U_{ak} \cdot U_{bk} \cdot \cos\varphi_k) \tag{8.34}$$

式中，a 为比例常数，与线路分布有关。

矢量谱法适用于任意励磁波形。

8.5.3.4　模拟数字法

乘法器中的模拟数字转换器将测量电压 $U_a(t)$ 和 $U_b(t)$ 采样转换成数据存储为 U_{ai} 和 U_{bi}，其中 i 是指采集的第 i 个信号样（$i = 1，2，3，\cdots，n$）。采样周期内，每个采样点 i 的瞬时功耗值与 $U_{ai} \cdot U_{bi}$ 成正比。试样的功耗值 P 为：

$$P = a \cdot \frac{1}{n} \sum_{i=1}^{n} (U_{ai} \cdot U_{bi}) \tag{8.35}$$

式中，a 为比例常数，与线路分布有关。

模拟数字法适用于任意励磁波形。

8.6　磁导率测量

8.6.1　起始磁导率

通过阻抗分析仪，测量样品的电感值 L，则可以计算得出样品的起始磁导率

237

$$\mu_i = \frac{C_1 L}{\mu_0 N^2} \tag{8.36}$$

式中，N 为测量线圈匝数；C_1 为磁心因数，$C_1 = \dfrac{2\pi}{h \ln(D/d)}$；$h$、$D$、$d$ 分别为样品的高度、外径和内径。

测量时，将样品测量线圈连接到阻抗分析仪，调节频率 f 和电压 U 到规定值，测量出样品的自感 L 值。根据式（8.34）计算出初始磁导率 μ_i。

8.6.2　有效磁导率

有效磁导率是表征软磁复合材料的交流磁性能的重要指标。

通过阻抗分析仪测量样品的电感值 L，则样品的有效磁导率为

$$\mu_e = \frac{l_m}{4\pi N^2 S} L \tag{8.37}$$

式中，L 的单位是 nH。

测量时，将样品测量线圈连接到阻抗分析仪，调节频率 f 和电压 U 到规定值，测量出样品的自感 L 值。根据式（8.37）计算出有效磁导率 μ_e。

8.6.3　复数磁导率

复数磁导率可通过两种方法测量：绕线测量法和短路同轴测试法

8.6.3.1　绕线测量法

在样品上均匀缠绕测试线圈，采用阻抗分析仪测量样品的自感 L 和等效电阻 R，可通过式（8.13）、式（8.14）计算样品复数磁导率 $\tilde{\mu}$ 的实部 μ' 和虚部 μ''。根据实部 μ' 和虚部 μ''，可直接计算出损耗因子 $\tan\delta$。

测量时，将样品测量线圈连接到测试仪器，调节频率 f 和电压 U 到规定值，测量样品的自感 L 和等效电阻 R，把测量值代入式（8.13）、式（8.14）可得出样品复数磁导率 $\tilde{\mu}$ 的实部 μ' 和虚部 μ'' 值，并进一步计算损耗因子 $\tan\delta$。根据不同频率下测量的 μ' 和虚部 μ'' 值，绘出 $\mu' \sim f$ 和 $\mu'' \sim f$ 曲线。

8.6.3.2　短路同轴测试法

该方法用阻抗分析仪进行测试。将待测样品放入图 8.16 所示短路同轴腔内，测量放入前后的自感之差和损耗电阻之差，再计算复数磁导率的 $\tilde{\mu}$ 的实部 μ' 和虚部 μ''，有

$$\mu' = 1 + \frac{(\Delta L) l_e}{\mu_0 S_e} \tag{8.38}$$

$$\mu'' = \frac{(\Delta R) l_e}{2\pi f \mu_0 S_e} \tag{8.39}$$

式中，l_e 为样品有效磁路长度；S_e 为样品有效横截面积；ΔL 为样品放入短路同轴腔前后的自感之差；ΔR 为样品放入短路同轴腔前后的损耗电阻之差。

测量时，将样品放入同轴夹具，调节频率 f 和电压 U 到规定值，测量样品的 ΔL、ΔR，把测量值代入式（8.38）、式（8.39）可得出样品复数磁导率 $\tilde{\mu}$ 的实部 μ' 和虚部 μ'' 值，并进一步计算损耗因子 $\tan\delta$。根据不同频率下测量的 μ' 和虚部 μ'' 值，绘出 μ'-f 和 μ''-f 曲线。

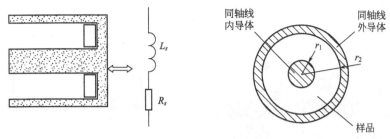

图 8.16　带样品的短路同轴腔结构

8.6.4　振幅磁导率

振幅磁导率的测量电路原理如图 8.17 所示。图中 V_R 为峰值电压表，用于测量电阻 R 上的电压，进而判断励磁电流值。V_B 为平均值电压表，用于测量磁通感应线圈的电压值，进而判断磁通密度值。

测量时，将样品测量线圈连接到测试仪器，调节频率 f 和电压 U 到规定值，用峰值电压表读取电阻 R 两端的峰值电压 U_R，则样品的振幅磁导率为

$$\mu_a = \frac{l_e}{4\mu_0 f n_1 n_2 S_e} \cdot \frac{U_B}{U_R}$$

所有利用图 8.17 电路原理的测试仪器都可以用来测量振幅磁导率。

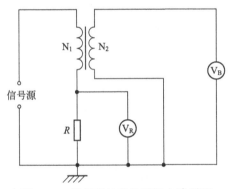

图 8.17　振幅磁导率的测量电路原理

8.7　电工钢的标准测量

电工硅钢在变压器行业有着广泛的应用，其在工频范围的损耗广受关注。

8.7.1　爱泼斯坦方圈

爱泼斯坦方圈因具有测试方便、无需临时绕制初级线圈和次级线圈、采用标准的测试方法方便性能比对等优点，因此成为经典的电工硅钢磁特性测试方法。

图 8.18 给出了爱泼斯坦方圈的实物图。图 8.19 给出了标准 25cm 爱泼斯坦方圈绕组和尺寸。早期的爱泼斯坦方圈是由 50cm 的方圈组成，后来改进为 25cm 方圈，并作为标准采用。爱泼斯坦方圈由四个线圈（包括初级线圈、次级线圈）组成，试样作为铁心插入其中，

形成一个空载的变压器。

图 8.18　爱泼斯坦方圈实物

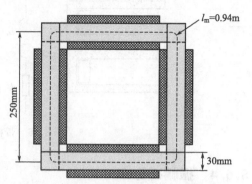

图 8.19　标准 25cm 爱泼斯坦方圈绕组和尺寸

4 个线圈中的每一个都应有 2 个绕组：初级绕组（励磁绕组）在外层；次级绕组感应电压绕组）在内层。绕组均匀分布在至少 190mm 的长度上，每个线圈的匝数应为总线圈匝数的四分之一。4 个线圈的各初级绕组相互串联连接，各次级绕组同样相互串联连接。

支撑线圈的绕组骨架由硬质绝缘材料制成，如酚醛树脂板。绕组骨架具有矩形横截面，其内部宽度为 32mm，推荐高度约为 10mm。线圈安装在一个绝缘的无磁性的底板上，形成一个方框。由样片的内缘形成的正方形边长为 220mm。

爱泼斯坦方圈还包含一个用于空气磁通补偿的互感线圈（包含初级绕组和次级绕组）。互感线圈放置在 4 个线圈所围平面的中心位置，其轴线与 4 个线圈轴线构成的平面相垂直。互感线圈的初级绕组应与爱泼斯坦方圈的初级绕组串联，互感线圈的次级绕组应与爱泼斯坦方圈的次级绕组反串联。

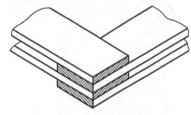

图 8.20　爱泼斯坦方圈试样
双搭接接头方式

爱泼斯坦方圈所测样品需按标准制备，尺寸应满足条件：宽度＝30mm，280mm≤长度≤320mm。样品数应是 4 的倍数。样品用双搭接接头方式装成一个方框，并形成长度和横截面积都相等的四束，如图 8.20 所示。闭合磁路的有效磁路长度 l_m 约定为 0.94m。待测试样的磁性有效质量 m_a 为

$$m_a = \frac{l_m}{4l}m \tag{8.40}$$

式中，m 为所有测试样品的总体质量；l 为样品长度。

爱泼斯坦方圈和功率表等测量仪器配合可测试样品的损耗。损耗测量的电路原理如图 8.21 所示。整个系统包括：交流电源、频率计、爱泼斯坦方圈、电流表、功率表、电压表等。

功率测量时，缓慢增加电源的输出，直到平均值电压表读数达到预定值 $\overline{|U_2|}$。预定值 $\overline{|U_2|}$ 通过样品测试所要求的磁极化强度求出

$$\overline{|U_2|} = 4fn_2 \frac{R_i}{R_i + R_t} S J_m \tag{8.41}$$

式中，f 为频率；n_2 是次级线圈匝数；R_i 是次级回路仪表的总电阻值；R_t 是次级绕组和互感的串联电阻；S 为试样的横截面积；J_m 是磁极化强度的峰值。横截面积 S 为

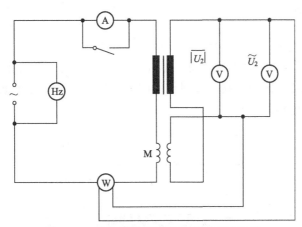

图 8.21　爱泼斯坦线圈损耗测试电路原理

$$S = \frac{V}{4l} = \frac{m}{4l\rho}$$

式中，V 为样品总体积；ρ 为试样材料密度。

将初级回路的电流表短路，然后记录功率表的读数 P_m。测量的功率值 P_m 包含了样品损耗 P_C 和次级回路中的仪表损耗。扣除仪表损耗后，试样的损耗 P_C 为

$$P_C = \frac{n_1}{n_2} P_m - \frac{(1.111\overline{|U_2|})^2}{R_i} \tag{8.42}$$

式中，n_1 为初级线圈匝数。

试样的比损耗 P_s 为损耗值 P_C 除以有效质量 m_a，有

$$P_s = \frac{P_C}{m_a} = \frac{P_C 4l}{ml_m} \tag{8.43}$$

除功率外，爱泼斯坦方圈还可以测量出磁场强度的有效值 $\widetilde{H}$、磁场强度峰值 H_m、磁极化强度峰值 J_m、比视在功率等参数。

磁场强度的有效值 $\widetilde{H}$ 可由与初级线圈串联的有效电流表测量的电流有效值 $\widetilde{I}$ 计算得出，有

$$\widetilde{H} = \frac{n_1}{l_m} \widetilde{I}$$

磁场强度峰值 H_m 由励磁电流的 I_m 峰值求出。通过峰值电压表测量初级回路上精密电阻 R 的电压 U_m，计算出励磁电流峰值 I_m。因此，磁场强度峰值 H_m 为：

$$H_m = \frac{n_1}{l_m} I_m = \frac{n_1}{Rl_m} U_m \tag{8.44}$$

磁极化强度峰值 J_m 可利用式(8.41)，通过平均值电压表读数 $\overline{|U_2|}$ 值求出。

样品的比视在功率 S_S 可以根据励磁电流的有效值和爱泼斯坦方圈次级电压的有效值，经计算得出，有：

$$S_S = \widetilde{I}\widetilde{U}_2 \frac{n_1}{n_2 m_a} = \frac{n_1 4l}{n_2 ml_m} \widetilde{I}\widetilde{U}_2 \tag{8.45}$$

241

8.7.2　单片测试仪

对于大片的电工硅钢，可以采用单片测试仪进行测试。

图 8.22 给出了单片测试仪结构示意。单片测试仪由磁轭、样品和线圈组成。两个相同的磁轭与样品一起组成了闭合回路。线圈包括两个部分：外部的初级绕组（励磁绕组）和内部的次级绕组（感应电压绕组）。

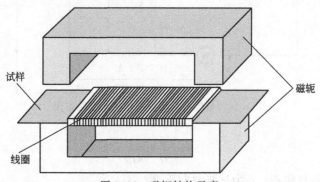

试样　　　　磁轭

线圈

图 8.22　磁轭结构示意

GB/T 13789—2008 规定磁轭由多片绝缘的取向硅钢或镍铁合金制成。在工作时，磁轭具有小磁阻、弱涡流和低损耗。图 8.23 给出了磁轭的典型结构尺寸。上部磁轭能上下移动，方便插入试样及闭合磁路。对于图示的磁轭结构，样品的长度应超过 500mm，宽度最大可以等于磁轭的宽度 500mm。在测试时，样品有效的磁路长度 l_m 约定为 450mm。

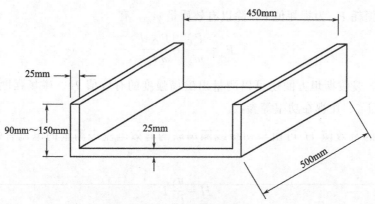

450mm

25mm

90mm～150mm　　25mm

500mm

图 8.23　磁轭的典型结构尺寸

通过互感线圈来补偿测量线圈与样品间的空气磁通。互感线圈的初级绕组与磁导计的初级绕组串联，而互感线圈的次级绕组与单片测试仪的次级绕组反串联。

图 8.24 给出了单片测试仪的测试电路原理。图中，V_1、V_2 分别为平均值电压表和有效值电压表，M 为互感线圈。

功率测量时，缓慢增加电源的输出，直到次级电压平均值达到预定值 $\overline{|U_2|}$。预定值 $\overline{|U_2|}$ 是根据式（8.41）和测试所要求的磁极化强度计算出。则样品的总损耗 P_C 为

$$P_C = \frac{n_1}{n_2} P_m - \frac{(1.111\overline{|U_2|})^2}{R_i} \tag{8.46}$$

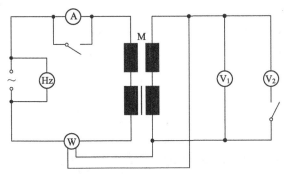

图 8.24　单片测试仪的测试电路原理

式中，P_m 为功率表读数；$\dfrac{(1.111\,\overline{|U_2|})^2}{R_i}$ 为次级回路仪表损耗。可以发现，单片测试仪的损耗计算公式与爱泼斯坦方圈的损耗公式是相同的。

试样的比损耗 P_s 为损耗值 P_C 除以有效质量 m_a，有

$$P_s = \frac{P_C}{m_a} = \frac{P_C l}{m l_m} \tag{8.47}$$

初级电流的有效值 $\widetilde{I}$ 可通过初级电路中有效值电流表测量得出。

初级电流的峰值 I_m 是通过峰值电压表测量初级回路上精密电阻 R 的电压 U_m 得出。

磁场强度的有效值 $\widetilde{H}$ 为

$$\widetilde{H} = \frac{n_1}{l_m} \widetilde{I} \tag{8.48}$$

磁场强度峰值 H_m 为

$$H_m = \frac{n_1}{l_m} I_m = \frac{n_1}{R l_m} U_m \tag{8.49}$$

磁极化强度峰值 J_m 可利用式(8.41)，通过平均值电压表读数 $\overline{|U_2|}$ 值求出。

样品的视在功率 S_S 可以根据励磁电流的有效值和爱泼斯坦方圈次级电压的有效值，经计算得出，有

$$S_S = \widetilde{I}\widetilde{U}_2 \frac{n_1}{n_2}$$

另外，近年非晶纳米晶合金因低功耗迅速占领部分工频市场。非晶纳米晶合金通常为带状，其性能检测也可以通过类似的方法进行测量。区别在于，非晶纳米晶带材厚度非常薄，面积也更窄，应该使用更小单片磁导计来测量。具体测试方法和装置要求可参考 GB/T 19345.1—2017。

习　　题

1. 简述软磁材料动态磁化过程和静态磁化过程的异同。

2. 磁性材料在动态磁化过程中的损耗有哪几种？简述各自的损耗机理。

3. 简述交流磁滞回线与磁化曲线的测量方法。

4. 思考电工钢与其他软磁材料为什么采用不同的交流磁特性测量方法。

第9章　磁性材料本征磁学量的测量

磁性材料的本征磁性参数主要有饱和磁化强度 M_S、居里温度 T_C、磁各向异性常数 K、磁致伸缩系数 λ_S 等。这些参数仅与材料的化学成分和晶体结构有关，而几乎与晶粒大小、取向以及应力分布等结构因素无关，因而这些参数被称为结构不灵敏参数。测量结构不灵敏参数，是研究与磁性材料的成分和晶体结构转变相关问题的重要手段，是研究自发磁化过程的基础，对指导科研与工业生产都具有重要的意义。

9.1　饱和磁化强度的测量

饱和磁化强度，是磁性材料在外加磁场中被磁化时所能达到的最大磁化强度。测量样品的饱和磁化强度 M_S 属于强磁场下的测量，样品需要在强磁场下磁化到饱和。由铁磁理论可知，当试样磁化到饱和时，其内部已不存在磁畴结构，整个样品相当于一个大磁畴。不同种类的磁性材料磁化到饱和所需的磁场强度有很大不同，所以测量前先要有一定的估计，然后选择适当的磁化方法。测量磁化强度的原理和方法很多，在前面章节已经详细介绍。本节主要讨论根据所测的磁化曲线获得饱和磁化强度 M_S 的方法。

铁磁性材料在高场的磁化行为可以用趋近饱和定律描述：

$$M_H = M_S\left(1 - \frac{a}{H} - \frac{b}{H^2} - \cdots\right) + \chi_p H \tag{9.1}$$

式中，a 和 b 分别是与技术磁化过程相关的常数；χ_p 为顺磁磁化率。式中最后一项代表顺磁磁化过程，由于 χ_p 为常数，该阶段 M_H-H 表现为线性关系，因此又称平行磁化阶段。由于顺磁磁化率非常小，除非特别强场情况下，该项通常可以忽略。

根据所测磁化曲线，利用公式(9.1)进行拟合，可以求出参数 a、b 以及饱和磁化强度 M_S 值。

在通常情况下，$\dfrac{b}{H^2}$ 和 $\chi_p H$ 项都非常小，因此可忽略不计。将上式进行简化处理后，饱和磁化强度 M_S 近似为

$$M_H = M_S\left(1 - \frac{a}{H}\right) \tag{9.2}$$

可以看出，M_H 和 $\dfrac{1}{H}$ 满足线性关系。采用测量数据，以 $\dfrac{1}{H}$ 为横坐标，M_H 为纵坐标，绘出

$M_{\mathrm{H}}-\dfrac{1}{H}$ 曲线，如图 9.1 所示。采用外推法找出该曲线与纵坐标的交点，即为饱和磁化强度 M_{S} 值。

上述拟合法和外推法都是根据磁化曲线获得饱和磁化强度 M_{S} 的常用方法。

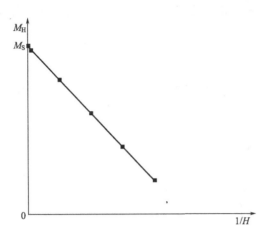

图 9.1　外推法求饱和磁化强度 M_{S}

9.2　居里温度的测量

磁性材料的磁特性随温度的变化而改变，当温度上升到某一温度时，铁磁性材料或亚铁磁性材料就由铁磁状态或亚铁磁状态转变为顺磁状态，这个温度就称为居里温度，以 T_{C} 表示。显然，一切能观测到磁性消失的装置，原则上都可用来测量居里温度。居里温度又是铁磁物质的二级相变点（磁有序—磁无序转变）温度，因此，能观测到二级相变点的装置也可用来测量居里温度。这里主要介绍三种常用的方法：$M_{\mathrm{S}}\text{-}T$ 曲线法、感应法和 $\mu_i\text{-}T$ 曲线法。

9.2.1　$M_{\mathrm{S}}\text{-}T$ 曲线法

从物质的磁性来看，M_{S} 只与物质的本征特性有关，因此通过测量 $M_{\mathrm{S}}\text{-}T$ 曲线而确定居里温度是最科学的方法。该方法通常也被称为 $M\text{-}T$ 曲线法。

铁磁性物质的 $M_{\mathrm{S}}\text{-}T$ 曲线表现为饱和磁化强度随温度的升高而逐渐降低，并在居里温度附近急剧下降。亚铁磁性物质的 $M_{\mathrm{S}}\text{-}T$ 曲线因次晶格而更为复杂（如图 3.29）。不管哪种类型的 $M_{\mathrm{S}}\text{-}T$ 曲线，都可以在居里温度附近曲线斜率最大点做直线外推，该外推直线与温度轴的交点即为居里温度 T_{C}。具体方法为：将 $M_{\mathrm{S}}\text{-}T$ 曲线（图 9.2）对 T 求导得到 $\dfrac{\mathrm{d}M}{\mathrm{d}T}\text{-}T$ 曲线（图 9.3），该曲线上的最低值对应的点即为 $M_{\mathrm{S}}\text{-}T$ 曲线上斜率最大处；在 $M_{\mathrm{S}}\text{-}T$ 曲线最大斜率处以该斜率

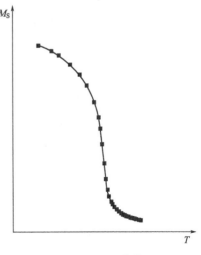

图 9.2　$M\text{-}T$ 曲线

做直线，该直线与温度轴的交点即可确定为居里温度 T_C（图9.4）。

在实际操作时，很多科研工作者有时也将 M_S-T 曲线上斜率最大的点对应的温度作为居里温度 T_C。

温度超过居里温度时，热扰动虽然破坏了铁磁长程有序，但在外场下的短程有序尚未完全消失，因此磁化强度并不会迅速降到零，而会在一定温度范围内缓慢降低。

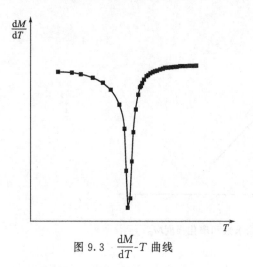
图9.3 $\dfrac{\mathrm{d}M}{\mathrm{d}T}$-$T$ 曲线

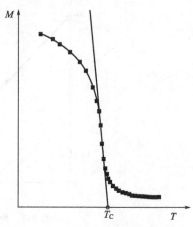
图9.4 M-T 曲线上确定居里温度 T_C

9.2.2 感应法

感应法是工程技术上磁性材料居里温度的一种快速测量方法。铁磁材料的居里温度可用任何一种交流电桥测量。电桥的种类很多，这里以 RL 电桥为例，如图9.5所示。待测样品形状为磁环。在测量时，通过测量信号输出端的电压 U 来判断样品的磁化状态。通过改变样品的测量温度，得到 U-T 曲线。通过 U-T 曲线，采用与 M-T 曲线类似的方法，在最大斜率处外推直线与温度轴相交，该交点对应温度即为居里温度 T_C。

9.2.3 μ_i-T 曲线法

当磁性材料在接近居里温度时，其起始磁导率 μ_i 达到极大值。利用这一性质，测量不同温度下的起始磁导率，绘出 μ_i-T 曲线，该曲线峰值所对应的温度即为居里温度 T_C。图9.6给出了利用 μ_i-T 求铁磁材料的居里温度 T_C 的方法。

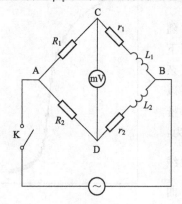
图9.5 U-T 曲线测量用 RL 电桥电路

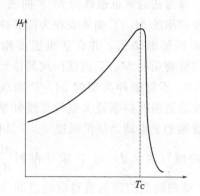
图9.6 利用 μ_i-T 曲线求铁磁材料的居里温度

9.3 磁晶各向异性常数的测量

9.3.1 磁晶各向异性

在测量单晶体的磁化曲线时，发现磁化曲线的形状与单晶体的晶轴方向有关。图9.7、图9.8和图9.9分别为铁、镍和钴单晶沿不同晶轴方向的磁化曲线。由图可见，磁化曲线随晶轴方向的不同而有所差别，即磁性随晶轴方向显示各向异性，这种现象称为磁晶各向异性。磁晶各向异性存在于所有铁磁性晶体中。

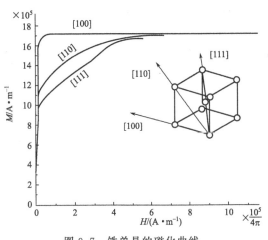

图9.7 铁单晶的磁化曲线

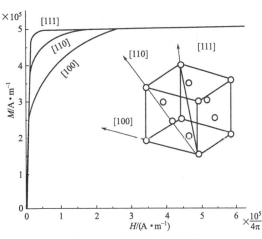

图9.8 镍单晶的磁化曲线

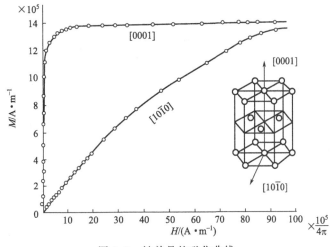

图9.9 钴单晶的磁化曲线

在同一单晶体内，由于磁晶各向异性的存在，磁化强度随磁场的变化便会因方向不同而有所差别。也就是说，在某些方向容易磁化，在另一些方向上不容易磁化。把容易磁化的方向称为易磁化方向，或易轴；不容易磁化的方向称为难磁化方向，或难轴。从图中看出，铁单晶的易磁化方向为<100>，难磁化方向为<111>；镍单晶恰好与铁相反，易轴为<111>，难轴为<100>；钴单晶的易磁化方向为 [0001]，难磁化方向为与易轴垂直的任一方向。

9.3.1.1 磁晶各向异性能

运用能量的概念，可以很好地解释磁晶各向异性，并可将磁晶各向异性现象用数学式子表示出来。铁磁体从退磁状态磁化到饱和，需要付出的磁化功为：

$$\int_0^M \mu_0 H \cdot dM = \int_0^M dE = E(M) - E(0) \tag{9.3}$$

式(9.3) 左端的磁化功的大小，由磁化曲线与 M 坐标轴间所包围的面积所决定。式(9.3) 右端为铁磁晶体在磁化过程中所增加的自由能。图 9.7～图 9.9 中不同的磁化曲线形状说明，沿铁磁晶体不同晶轴方向磁化时所增加的自由能不同。称这种与磁化方向有关的自由能为磁晶各向异性能。显然，铁磁体沿易磁化轴方向的磁晶各向异性能最小，沿难磁化轴方向的磁晶各向异性能最大，而沿不同晶轴方向的磁化功之差表示沿不同晶轴方向的磁晶各向异性能之差。

从晶体的宏观对称性出发，磁晶各向异性能可以分为单轴型和多轴型。由于磁晶各向异性能与自发磁化强度 M 和晶轴之间的夹角有关，所以，磁晶各向异性能可以用 M 对晶轴的方向余弦来表示。

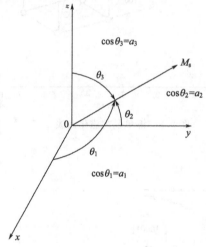

图 9.10 立方晶系中自发磁化的方位角

(1) 立方晶体的磁晶各向异性能 由于立方晶体的易磁化轴是在几个晶体方向上，具有多重易磁化轴，称为多轴各向异性。

对于 Fe 和 Ni 等立方晶系的晶体，晶体磁各向异性能 E_K 可以用自发磁化与相互正交的晶体学主轴间的方向余弦的函数来表示，见图 9.10。考虑到晶体对称性，利用方向余弦的数学关系式，晶体磁晶各向异性能可表示为：

$$E_K = K_1(\alpha_1^2\alpha_2^2 + \alpha_2^2\alpha_3^2 + \alpha_3^2\alpha_1^2) + K_2\alpha_1^2\alpha_2^2\alpha_3^2 \tag{9.4}$$

式中，K_1、K_2 称为立方晶体磁晶各向异性常数。K_1 和 K_2 的数值大小是表征材料沿不同晶轴方向磁化到饱和状态所需能量的差异，可以通过实验来测定。

通过对式(9.4)求极值，可以推导出易磁化轴与 K_1 和 K_2 数值的关系。立方晶体中，沿 [100] 轴磁化时，$\theta_1 = 0°$，$\theta_2 = \theta_3 = 90°$，则 $\alpha_1 = 1$，$\alpha_2 = \alpha_3 = 0$，由式(9.4)求出 $E_K^{[100]} = 0$。同理求得：$E_K^{[110]} = K_1/4$，$E_K^{[111]} = K_1/3 + K_2/27$。铁晶体的易磁化轴是 [100] 方向（[010]、[001] 也是易磁化方向），故 $K_1 > 0$；镍晶体的易磁化轴是 [111] 方向，难磁化轴是 [100] 方向，故 $K_1 < 0$。表 9.1 列出了立方晶体的 K_1 和 K_2 与难、易磁化轴的关系。

表 9.1　立方晶体的磁晶各向异性

K_1	+	+	+	−	−	−
K_2	$+\infty \rightarrow$ $-9K_1/4$	$-9K_1/4 \rightarrow$ $-9K_1$	$-9K_1/4 \rightarrow$ $-\infty$	$-\infty \rightarrow$ $9\|K_1\|/4$	$9\|K_1\|/4 \rightarrow$ $9\|K_1\|$	$9\|K_1\| \rightarrow$ $+\infty$
易轴	[100]	[100]	[111]	[111]	[110]	[110]
中等	[110]	[111]	[100]	[110]	[111]	[100]
难轴	[111]	[110]	[110]	[100]	[100]	[111]

（2）单轴磁晶各向异性能　在一个轴的正负两个方向上具有最低的磁各向异性能，称为单轴磁各向异性。在磁晶各向异性中，同样存在单轴磁晶各向异性，比如钴单晶，钡铁氧体单晶，由于它们是六角晶系，自发磁化强度矢量的稳定取向平行于六角晶系的[0001]轴。

稳定情况下，磁化强度矢量沿着[0001]轴，当其与[0001]轴夹角为 θ 时，见图 9.11，则晶体磁晶各向异性能 E_K 可表示为：

$$E_K = K_{U1}\sin^2\theta + K_{U2}\sin^4\theta + \cdots \quad (9.5)$$

式中，K_{U1}、K_{U2} 称为单轴磁晶各向异性常数。通常只需考虑 K_{U1} 项和 K_{U2} 项即可。钴晶体为六角晶体结构，易磁化轴为[0001]方向，因此 K_{U1}、$K_{U2} > 0$。

由于 K_{U1}、K_{U2} 的符号和大小不同，六角晶体可以出现三种易磁化方向：a. 六角晶轴[0001]，对应于主轴型各向异性；b. 垂直于六角晶轴的平面，对应于平面型各向异性；c. 与六角晶轴成一定角度的平面，对应于锥面型各向异性。通过对式（9.5）求极值，可以推导出易磁化轴与 K_{U1} 和 K_{U2} 数值的关系，具体见表 9.2。

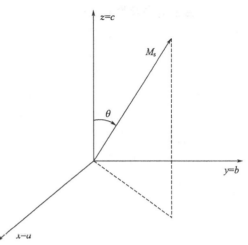

图 9.11　六角晶系中自发磁化的方位角

表 9.2　六角晶体的磁晶各向异性

K_{U1} 和 K_{U2} 的范围	易磁化方向	各向异性类型
$K_{U1} > 0$，$K_{U1} + K_{U2} > 0$	$\theta = 0°$	主轴型
$K_{U1} > 0$，$K_{U1} + K_{U2} < 0$ 或 $K_{U1} < 0$，$K_{U1} + 2K_{U2} < 0$	$\theta = 90°$	平面型
$K_{U1} < 0$，$K_{U1} + 2K_{U2} > 0$	$\theta = \sin^{-1}\sqrt{\dfrac{-K_{U1}}{2K_{U2}}}$	锥面型

9.3.1.2　磁晶各向异性等效场

晶体中由于磁晶各向异性的存在，无外场时磁畴内的磁矩倾向于沿易磁化轴方向取向。就好像在易磁化方向存在一个磁场，把磁矩拉了过去。它并不是真实存在的磁场，而是把磁晶各向异性能的作用等效为一个磁场作用，因此这个等效场被称为磁晶各向异性等效场，通常用 H_K 或 H_a 表示。利用磁体在磁晶各向异性等效场中磁场能与磁晶各向异性能等效的关系可以求出晶体中的磁晶各向异性等效场。

对于主轴型六角晶体，其磁晶各向异性等效场可表示为：

$$H_K = \frac{2K_{U1}}{\mu_0 M_S} \quad (9.6)$$

对于立方晶体来说，易磁化轴方向不同，其磁晶各向异性等效场也不同。如果易磁化轴为[100]方向，其磁晶各向异性等效场表示为：

$$H_K = \frac{2K_1}{\mu_0 M_S} \tag{9.7}$$

如果易磁化轴为 [111] 方向，其磁晶各向异性等效场表示为：

$$H_K = -\frac{4}{3} \times \frac{K_1}{\mu_0 M_S} \tag{9.8}$$

9.3.1.3 磁晶各向异性起源

究竟是什么原因导致了磁体的磁晶各向异性呢？磁晶各向异性能是磁性材料因磁化强度方向改变而发生变化的能量，所以磁晶各向异性的来源就要从晶体内部原子排列和原子内部的电子自旋与轨道耦合来理解。量子理论计算表明，电子自旋和轨道的相互耦合作用以及轨道和晶体场的耦合作用对磁晶各向异性有重要作用。

图 9.12 中，由平行自旋组成的铁磁体的自发磁化强度从一个方向（a）转到另一个方向（b）。自旋间强烈的交换作用使相邻自旋始终保持平行。根据交换作用模型，两相邻自旋 S_i、S_j 间的交换作用能为：

$$E_{ex} = -2AS_i \cdot S_j = -2AS^2 \cos\varphi \tag{9.9}$$

式中，A 为交换相互作用积分；S 为自旋的大小；φ 为 S_i、S_j 间的夹角。图 9.12 中磁化强度由（a）旋转到（b）时，所有自旋都保持平行，$\varphi \equiv 0$，交换能没有变化。因此，交换能是各向同性的。

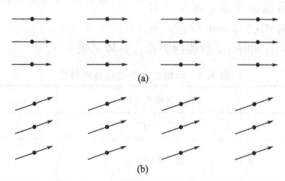

图 9.12 铁磁性材料中的自旋转动

电子自旋磁矩之间的交换作用是各向同性的，电子轨道在自由状态下是也各向同性的，并且电子自旋运动和轨道运动之间存在耦合作用。但在磁性晶体中，电子的轨道运动和晶格间存在强烈的耦合作用。对于一个磁性离子，其电子要受到邻近离子的核库仑场及电子的作用，这一作用的平均效果可以等价为晶体场。晶体场的作用引起电子轨道能级分裂，使轨道简并度部分消除或全部消除，导致轨道角动量的取向处于"冻结"状态。这就是通常所说的电子轨道角动量猝灭。结果，电子的轨道运动失去了自由状态下的各向同性，变成了与晶格有关的各向异性，并且通过自旋轨道耦合，使电子自旋取向具有各向异性。因此电子自旋在不同取向时，电子云的交叠程度与交换作用都不同。这样磁体从晶体不同方向磁化时，也就需要不同的能量，这就是磁晶各向异性的起源。磁晶各向异性的物理模型如图 9.13 所示。图 9.13（a）中，磁体沿水平方向磁化时，原子间电子云交叠少，相互间交换作用弱；图 9.13（b）中，磁体在垂直方向磁化时，原子间电子云交叠程度很大，交换作用强。

根据磁体中对磁性有贡献的电子的分布状态，磁晶各向异性理论可以具体分为两类模型：一类是巡游电子模型；另一类是单离子模型。

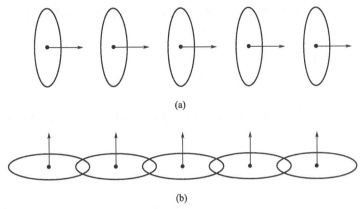

(a)

(b)

图 9.13　磁晶各向异性来源模型

巡游电子模型适用于 3d 过渡族铁磁金属。它以能带理论为基础，认为表征磁性的 3d 电子是共有化的。用巡游电子模型，可以定性地解释 3d 过渡族铁磁金属的磁晶各向异性的一些问题。

单离子模型是迄今为止对磁晶各向异性解释最成功的模型。该模型不但能说明铁氧体中 3d、4d、5d 金属离子的磁晶各向异性，还能说明稀土材料中 4f 离子的磁晶各向异性。在该模型假定的晶体结构中，磁性金属离子被非金属离子所隔离，其对磁性有贡献的电子是局域化的。这样磁性电子自身发生 S-L 耦合，不同磁性离子之间不存在耦合作用，因此称为单离子模型。在晶体场作用下，电子轨道发生冻结，产生轨道各向异性，并通过轨道自旋耦合影响电子自旋的取向。因此，这种各向异性取决于电子轨道发生冻结的情况以及自旋、轨道之间耦合的强度，即晶体场的对称性与强度，自由离子的电子数，电子组态等。

9.3.2　磁晶各向异性的测量

测量磁晶各向异性常数的方法通常有转矩磁强计法、单晶体磁化曲线法、多晶磁化曲线法等。

9.3.2.1　转矩磁强计法

实验室里测量磁晶各向异性常数最常用的方法是转矩磁强计法。该方法的原理是：将片状或球状铁磁性样品放置在合适的强磁场中，使样品磁化到饱和。若易轴接近于磁化强度的方向，则磁晶各向异性使样品旋转以使易轴与磁化强度方向平行，这样就产生了作用于样品上的转矩。测量转矩与磁场绕垂直轴转过的角度之间的关系，就得到转矩曲线。由该曲线，可以求得磁晶各向异性常数。图 9.14 为简单的转矩磁强计模型。

假设磁场转动 $\partial\theta$，磁晶各向异性能增加 $\partial E(\theta)$。作用在样品上的转矩所做的功等于磁晶各向异性能的减少，即

$$-L(\theta)\partial\theta=\partial E(\theta) \text{ 或 } L(\theta)=-\frac{\partial E(\theta)}{\partial\theta} \quad (9.10)$$

首先考察立方晶体。设单晶为旋转椭球体，其赤道平面为一主晶面，如（100）面，磁场 H 和磁化强度 M_S 均在主

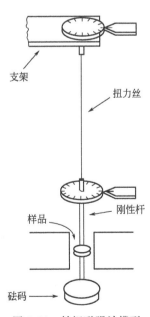

支架

扭力丝

样品

刚性杆

砝码

图 9.14　转矩磁强计模型

晶面内。如果磁场强度足够大，则 M_S 取外磁场 H 方向，磁体磁晶各向异性能可表示为：

$$E_K = K_1 \cos^2\theta \sin^2\theta \qquad (9.11)$$

故磁场对于（100）晶面的转矩为：

$$L_{(100)} = -\frac{\partial E_K(\theta)}{\partial \theta} = -\frac{K_1 \sin 4\theta}{2} \qquad (9.12)$$

图 9.15 给出了在（100）晶面内转矩 L 随角度 θ 的变化曲线，通过曲线直接可求出 K_1。

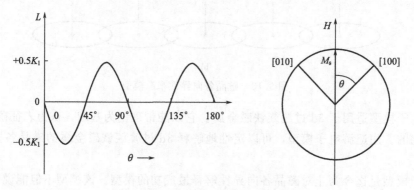

图 9.15 （100）晶面内的转矩曲线

如果赤道面为（110）晶面，则磁晶各向异性能为：

$$E_K = \frac{1}{4}K_1(\sin^4\theta + \sin^2 2\theta) + \frac{1}{4}K_2 \sin^4\theta\cos^2\theta \qquad (9.13)$$

磁场对于（110）晶面的转矩为：

$$L_{(110)} = -\frac{2\sin 2\theta + 3\sin 4\theta}{8}K_1 + \frac{\sin 2\theta - 4\sin 4\theta - 3\sin 6\theta}{64}K_2 \qquad (9.14)$$

图 9.16 给出了（110）晶面内转矩 L 随角度 θ 的变化曲线，由曲线可取求出 K_1、K_2 的大小。

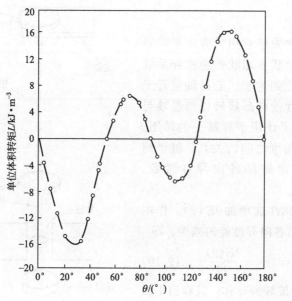

图 9.16 （100）晶面内的转矩曲线

磁性材料与磁测量

再来考察易轴平行于 c 轴的六角晶体。设其单晶为片状，c 轴位于盘片内。一扭力丝通过盘片中心将其悬挂起来，因此盘片保持水平状态，并且磁场平行于盘片面。如图 9.17(a) 所示，忽略 K_{U2} 的影响，晶体的磁晶各向异性能为：

$$E_K = K_{U1} \sin^2\theta \tag{9.15}$$

磁场对盘面的转矩为：

$$L = \frac{\partial E_K}{\partial \theta} = -2K_{U1}\sin\theta\cos\theta = -K_{U1}\sin 2\theta \tag{9.16}$$

图 9.17(b) 给出了盘面内磁晶各向异性 E_K 和转矩 L 随角度 θ 的变化曲线，由曲线可以求出 K_{U1} 的大小。

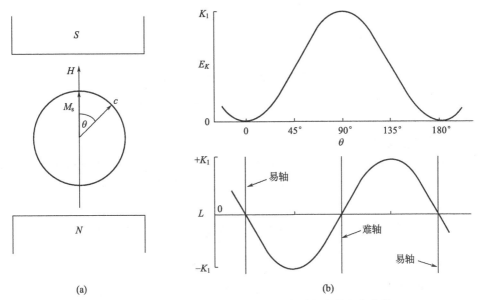

图 9.17　六角晶转矩和磁晶各向异性能随角度的变化曲线

表 9.3 列出了室温下一些常见磁性材料的磁晶各向异性常数。

表 9.3　室温下一些常见磁性材料的磁晶各向异性常数

材料名称	晶体结构	$K_1(K_{U1})/(\times 10^3 \mathrm{J/m^3})$	$K_2(K_{U2})/(\times 10^3 \mathrm{J/m^3})$
Fe	立方	42	15
Ni	立方	−3	5
80%Ni-Fe	立方	−0.35	0.8
Fe_3O_4	立方	−11.8	−28
Co	六角	410	100
$Co_2BaFe_{16}O_{27}$	六角	−186	75
MnBi	六角	910	260
Y_2Co_{17}	六角	−290	3
$Nd_2Fe_{14}B$	四方	4200	660

9.3.2.2　单晶磁化曲线法

沿单晶体不同晶轴方向的磁化曲线不同，磁场所做的磁化功也不同。磁场所做的磁化功可以表示为：

$$W = -\int_0^{M_S} \mu_0 H \cdot dM \tag{9.17}$$

它在数值上等于磁化曲线与 M 轴间所围的面积。忽略不可逆磁化及磁致伸缩等因素的影响，假定该磁化功全部用来增加材料的磁晶各向异性能，即磁晶各向异性能与磁化功相等。

在测量时，沿不同晶轴方向测量材料的磁化曲线，分别计算磁化功，而后根据磁晶各向异性能公式求出磁晶各向异性常数。

以立方各向异性为例，因为 $E_K^{[100]}=0$，$E_K^{[110]}=K_1/4$，$E_K^{[111]}=K_1/3+K_2/27$，因此

$$W^{[110]} - W^{[100]} = \frac{K_1}{4} \tag{9.18}$$

$$W^{[111]} - W^{[100]} = \frac{K_1}{3} + \frac{K_2}{27} \tag{9.19}$$

可以得出

$$K_1 = 4(W^{[110]} - W^{[100]}) \tag{9.20}$$

$$K_2 = 27(W^{[111]} - W^{[100]}) - 36(W^{[110]} - W^{[100]}) \tag{9.21}$$

最终得出单晶样品的磁晶各向异性常数值。

9.3.2.3 多晶磁化曲线法

单晶材料，尤其是大块单晶材料，往往很难制备。在测量时，要准确标定出 [100]、[110] 和 [111] 的方向也很困难。因此，采用多晶材料的磁化曲线来测量材料的磁晶各向异性常数要简便得多。

9.1 节提到，在强磁场下，铁磁性材料的磁化行为可以用趋近饱和定律描述：

$$M_H = M_S \left(1 - \frac{a}{H} - \frac{b}{H^2} - \cdots \right) + \chi_p H$$

式中，b 是磁化矢量的转动过程有关的常数。在强磁场中，磁化过程是外磁场克服磁晶各向异性使磁化矢量转动的过程，因此常数 b 直接与磁晶各向异性有关。

对于立方各向异性材料，有

$$b = \frac{8}{105} \frac{K_1^2}{\mu_0^2 M_S^2} \tag{9.22}$$

对于单轴各向异性材料，有

$$b = \frac{4}{15} \frac{K_{U1}^2}{\mu_0^2 M_S^2} \tag{9.23}$$

因此，通过测量多晶材料的强场磁化曲线，采用 9.1 节介绍的方法标定出常数 b 的值，可直接计算出多晶材料的磁晶各向异性常数 K_1 和 K_{U1} 值。

9.4 磁致伸缩系数的测量

9.4.1 磁致伸缩效应

对于铁磁性材料或者亚铁磁性材料，在外场中被磁化时，其长度和体积均发生变化，这种现象称为磁致伸缩。沿着外磁场方向尺寸的相对变化称为纵向磁致伸缩；垂直于外磁场方

向尺寸的相对变化称为横向磁致伸缩。这种长度的变化也称为线性磁致伸缩。磁体体积的相对变化称为体积磁致伸缩。体积磁致伸缩量很小，小到可以被忽略。

磁致伸缩效应的大小通常用磁致伸缩系数 λ 来衡量，有

$$\lambda = \Delta l / l \tag{9.24}$$

磁致伸缩的大小与外磁场强度的大小有关，一般随磁场的增加而增加，最后达到饱和。图 9.18 为磁性材料的磁致伸缩常数与外磁场强度 H 的关系示意。外磁场达到饱和磁化场时，纵向磁致伸缩为一确定值，以 λ_S 表示，称为磁性材料的饱和磁致伸缩系数。饱和磁致伸缩系数 λ_S 也是磁性材料的一个磁性参数。

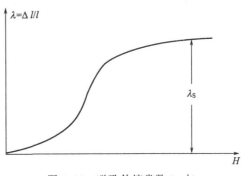

图 9.18　磁致伸缩常数 λ_S 与
外磁场强度 H 的关系

不同材料的饱和磁致伸缩系数 λ_S 是不同的，有的 λ_S 小于零，有的 λ_S 大于零。$\lambda_S > 0$ 的称为正磁致伸缩，即在磁场方向上长度变化是伸长，在垂直于磁场方向上是缩短的，如铁的磁致伸缩就是属于这一类；$\lambda_S < 0$ 的称为负磁致伸缩，即在磁场方向上长度的变化是缩短的，在垂直于磁场方向上是伸长的，镍的磁致伸缩属于这一类。图 9.19 给出了实际测量的几种磁性材料的磁致伸缩系数 λ 与磁场强度 H 的关系。

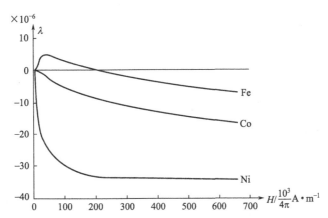

图 9.19　铁、钴、镍的磁致伸缩系数 λ 与磁场强度 H 的关系

同种单晶体在不同晶轴方向磁化时的磁致伸缩系数也是不相同的，即单晶体的磁致伸缩具有各向异性。图 9.20 中，铁单晶 [100] 方向是伸长的，[111] 是缩短的，[110] 是先伸长后缩短，而镍单晶在任何方向都是缩短的。

设沿 [100]、[111] 方向磁化时的饱和磁致伸缩系数分别为 λ_{100}、λ_{111}；α_1、α_2、α_3 分别为磁化方向相对于单晶晶轴的方向余弦；β_1、β_2、β_3 为磁致伸缩方向相对于单晶晶轴的方向余弦，则立方系单晶在任意磁化方向的磁致伸缩 λ_S 可表示为：

$$\lambda_S = \frac{3}{2}\lambda_{100}\left(\alpha_1^2\beta_1^2 + \alpha_2^2\beta_2^2 + \alpha_3^2\beta_3^2 - \frac{1}{3}\right) + \tag{9.25}$$

$$3\lambda_{111}(\alpha_1\alpha_2\beta_1\beta_2 + \alpha_2\alpha_3\beta_2\beta_3 + \alpha_3\alpha_1\beta_3\beta_1)$$

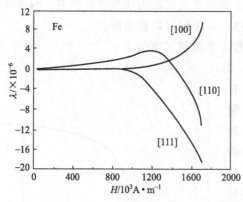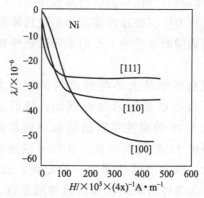

图 9.20 铁、镍不同晶轴上的磁致伸缩系数

当磁致伸缩方向和磁化方向相同时，β_1，β_2，$\beta_3 = \alpha_1$，α_2，α_3，上式（9.25）变为：

$$\lambda_S = \lambda_{100} + 3(\lambda_{111} - \lambda_{100})(\alpha_1^2 \alpha_2^2 + \alpha_2^2 \alpha_3^2 + \alpha_3^2 \alpha_1^2) \tag{9.26}$$

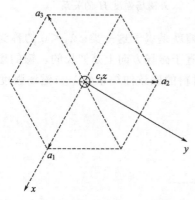

图 9.21 六角晶轴与直角坐标轴的关系

对于六方晶系，取立方晶系同样的直角坐标系（直角坐标系与六角晶轴坐标系的关系见图 9.21），以易轴平行于 c 轴的状态为基准，其磁致伸缩常数为：

$$\begin{aligned}
\lambda_S = &\lambda_A \left[(\alpha_1\beta_1 + \alpha_2\beta_2)^2 - (\alpha_1\beta_1 + \alpha_2\beta_2)\alpha_3\beta_3 \right] + \\
&\lambda_B \left[(1 - \alpha_3^2)(1 - \beta_3)^2 - (\alpha_1\beta_1 + \alpha_2\beta_2)^2 \right] + \\
&\lambda_C \left[(1 - \alpha_3^2)\beta_3^2 - (\alpha_1\beta_1 + \alpha_2\beta_2)\alpha_3\beta_3 \right] + \\
&4\lambda_D (\alpha_1\beta_1 + \alpha_2\beta_2)\alpha_3\beta_3
\end{aligned} \tag{9.27}$$

式中，λ_A、λ_B、λ_C、λ_D 是与材料有关的常数。

当磁致伸缩方向和磁化方向相同时，β_1，β_2，$\beta_3 = \alpha_1$，α_2，α_3，上式（9.27）变为：

$$\lambda_S = \lambda_A \left[(1 - \alpha_3^2)^2 - (1 - \alpha_3^2)\alpha_3^2 \right] + 4\lambda_D (1 - \alpha_3^2)\alpha_3^2 \tag{9.28}$$

式中，$\alpha_1^2 + \alpha_2^2 + \alpha_3^2 = 1$。

磁体在外磁场作用下能够导致磁致伸缩，引起物体的几何尺寸的变化。反过来，通过对材料施加拉应力或压应力，使材料的长度发生变化，则材料内部的磁化状态亦发生变化，即所谓的压磁效应，这是磁致伸缩的逆效应。

9.4.2 磁致伸缩机理

材料的磁化状态发生变化时，其自身的形状和体积都要改变，因为只有这样才能使系统的总能量最小，可以从下述三个方面来理解形状和体积的改变。

9.4.2.1 自发形变

自发形变（即自发的磁致伸缩）是由原子间的交换相互作用引起的。假设有一个单轴晶体，在居里温度以上是球形的。当它自居里温度以上冷却下来以后，由于交换相互作用，使晶体发生自发磁化，与此同时，晶体也改变了形状（如图 9.22 所示），这就是"自发"的变形。

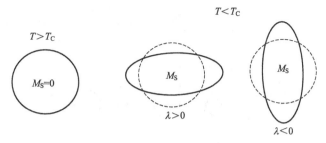

图 9.22 自发形变示意

可以用第 3 章提到的贝蒂-斯莱特曲线来理解这种变化。设球形晶体在居里温度以上时原子间距离为 d_1（相当于图 9.23 中曲线上的点 1），当晶体冷却至居里温度以下时，若距离仍为 d_1，则交换积分为 A_1，若距离增加至 d_2（相当于曲线上的点 2），则交换积分为 A_2，且有 $A_2 > A_1$。根据量子力学理论，交换积分越大，则交换能越小，而系统在变化过程中总是向着交换能小的趋势发展，所以球形晶体从顺磁状态变到铁

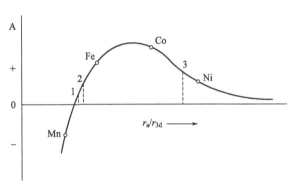

图 9.23 贝蒂-斯莱特曲线

磁状态时，原子间的距离不会保持在 d_1，而会变为 d_2，表现为晶体的尺寸增大，以达到降低系统能量的目的。若材料交换积分 A 与 r_a/r_{3d} 值的关系处在贝蒂-斯莱特曲线下降段（如 3 点），则该铁磁体从顺磁状态转变到铁磁状态时就会发生尺寸收缩。

9.4.2.2 场致形变

磁性材料在磁场的作用下显示出形状和体积的变化，随着所加磁场大小的不同，形变也不同。当磁场比饱和磁场小时，样品的形变主要是长度的改变（线性磁致伸缩），而体积几乎不变，当磁场大于饱和磁场时样品的形变主要体现为体积的改变，即体积磁致伸缩。

线性磁致伸缩与磁化过程密切相关，并且表现出各向异性。目前认为铁磁体的磁致伸缩同磁晶各向异性的来源一样，是由于原子或离子的自旋与轨道的耦合作用而产生。

图 9.24 中的模型描述了磁致伸缩的产生机理。图 9.24 中，黑点代表原子核，箭头代表原子磁矩，椭圆代表原子核外电子云。图 9.24(a) 中描述了 T_C 温度以上顺磁状态下的原子排列状况；(b) 中，T_C 温度以下，出现自发磁化，原子磁矩定向排列，出现自发磁致伸缩 $\Delta L'/L'$；(c) 中，施加垂直方向的磁场，原子磁矩和电子云旋转 90° 取向排列，磁致伸缩量为 $\Delta L/L$。

9.4.2.3 形状效应

设一个球形的单畴样品，假象它的内部没有交换作用和自旋轨道耦合作用，只有退磁能 $\frac{1}{2}NM_S^2V$，为了降低退磁能，样品的体积要缩小，并且在磁化方向要伸长以减小退磁因子 N。形状效应产生的磁致伸缩比其他效应所产生的磁致伸缩要小。由退磁场引起的形状效应

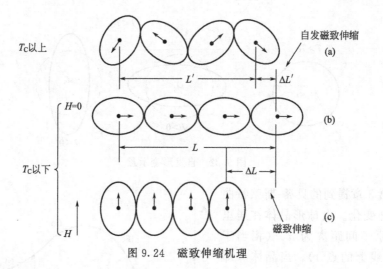

图 9.24 磁致伸缩机理

与铁磁体的形状有关。

铁磁体的磁致伸缩在居里温度 T_C 以下才能明显地表现出来。体积磁致伸缩与铁磁体内部的静电交换作用相联系，是各向同性的。线磁致伸缩来源于铁磁体内各向异性能作用，一般是各向异性的。

9.4.3 磁弹性能

铁磁体在受到外力作用时，晶体将产生相应的应变，会在晶体内部引起磁弹性能。这里说到的外应力包括外加应力和晶体内部由于制备工艺、材料加工或热处理等工艺过程留下来的残余内应力。

当晶体受到应力 σ 作用时，磁弹性能可以表示为

$$F_\sigma = -\frac{3}{2}\lambda_S\sigma\cos^2\theta \tag{9.29}$$

式中，θ 为应力 σ 和 M_s 磁化方向之间的夹角。根据这个公式可以定性的了解磁弹性能的物理意义。图 9.25 给出了应力 σ 对 M_S 的影响。$\lambda_S>0$ 的材料受到应力为张力（$\sigma>0$）的作用时，张应力使得磁畴中的自发磁化强度矢量 M_S 的方向取平行或者反平行与应力的方向。这时 $\theta=0°$ 或者 $180°$，磁弹性能 F_σ 具有最小值。如果材料的 $\lambda_S<0$，应力为压力（$\sigma<0$）时，则自发磁化矢量 M_S 应取平行或者反平行于应力的方向。若材料 $\lambda_S>0$，应力为压力（$\sigma<0$）时，$\lambda_S\sigma<0$，应力使 M_S 取垂直于应力 σ 的方向（$\theta=90°$ 或者 $270°$）。当材料 λ_S

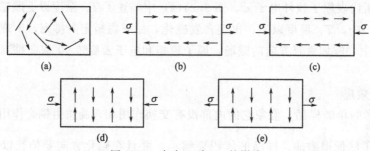

图 9.25 应力 σ 对 M_S 的影响

(a) $\sigma=0$；(b) $\sigma>0$，$\lambda_S>0$；(c) $\sigma<0$，$\lambda_S<0$；(d) $\sigma<0$，$\lambda_S>0$；(e) $\sigma>0$，$\lambda_S<0$

<0，应力为张力（$\sigma>0$）时，$\lambda_S\sigma<0$，应力使 M_S 取垂直于应力 σ 的方向。由此可以看出磁弹性能 F_σ 对自发磁化矢量 M_S 的取向是有影响的。

根据磁弹性能表达式，可以绘出磁弹性能 F_σ 与 θ 角的关系分布图，如图 9.26 所示。如果 $\lambda_S\sigma>0$，则在 $\theta=0°$ 或者 $180°$ 时，F_σ 最小，因此 $0°$ 和 $180°$ 是磁弹性能所决定的易磁化方向，M_S 取这些方向时最稳定。对于 $\lambda_S\sigma<0$ 的情况，在 $\theta=90°$ 或者 $270°$ 时，F_σ 最小，因此 $90°$ 和 $270°$ 为磁弹性能所决定的易磁化方向，M_S 取这些方向最稳定。因此磁弹性能有各向异性的特点，且为单轴各向异性。

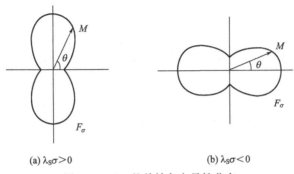

(a) $\lambda_S\sigma>0$ (b) $\lambda_S\sigma<0$

图 9.26 F_σ 的单轴各向异性分布

9.4.4 磁弹性耦合系数 K_c 和动态磁致伸缩系数 d_{33}

磁致伸缩材料最重要的应用是作为换能材料，其换能过程为将磁能转化为弹性能。用来表征这种特性的参数为磁弹性耦合系数 K_c，其定义为

$$K_c^2=\frac{W_e}{W_m} \tag{9.30}$$

式中，W_m 为输入的总磁能；W_e 为转换为弹性能的磁能。通常用与材料形状有关的机电耦合系数 K_{33} 代表磁弹性耦合系数 K_c、K_{33} 与 K_c 的关系如下

$$K_{33}=K_c \quad （对于环形试样）$$

$$K_{33}=\frac{\pi}{\sqrt{8}}K_c（对于细长的圆棒试样）$$

$$K_c=\left[1-\left(\frac{f_r}{f_a}\right)^2\right]^{0.5}$$

式中，f_r 为共振频率；f_a 为反共振频率。

磁致伸缩常数随磁场的变化称为动态磁致伸缩系数 d_{33}，它也是磁致伸缩材料的特性之一，定义为

$$d_{33}=\frac{\mathrm{d}\lambda}{\mathrm{d}H} \tag{9.31}$$

9.4.5 磁致伸缩系数的测量方法

对于磁致伸缩的测量最早使用的是光学杠杆法，目前电阻应变法、光学干涉法等也得到广泛应用。光学杠杆法是一种将样品的长度改变量转换为光点位移的测量方法，通过测量光点的位移来测量磁致伸缩系数。电阻应变法是一种通过测量电阻变化测量应变量的方法。光

学干涉法是通过直接测量由自发磁化后晶格的畸变所产生的衍射对磁致伸缩系数进行测量的方法。由于电阻应变法简便易行、灵敏度高、测量范围广、频率响应迅速、滞后效应小，所以成为材料磁致伸缩测试最常用的方法。

9.4.5.1 电阻应变法

电阻应变法是将磁致伸缩形变通过电阻应变片转换为电阻的变化，通过测量电阻的变化对磁致伸缩系数 λ 进行表征。电阻应变片是将应变变化转换为电阻变化的关键元件。

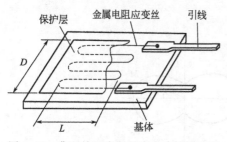

图 9.27 典型的丝式电阻应变片结构示意

电阻应变片有多种形式，常用的有丝式和箔式。它是由直径为 $0.02\sim0.05\text{mm}$ 的康铜丝或者镍铬丝绕成栅状（或用很薄的金属箔腐蚀成栅状）夹在两层绝缘薄片（基底）中制成。用镀锡铜线与应变片丝栅连接作为应变片引线，用来连接测量导线。图 9.27 给出了典型的丝式电阻应变片结构示意。

电阻应变片的测量原理为：金属丝的电阻值除了与材料的性质有关之外，还与金属丝的长度，横截面积有关。将金属丝粘贴在构件上，当构件受力变形时，金属丝的长度和横截面积也随着构件一起变化，进而发生电阻变化。当应变片的产生 $\dfrac{\Delta l}{l}$ 的形变时，相应电阻的变化 $\dfrac{\Delta R}{R}$ 为

$$\frac{\Delta R}{R} = K\frac{\Delta l}{l} = K\lambda \tag{9.32}$$

式中，K 为电阻应变片的灵敏系数。

电阻应变片电阻的相对变化可以通过惠斯通电桥进行检测。图 9.28 给出了惠斯通电桥的典型电路结构。惠斯通电桥（又称单臂电桥）是一种可以精确测量电阻的仪器，是由 4 个电阻组成，用来测量其中一个电阻阻值（其余 3 个电阻阻值已知），4 个电阻组成一个方形。电阻 R_1、R_2、R_3、R_x 叫做电桥的四个臂，G 为检流计，用以检查它所在的支路有无电流。当 G 中无电流通过时，称电桥达到平衡。平衡时，四个臂的阻值满足一个简单的关系，利用这一关系就可测量电阻 R_x。

实际测量时，将电阻应变片用黏结剂粘在样品上。样品磁化时所产生的形变，完全传递到应变片上，从而使应变片产生与样品相同的形变，引起其电阻变化。通过惠斯

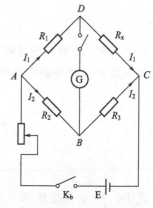

图 9.28 惠斯通电桥的典型电路

通电桥测出应变片电阻的变化，并根据其已知的灵敏系数 K，便可计算出磁致伸缩系数 λ。

9.4.5.2 光学杠杆法

光学杠杆法是最早用来测量磁致伸缩系数的方法，主要用来测量线状样品。其主要原理是将样品长度的改变量转换为放大了的光学点的移动。

图 9.29 给出了光杠杆法测量磁致伸缩系数的典型装置示意。采用激光器提供入射光源，入射光线通过聚焦透镜将准直的光束聚焦到反射镜上，反射镜位于透镜的焦距处，当反射镜受样品伸缩量的变化导致发生角度偏转时，经光路系统传导在光电位置传感器上的光斑位置

发生改变，通过一定的矫正运算，样品尺寸的微小伸缩可以转换为光电位置传感器（PSD传感器）上较大的位置信号，实现了对伸缩应变量的放大。伸缩量 Δl 放大的倍数与图中的 $\Delta\varphi$、f_1、f_2、d 等参数密切相关。

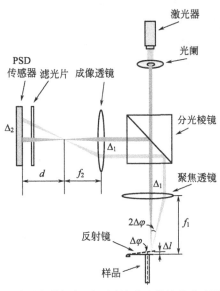

图 9.29　采用光学杠杆原理测量磁致伸缩的典型装置示意

9.4.5.3　光学干涉法

光学干涉法是利用光学干涉原理对样品的磁致伸缩进行测量的方法。最典型的测量装置为迈克耳逊干涉仪。其原理为：一束入射光经过分光镜分为两束后各自被对应的平面镜反射回来，因为这两束光频率相同、振动方向相同且相位差恒定（即满足干涉条件），所以能够发生干涉。干涉中两束光根据样品的长度（伸缩量）不同而具有不同的光程，从而形成不同的干涉图样，通过分析干涉图样，得出样品长度的变化量。图 9.30 为迈克尔逊干涉仪原理图，通过对光程差的测量可以知道样品尺寸变化，从而测得磁致伸缩系数。

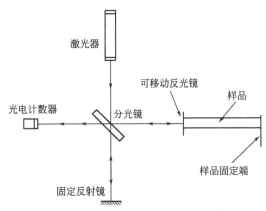

图 9.30　迈克尔逊干涉仪测磁致伸缩系数原理

第 9 章　磁性材料本征磁学量的测量

习　题

1. 如何利用磁化曲线测量材料的饱和磁化强度？
2. 比较几种居里温度测量方法的异同。
3. 概述磁晶各向异性及其起源。
4. 试比较几种磁晶各向异性测量方法的异同。
5. 概述磁致伸缩效应及其起源。
6. 试对比几种磁致伸缩系数测量方法的异同。

参 考 文 献

[1]　韩秀峰.自旋电子学导论［M］.北京：科学出版社，2014.

[2]　张玉晶.资源节约型稀土永磁材料的高性能化研究［D］.浙江大学，2017.

[3]　白书欣，李顺，张虹.黏结 Nd-Fe-B 永磁材料制造原理与技术［M］.北京：科学出版社，2014.

[4]　闫阿儒，张驰.新型稀土永磁材料与永磁电机［M］.北京：科学出版社，2014.

[5]　龙毅，张正义，李守卫.新功能磁性材料及其应用［M］.北京：机械工业出版社，1997.

[6]　潘树明，稀土永磁合金高温相变及其应用［M］.北京：冶金工业出版社，2005.

[7]　张胤，李霞，许剑轶.稀土功能材料［M］.北京：化学工业出版社，2015.

[8]　戴道生.物质磁性基础［M］.北京：北京大学出版社，2016.

[9]　李国栋.我们生活在磁的世界里——物质的磁性和应用［M］.北京：清华大学出版社，2000.

[10]　王自敏.铁氧体生产工艺技术［M］.重庆：重庆大学出版社，2013.

[11]　都有为.铁氧体［M］.1ed.南京：江苏科学技术出版社，1996.

[12]　廖绍彬.铁磁学［M］.北京：科学出版社，1998.

[13]　李国栋.生物磁学应用、技术、原理［M］.北京：国防工业出版社，1993.

[14]　周寿增，董清飞，高学绪.烧结钕铁硼稀土永磁材料与技术［M］.北京：冶金工业出版社，2011.

[15]　苏桦，唐晓莉，张怀武.软磁铁氧体器件设计及应用［M］.北京：科学出版社，2014.

[16]　潘树明.强磁体——稀土永磁材料原理、制造与应用［M］.北京：化学工业出版社，2011.

[17]　王强，赫冀成.强磁场材料科学［M］.北京：科学山版社，2014.

[18]　姜寿亭，李卫.凝聚态磁性物理［M］.北京：科学出版社，2003.

[19]　车如心.纳米复合磁性材料——制备、组织与性能［M］.北京：化学工业出版社，2013.

[20]　钟文定.技术磁学［M］.北京：科学出版社，2009.

[21]　梁丽萍.基于晶界重构的高矫顽力烧结钕铁硼磁体研究［D］.浙江大学，2015.

[22]　KAZIMIERCZUK，钟智勇，唐晓莉，等.高频磁性器件［M］.北京：电子工业出版社，2012.

[23]　赵国梁.高 Bs 低功耗铁基软磁复合材料的制备及性能研究［D］.浙江大学，2016.

[24]　刘海顺，卢爱红，杨卫明.非晶纳米晶合金及其软磁性能研究［M］.徐州：中国矿业大学出版社，2009.

[25]　梅文余.动态磁性测量［M］.北京：机械工业出版社，1985.

[26]　王博文，曹淑瑛，黄文美.磁致伸缩材料与器件［M］.北京：冶金工业出版社，2008.

[27]　周寿增，高学绪.磁致伸缩材料［M］.北京：冶金工业出版社，2017.

[28]　严密，彭晓领.磁学基础与磁性材料［M］.杭州：浙江大学出版社，2006.

[29]　科埃.磁学和磁性材料英文［M］.影印版.北京：北京大学出版社，2014.

[30]　王安蓉，许刚，舒纯军.磁性液体及其应用［M］.成都：西南交通大学出版社，2010.

[31]　宛德福，马兴隆.磁性物理学［M］.成都：电子科技大学出版社，1994.

[32]　金汉民，磁性物理［M］.北京：科学出版社，2013.

[33]　洪若瑜.磁性纳米粒和磁性流体制备与应用［M］.北京：化学工业出版社，2009.

[34]　陈立钢.磁性纳米复合材料的制备与应用［M］.北京：科学出版社，2016.

[35]　TUMANSKI，赵书涛，葛玉敏.磁性测量手册［M］.北京：机械工业出版社，2014.

[36]　周世昌.磁性测量［M］.北京：电子工业，1994.

[37]　张有纲，黄永杰，罗迪民，磁性材料［M］.成都：成都电讯工程学院出版社，1988.

[38]　田民波.磁性材料［M］.北京：清华大学出版社，2001.

[39]　斯波尔丁.磁性材料［M］.影印版.北京：世界图书出版公司，2015.

[40]　黄永杰，李世堃，兰中文.磁性材料［M］.北京：电子工业，1994.

[41]　过壁君，冯则坤，邓龙江.磁性薄膜与磁性粉体［M］.成都：电子科技大学出版社，1994.

[42]　孙光飞，强文江.磁功能材料［M］.北京：化学工业出版社，2007.

[43]　周寿增，董清飞.超强永磁体　稀土铁系永磁材料［M］.第 2 版.北京：冶金工业出版社，2004.

[44]　MA R, XIE Q, HUANG J, et al. Theoretical study on the electronic structures and magnetism of Fe$_3$Si intermetallic compound [J]. J Alloy Compd, 2013, (552)：324-328.

263

[45] LI J, YUAN W, PENG X, et al. Synthesis of fine α''-Fe16N2 powders by low-temperature nitridation of alpha-Fe from magnetite nanoparticles [J]. AIP Adv, 2016, 6 (12).

[46] SANDHU A, HANDA H, ABE M. Synthesis and applications of magnetic nanoparticles for biorecognition and point of care medical diagnostics [J]. Nanotechnology, 2010, 21 (44): 22.

[47] LI J, JIANG Y Z, MA T Y, et al. Structure and magnetic properties of γ'-Fe4N films grown on MgO-buffered Si (001) (J). Physica B, 2012, 407 (24): 4783-6.

[48] ZHANG T, PENG X L, LI J, et al. Structural, magnetic and electromagnetic properties of $SrFe_{12}O_{19}$ ferrite with particles aligned in a magnetic field [J]. J Alloy Compd 2017, 690 (936-41).

[49] ZHANG T, PENG X, LI J, et al. Structural, magnetic and electromagnetic properties of $SrFe_{12}O_{19}$ ferrite with particles aligned in a magnetic field [J]. J Alloy Compd, 2017, 690 (936-41).

[50] GUL I H, MAO SOOD A. Structural, magnetic and electrical properties of cobalt ferrites prepared by the sol-gel route [J] J Alloy Compd, 2008, 465 (1-2): 227-31.

[51] HAGAZA A, KALLEL N, KALLEL S, et al. Structural, magnetic and electrical properties of (La0.70-xNdx) Sr0.30Mn0.70Cr0.30O_3, with 0⩽x⩽0.30 [J]. J Alloy Compd, 2009, 486 (1-2): 250-6.

[52] KALLEL N, BEN ABDELKHALEK S, KALLEL S, et al. Structural and magnetic properties of (La0.70-xYx) Ba0.30Mn1-xFexO$_3$ perovskites simultaneously doped on A and B sites (0.0⩽x⩽0.30) [J]. J Alloy Compd, 2010, 501 (1): 30-6.

[53] TSYMBAL E Y, MRYASOV O N, LECLAIR P R. Spin-dependent tunnelling in magnetic tunnel junctions [J]. J Phys-Condens Mat, 2003, 15 (4): R109-R42.

[54] NABIALEK M. Soft magnetic and microstructural investigation in Fe-based amorphous alloy [J]. J Alloy Compd, 2015, 642 (98-103).

[55] GUPTA S, SURESH K G. Review on magnetic and related properties of RTX compounds [J]. J Alloy Compd, 2015, 618 (562-606).

[56] ARNOLD D P. Review of microscale magnetic power generation [J]. Ieee Transactions On Magnetics, 2007, 43 (11): 3940-51.

[57] FRIEBE J, ZACHARIAS P. Review of Magnetic Material Degradation Characteristics for the Design of Premagnetized Inductors [J]. Ieee Transactions On Magnetics, 2014, 50 (3): 9.

[58] ODENBACH S. Recent progress in magnetic fluid research [J]. J Phys-Condens Mat, 2004, 16 (32): R1135-R50.

[59] WANG Y F, LI Q L, ZHANG C R, et al. Preparation and magnetic properties of different morphology nano-Sr-Fe12O19 particles prepared by sol-gel method [J]. J Alloy Compd, 2009, 467 (1-2): 284-7.

[60] YANG X F, LI Q L, ZHAO J X, et al. Preparation and magnetic properties of controllable-morphologies nano-Sr-Fe12O19 particles prepared by sol-gel self-propagation synthesis [J]. J Alloy Compd, 2009, 475 (1-2): 312-5.

[61] LI J, PENG X L, YANG Y T, et al. Preparation and characterization of MnZn/FeSiAl soft magnetic composites [J]. J Magn Magn Mater, 2017, 426: 132-136.

[62] PEMMARAJU C D, HANAFIN R, ARCHER T, et al. Impurity-ion pair induced high-temperature ferromagnetism in Co-doped ZnO [J]. Phys Rev B, 2008, 78 (5): 10.

[63] ZHANG T, PENG X L, LI J, et al. Platelet-like hexagonal SrFe12O19 particles: Hydrothermal synthesis and their orientation in a magnetic field [J]. J Magn Magn Mater, 2016, (412): 102-106.

[64] PALACIOS J J, FERNANDEZ-ROSSIER J, BREY L. Vacancy-induced magnetism in graphene and graphene ribbons [J]. Phys Rev B, 2008, 77 (19): 14.

[65] BUSCHOW K H J, BOER F R D. Physics of magnetism and magnetic materials: 磁性物理学和磁性材料 [M]. 北京: 世界图书出版公司, 2013.

[66] DONG G F, GAO Z Y, TAN C L, et al. Phase transformation and magnetic properties of Ni-Mn-Ga-Ti ferromagnetic shape memory alloys [J]. J Alloy Compd, 2010, 508 (1): 47-50.

[67] COEY J M D. Permanent magnetism [J]. Solid State Commun, 1997, 102 (2-3): 101-105.

[68] LI J, PENG X L, YANG Y T, et al. A novel magnetic-field-driving method for fabricating Ni/epoxy resin functionally graded materials [J]. Mater Lett, 2018, 222: 70-73.

[69] KIMEL A V, KIRILYUK A, HANSTEEN F, et al. Nonthermal optical control of magnetism and ultrafast laser-induced spin dynamics in solids [J]. J Phys-Condens Mat, 2007, 19 (4): 24.

[70] LOUNIS S. Non-collinear magnetism induced by frustration in transition-metal nanostructures deposited on surfaces [J]. J Phys-Condens Mat, 2014, 26 (27): 19.

[71] STEGLICH F, ARNDT J, STOCKERT O, et al. Magnetism, f-electron localization and superconductivity in 122-type heavy-fermion metals [J]. J Phys-Condens Mat, 2012, 24 (29): 6.

[72] VOLNIANSKA O, BOGUSLAWSKI P. Magnetism of solids resulting from spin polarization of p orbitals [J]. J Phys-Condens Mat, 2010, 22 (7): 19.

[73] CRESPO P, DE LA PRESA P, MARIN P, et al. Magnetism in nanoparticles: tuning properties with coatings [J]. J Phys-Condens Mat, 2013, 25 (48): 21.

[74] LUMSDEN M D, CHRISTIANSON A D. Magnetism in Fe-based superconductors [J]. J Phys-Condens Mat, 2010, 22 (20): 26.

[75] COEY J M D, BOOKS24X I. Magnetism and magnetic materials [M]. Cambridge: Cambridge University Press, 2010.

[76] ENDERS A, SKOMSKI R, HONOLKA J. Magnetic surface nanostructures [J]. J Phys-Condens Mat, 2010, 22 (43): 32.

[77] PEREZ-MATO J M, RIBEIRO J L, PETRICEK V, et al. Magnetic superspace groups and symmetry constraints in incommensurate magnetic phases [J]. J Phys-Condens Mat, 2012, 24 (16): 20.

[78] MACKE S, GOERING E. Magnetic reflectometry of heterostructures [J]. J Phys-Condens Mat, 2014, 26 (36): 29.

[79] YAMKANE Z, LASSRI H, MENAI A, et al. Magnetic random anisotropy model approach on nanocrystalline Fe88Sm9Mo3 and Fe88Sm9Mo3C alloys [J]. J Alloy Compd, 2014, 584: 352-355.

[80] MASROUR R. Magnetic properties of the spinel systems ACr (2) X (4) (A=Zn, Cd, Hg; X=S, Se) [J]. J Alloy Compd, 2010, 489 (2): 441-444.

[81] MASROUR R, HAMEDOUN M, BENYOUSSEF A. Magnetic properties of B and AB-spinels Zn1-xMxFe$_2$O$_4$ (M=Ni, Mg) materials [J]. J Alloy Compd, 2010, 503 (2): 299-302.

[82] QIANG C W, XU J C, ZHANG Z Q, et al. Magnetic properties and microwave absorption properties of carbon fibers coated by Fe$_3$O$_4$ nanoparticles [J]. J Alloy Compd, 2010, 506 (1): 93-97.

[83] DUTZ S, HERGT R. Magnetic particle hyperthermia-a promising tumour therapy? [J]. Nanotechnology, 2014, 25 (45): 28.

[84] BENNEMANN K. Magnetic nanostructures [J]. J Phys-Condens Mat, 2010, 22 (24): 39.

[85] OHIO L, INFORMATION N. Magnetic nanomaterials: fundamentals, synthesis and applications [M]. Weinheim: Wiley-VCH, 2017.

[86] HILZINGER R, RODEWALD W. Magnetic materials: fundamentals, products, properties, applications [M]. Erlangen: Publicis Publishing, 2013.

[87] SPALDIN N A. Magnetic materials: fundamentals and applications [M]. 2nd ed. 北京: 世界图书出版公司, 2015.

[88] BASTOS J P A, SADOWSKI N. Magnetic materials and 3D finite element modeling [M]. Boca Raton: CRC Press, 2014.

[89] GHODHBANE S, TKA E, DHAHRI J, et al. A large magnetic entropy change near room temperature in La$_{0.8}$Ba$_{0.1}$Ca$_{0.1}$Mn$_{0.97}$Fe$_{0.03}$O$_3$ perovskite [J]. J Alloy Compd, 2014, 600 (172): 7.

[90] CULLITY B D. Introduction to magnetic materials [M]: Addison-Wesley Publishing Co, 1972.

[91] LIU Y H, KE X L. Interfacial magnetism in complex oxide heterostructures probed by neutrons and x-rays [J]. J Phys-Condens Mat, 2015, 27 (37): 16.

[92] BLAMIRE M G, ROBINSON J W A. The interface between superconductivity and magnetism: understanding and device prospects [J]. J Phys-Condens Mat, 2014, 26 (45): 13.

[93] WANG J W, CHEN Y G, TANG Y B, et al. The hydrogenation behavior of LaFe11.44Si1.56 magnetic refrigerating alloy [J]. J Alloy Compd, 2009, 485 (1-2): 313-315.

[94] BUSCHOW K H J. Handbook of magnetic materials [M]. Amsterdam: Elsevier, 1980.

[95] SELLMYER D J, LIU Y, SHINDO D. Handbook of advanced magnetic materials: 先进磁性材料手册 [M]. Bei-

jing: Tsinghua University Press, 2005.

[96] ANDERSON C. Handbook of advanced magnetic materials [M]. New York: Ny Research Press, 2015.

[97] POGGIO M, DEGEN C L. Force-detected nuclear magnetic resonance: recent advances and future challenges [J]. Nanotechnology, 2010, 21 (34): 13.

[98] LI J, PENG X L, YANG Y T, et al. FeSiAl soft magnetic composites with NiZn ferrite coating produced via solvo-thermal method [J]. AIP Adv, 2017, 7 (5): 6.

[99] KNOBEL M, NUNES W C, SOCOLOVSKY L M, et al. Superparamagnetism and other magnetic features in granular materials: A review on ideal and real systems [J]. J Nanosci Nanotechnol, 2008, 8 (6): 2836-57.

[100] ZHAO G L, WU C, YAN M. Fabrication and growth mechanism of iron oxide insulation matrix for Fe soft magnetic composites with high permeability and low core loss [J]. J Alloy Compd, 2017, 710 (138): 43.

[101] ZHANG X Z, LIANG D F, WANG X, et al. The evolution of microstructure and magnetic properties of Fe-Si-Cr powders on ball-milling process [J]. J Alloy Compd, 2014, 582: 558-562.

[102] BENKABOU M, RACHED H, ABDELLAOUI A, et al. Electronic structure and magnetic properties of quaternary Heusler alloys CoRhMnZ (Z=Al, Ga, Ge and Si) via first-principle calculations [J]. J Alloy Compd, 2015, 647: 276-286.

[103] TANIYAMA T. Electric-field control of magnetism via strain transfer across ferromagnetic/ferroelectric interfaces [J]. J Phys-Condens Mat, 2015, 27 (50): 20.

[104] VAZ C A F. Electric field control of magnetism in multiferroic heterostructures [J]. J Phys-Condens Mat, 2012, 24 (33): 29.

[105] Su Y F, Su H, Zhu Y J, et al. Effects of magnetic field heat treatment on Sm-Co/alpha-Fe nanocomposite permanent magnetic materials prepared by high energy ball milling [J]. J Alloy Compd, 2015, 647: 375-379.

[106] ALI I, ISLAM M U, AWAN M S, et al. Effects of Ga-Cr substitution on structural and magnetic properties of hexaferrite (BaFe12O19) synthesized by sol-gel auto-combustion route [J]. J Alloy Compd, 2013, 547: 118-125.

[107] LIU H L, FEI L H, LIU H B, et al. Effects of annealing atmosphere on structure, optical and magnetic properties of Zn0.95Cu0.02Cr0.03O diluted magnetic semiconductors [J]. J Alloy Compd, 2014, 587: 222-226.

[108] TIMM C. Disorder effects in diluted magnetic semiconductors [J]. J Phys-Condens Mat, 2003, 15 (50): R1865-R96.

[109] PENG X L, ZHANG A, LI J, et al. Design and fabrication of Fe-Si-Al soft magnetic composites by controlling orientation of particles in a magnetic field: anisotropy of structures, electrical and magnetic properties [J]. J Mater Sci, 2019, 54 (11): 8719-8726.

[110] ABO G S, HONG Y K, PARK J, et al. Definition of Magnetic Exchange Length [J]. Ieee Transactions On Magnetics, 2013, 49 (8): 4937-4939.

[111] BROVKO O O, RUIZ-DIAZ P, DASA T R, et al. Controlling magnetism on metal surfaces with non-magnetic means: electric fields and surface charging [J]. J Phys-Condens Mat, 2014, 26 (9): 25.

[112] DURR H A, EIMULLER T, ELMERS H J, et al. A Closer Look Into Magnetism: Opportunities With Synchrotron Radiation [J]. Ieee Transactions On Magnetics, 2009, 45 (1): 15-57.

[113] SPINELLI A, REBERGEN M P, OTTE A F. Atomically crafted spin lattices as model systems for quantum magnetism [J]. J Phys-Condens Mat, 2015, 27 (24): 17.

[114] WANG S X, LI G. Advances in giant magnetoresistance biosensors with magnetic nanoparticle tags: Review and outlook [J]. Ieee Transactions On Magnetics, 2008, 44 (7): 1687-1702.

[115] S Tumanski. Handbook of magnetic measurements [M]. Boca Raton: CRC Press Taylor & Fracis, 2011.

[116] GB/T 3217—2013 永磁 (硬磁) 材料磁性试验方法.

[117] GB/T 29628—2013 《永磁 (硬磁) 脉冲测量方法指南》.

[118] GB/T 24270—2009 永磁材料磁性能温度系数测量方法.

[119] GB/T 13012—2008 软磁材料直流磁性能的测量方法.

[120] GB/T 3656—2008 软磁材料矫顽力的抛移测量方法.

[121] GB/T 13888—2009 在开磁路中测量磁性材料矫顽力的方法.

266

磁性材料与磁测量

[122] GB/T 3658—2008 软磁材料交流磁性能环形试样的测量方法.

[123] GB/T 9632.1—2002 通信用电感器和变压器磁心测量方法.

[124] GB/T 19346.1—2017 非晶纳米晶合金测试方法 第1部分：环形试样交流磁性能.

[125] SJ 20966—2006 软磁铁氧体材料测量方法.

[126] GB/T 3655—2008 用爱泼斯坦方圈测量电工钢片（带）磁性能的方法.

[127] GB/T 13789—2008 用单片测试仪测量电工钢片（带）磁性能的方法.

[128] GB/T 19345.1—2017 非晶纳米晶合金 第1部分：铁基非晶软磁合金带材.